高职高专"十一五"机电类专业系列教材

金属材料与热处理

主　编　李炜新
参　编　胡辰媚　张士杰
　　　　王晓丽　张炳岭
主　审　闫世荣

机械工业出版社

本书是根据新形势下高等职业技术院校教学的实际情况，结合新时期高等职业技术院校"金属工艺学"课程教学大纲的基本要求编写的。本书共分11章，主要内容有：金属的性能、金属的晶体结构与结晶、金属的塑性变形与再结晶、合金的晶体结构与结晶、铁碳合金、钢的热处理、碳素钢与合金钢、铸铁、非铁金属与硬质合金、非金属材料、现代新型材料等。

本书适合高等职业技术院校机械类、近机械类专业使用，也可作为职业技术培训教材或供有关技术人员参考。

本书配有电子教案，可发送至 cmpgaozhi@sina.com 索取。咨询电话：010-88379375。

图书在版编目（CIP）数据

金属材料与热处理/李炜新主编. —北京：机械工业出版社，2007.11（2024.8重印）
高职高专"十一五"机电类专业系列教材
ISBN 978-7-111-22702-1

Ⅰ.金… Ⅱ.李… Ⅲ.①金属材料—高等学校：技术学校—教材 ②热处理—高等学校：技术学校—教材 Ⅳ.TG1

中国版本图书馆 CIP 数据核字（2007）第 169036 号

机械工业出版社（北京市百万庄大街22号 邮政编码100037）
责任编辑：王海峰 责任校对：王 欣 责任印制：单爱军
北京虎彩文化传播有限公司印刷
2024年8月第1版第21次印刷
184mm×260mm・12.25 印张・298 千字
标准书号：ISBN 978-7-111-22702-1
定价：36.00元

电话服务 网络服务
客服电话：010-88361066 机 工 官 网：www.cmpbook.com
　　　　　010-88379833 机 工 官 博：weibo.com/cmp1952
　　　　　010-68326294 金 书 网：www.golden-book.com
封底无防伪标均为盗版 机工教育服务网：www.cmpedu.com

前　言

本书是根据新形势下高等职业技术院校教学的实际情况，结合新时期高等职业技术院校"金属工艺学"课程教学大纲的基本要求编写的，适合高等职业技术院校机械类、近机械类专业使用，也可作为职业技术培训教材或供有关技术人员参考。

随着我国国民经济和科学技术的迅速发展，高等职业技术教育不断兴起，为适应高等职业技术教育教学内容和课程体系的要求，培养高等技术应用型人才，我们组织编写了本教材。本教材采用最新国家标准，结合科学技术的最新成果，充分考虑目前教学对象的要求，对教材内容和结构进行了相应的调整和补充，减少了高深的理论知识，增强了教材的适用性和实用性，使教材的内容更加规范，使用更加灵活、方便。为了提高学生的创新思维能力，本教材在各章练习题中增加了一些综合性题目。

本书由李炜新任主编。其中绪论、第三、六、七章由李炜新编写，第一、十章由王晓丽编写，第二、四章由张炳岭编写，第五、八章由张士杰编写，第九、十一章由胡辰媚编写。本书由闫世荣任主审。

本书在编写过程中得到了廊坊职业技术学院、廊坊管道职业技术学院、河北工业大学专业课教师的指导和帮助，在此一并表示感谢。

由于编者水平有限，书中难免有错误，恳请读者指正。

编者

目　录

前言
绪论 ··· 1
第一章　金属的性能 ··· 3
　第一节　金属的力学性能 ··· 3
　第二节　金属的工艺性能 ··· 13
　第三节　金属的力学性能实验 ··· 14
　思考题 ·· 16
　练习题 ·· 17

第二章　金属的晶体结构与结晶 ··· 18
　第一节　金属的晶体结构 ··· 18
　第二节　纯金属的结晶 ·· 25
　第三节　金属的同素异构转变 ··· 28
　思考题 ·· 29
　练习题 ·· 30

第三章　金属的塑性变形与再结晶 ·· 31
　第一节　金属的塑性变形 ··· 31
　第二节　冷塑性变形对金属组织和性能的影响 ···································· 34
　第三节　回复与再结晶 ·· 36
　第四节　金属的热塑性变形 ·· 38
　思考题 ·· 40
　练习题 ·· 40

第四章　合金的晶体结构与结晶 ··· 41
　第一节　合金的基本概念 ··· 41
　第二节　合金的晶体结构 ··· 41
　第三节　二元合金相图 ·· 44
　思考题 ·· 52
　练习题 ·· 52

第五章　铁碳合金 ·· 54
　第一节　铁碳合金的基本相 ·· 54
　第二节　铁碳相图 ·· 56

  第三节 铁碳合金平衡组织观察试验 ………………………………………………… 65
  思考题 …………………………………………………………………………………… 67
  练习题 …………………………………………………………………………………… 67

第六章 钢的热处理 ……………………………………………………………………… 68
  第一节 钢在加热时的组织转变 ………………………………………………… 68
  第二节 钢在冷却时的组织转变 ………………………………………………… 71
  第三节 退火与正火 ……………………………………………………………… 77
  第四节 淬火 ……………………………………………………………………… 79
  第五节 回火 ……………………………………………………………………… 83
  第六节 表面淬火与化学热处理 ………………………………………………… 85
  第七节 热处理新工艺简介 ……………………………………………………… 88
  第八节 热处理工艺的应用 ……………………………………………………… 89
  第九节 碳钢的热处理实验 ……………………………………………………… 95
  思考题 …………………………………………………………………………………… 98
  练习题 …………………………………………………………………………………… 98

第七章 碳素钢与合金钢 ……………………………………………………………… 100
  第一节 钢的分类与编号 ………………………………………………………… 100
  第二节 常存杂质对钢的影响 …………………………………………………… 102
  第三节 合金元素在钢中的作用 ……………………………………………… 103
  第四节 结构钢 …………………………………………………………………… 107
  第五节 工具钢 …………………………………………………………………… 116
  第六节 特殊性能钢 ……………………………………………………………… 123
  思考题 …………………………………………………………………………………… 127
  练习题 …………………………………………………………………………………… 128

第八章 铸铁 …………………………………………………………………………… 129
  第一节 铸铁概述 ………………………………………………………………… 129
  第二节 灰铸铁 …………………………………………………………………… 131
  第三节 可锻铸铁 ………………………………………………………………… 134
  第四节 球墨铸铁 ………………………………………………………………… 136
  第五节 蠕墨铸铁 ………………………………………………………………… 138
  第六节 合金铸铁 ………………………………………………………………… 140
  第七节 常见铸铁组织观察实验 ………………………………………………… 141
  思考题 …………………………………………………………………………………… 141
  练习题 …………………………………………………………………………………… 142

第九章　非铁金属及硬质合金 ······ 143
- 第一节　铝及铝合金 ····· 143
- 第二节　铜及铜合金 ····· 148
- 第三节　钛及钛合金 ····· 152
- 第四节　轴承合金 ····· 154
- 第五节　硬质合金 ····· 156
- 思考题 ····· 158
- 练习题 ····· 159

第十章　非金属材料* ······ 160
- 第一节　高分子材料 ····· 160
- 第二节　陶瓷材料 ····· 165
- 第三节　复合材料 ····· 167
- 思考题 ····· 168
- 练习题 ····· 168

第十一章　现代新型材料 ······ 169
- 第一节　磁性材料 ····· 169
- 第二节　超导材料 ····· 172
- 第三节　形状记忆合金 ····· 174
- 第四节　非晶态合金 ····· 175
- 第五节　纳米材料 ····· 176
- 第六节　能源材料 ····· 178
- 第七节　生物医用材料 ····· 179
- 第八节　生态环境材料 ····· 181
- 思考题 ····· 181

附录 ······ 183
- 附录A　压痕直径与布氏硬度对照表 ····· 183
- 附录B　钢铁材料硬度及强度换算表 ····· 184
- 附录C　常用钢的相变点 ····· 185
- 附录D　常用钢回火温度与硬度对照表 ····· 186

参考文献 ······ 187

绪　　论

一、学习本书的目的

机械工程材料是人类社会发展的重要物质基础，用它来制造各种产品，满足人类生产和生活中的各种需要。它的品种、数量和质量是衡量一个国家现代化程度的重要标志。所以历史学家以石器时代、青铜器时代和铁器时代来划分古代历史的各个阶段。如今，人类社会已经进入了人工合成材料和复合材料的新时代。

机械工程材料一般分为金属材料和非金属材料，其中金属材料是现代化工业、农业、国防和科学技术等部门使用最多的材料，从日常生活用品到高科技产品，从简单的手工工具到复杂的机器，都使用了不同种类、不同性能的金属材料，例如劳动工具、农用机器、汽车、内燃机车、远洋巨轮、宇宙飞船、数控机床、机器人等。由金属材料制造的产品不仅装备了国内各个生产领域，而且有相当数量的金属材料及其产品远销世界许多国家。金属材料为国民经济的发展提供了可靠的物质保障，因此，世界各国对金属材料的研究和发展都是非常重视的。

金属材料之所以得到广泛的应用，是由于它来源丰富，而且还具有优良的使用性能与工艺性能。使用性能包括力学性能、物理性能和化学性能。优良的使用性能可满足生产和生活中的各种需要。优良的工艺性能可使金属材料易于采用各种加工方法，制成各种形状、尺寸的零件和工具。通过不同的成分配制、不同的加工方法和热处理可以改变金属材料的组织及性能，从而进一步扩大其使用范围。

金属材料品种繁多，性能各不相同，特别是通过热处理，可使金属材料的性能显著提高。为了合理使用金属材料，必须研究金属材料的成分、组织、热处理与其性能间的关系和变化规律。在机械制造业中，正确运用热处理工艺方法，能够充分发挥金属材料的潜力，提高产品质量，减轻机器重量，降低成本，延长使用寿命。另外，热处理还可以改善零件的工艺性能，便于加工，提高质量。因此，作为机械工程技术人员，必须掌握有关金属材料及热处理的基本理论和基本知识，了解金属材料的应用及零件设计时的合理选材，初步掌握正确运用热处理工艺、合理安排零件工艺路线的方法。

二、金属材料及热处理的发展史

我国是世界上最早使用金属材料及热处理技术的国家之一。根据大量出土文物考证，早在4000年前，我们的祖先就开始使用金属材料。到公元前1000多年的殷商时代，我国的青铜冶铸技术已达到很高的水平，在礼器、生活用具、劳动工具、武器等方面已大量使用青铜。如重达875kg的司母戊大鼎，不仅体积庞大，而且花纹精巧，造型美观，说明当时人们已具有高超的冶铸技术和艺术造诣。到春秋时期，我国已总结出了世界上最早的合金工艺，即青铜组成元素的六种配比规律，在《周礼·考工》一书中称为"六齐"规律，记载了金属材料的成分、性能和用途之间的关系。钢铁是目前应用最广的金属材料，我国早在周代就已经掌握了生铁的冶炼技术，并用于农业生产，这比欧洲最早使用生铁的时间早约2000年。特别是战国后期，生铁的冶炼与使用得到了迅速发展，如河北武安出土的战国时期的铁锹，经检验证明，其制造材料为可锻铸铁。

在热处理技术方面，远在西汉时，司马迁所著的《史记·天官书》中就有"水与火合为焠"；东汉班固所著的《汉书·王褒传》中有"清水焠其锋"等有关热处理技术的记载。从辽阳三道壕出土的西汉时期的钢剑，经检验，发现其内部组织与现在的淬火组织完全相同。从河北满城出土的西汉时期的佩剑及书刀，其中心为低碳钢组织，表层为高碳钢组织。这说明早在2000年以前，我国已相继采用了各种热处理工艺，并具有相当高的水平。

历史证明，我国古代劳动人民在金属材料及热处理方面取得了辉煌的成就，为人类文明做出了巨大贡献。明朝宋应星所著《天工开物》一书中详细记载了古代冶铁、炼钢、铸造、锻造、热处理等多种金属加工方法，以及锉刀、针等劳动工具的制造过程，其制造过程与现代工艺几乎相同。例如，"凡针。先锤铁为细条。用铁尺一根。锥成线眼。抽过条铁成线。逐寸剪断为针。先锉其末成颖。用小槌敲扁其本。钢锥穿鼻。复锉其外。然后入釜。慢火炒熬。炒后以土末入松木、火矢、豆豉三物罨盖。下用火蒸。留针二三口。插于其外。以试火候。其外针入手捻成粉样。则其下针火候皆足。然后开封入水健之。凡引线成衣与刺绣者。其质皆刚。惟马尾刺工为冠者。则用柳条软针。分别之妙。在于水火健法云。"该书是世界上有关金属加工工艺最早的科学著作之一。只是到了近代，由于封建制度的日益腐败和帝国主义的侵略与压迫，才严重阻碍了我国科学技术的发展，使我国的金属材料及热处理技术在解放前处于极为落后的状态。新中国成立以后，我国在金属材料及热处理技术方面有了突飞猛进的发展，促进了冶金、机械制造、石油化工、仪器仪表、航空航天等现代化工业的进步。原子弹、氢弹、导弹、人造地球卫星、超导材料、纳米材料、载人航天飞机等重大项目的研究与试验成功，标志着我国在金属材料及热处理技术方面都达到了一个新的水平。

三、本书的内容及特点

本书的主要内容包括金属的性能、金属学基础知识、钢的热处理原理及热处理工艺、常用金属材料等。同时，对非金属材料和现代新型材料的种类、特点及用途也作了简单介绍。

金属的性能主要介绍金属的力学性能和工艺性能；金属学基础知识主要介绍金属和合金的晶体结构与结晶、铁碳相图及铁碳合金的组织；钢的热处理原理主要介绍钢在加热、保温和冷却过程中的组织转变；钢的热处理工艺主要讲述钢的整体热处理和表面热处理等；常用金属材料主要讲述碳素钢、合金钢、铸铁、非铁金属及硬质合金等金属材料的分类、牌号、成分、组织、热处理、性能及用途。另外，本书还介绍了与本书知识有关的实验及部分选学内容，各章并附有思考题和练习题，以帮助学生更好地掌握基本概念和基本理论知识。

金属材料及热处理是高等职业技术院校机械制造类、近机械类专业必修的技术基础课程。它是从生产实践中发展起来，又直接为生产服务的一门课程，具有丰富的理论性和实践性，名词多，概念多，材料的种类多，内容抽象，比较难理解。但是在理解基本概念和掌握基本理论的基础上，注意密切联系实际，重视习题课、实验课、实训课等实践性教学环节，按金属材料的成分、热处理、组织、性能和用途这一课程主线进行学习，是完全可以学好这门课程的。

第一章 金属的性能

金属材料由于具有许多良好的性能,在机械制造业中广泛地用于制造生产和生活用品。为了能够合理地选用金属材料,设计、制造出具有竞争力的产品,必须了解和掌握金属材料的性能。

金属材料的性能分为使用性能和工艺性能。使用性能是指金属材料在使用条件下所表现出来的性能,它包括力学性能、物理性能、化学性能;工艺性能是指金属材料在制造加工过程中反映出来的各种性能,如铸造性能、锻造性能等。

第一节 金属的力学性能

金属的力学性能是指金属在力作用下所显示的与弹性和非弹性反应相关或涉及应力-应变关系的性能。弹性是指物体在外力作用下改变其形状和尺寸,当外力卸除后物体又恢复到其原始形状和尺寸的特性。应力是指物体受外力作用后所导致物体内部之间相互作用的力(称为内力)与截面积的比值。应变是指由外力所引起的物体原始尺寸或形状的相对变化,通常以百分数(%)表示。

金属的力学性能是设计和制造机械零件或工具的主要依据,也是评定金属材料质量的重要判据。各种金属材料除对其成分范围作规定外,还要对其力学性能作必要的规定。制造各类构件的金属材料都必须满足规定的性能指标。因此熟悉和掌握金属的力学性能是非常重要的。

金属受力的性质不同,将表现出各种不同的行为,显示出各种不同的力学性能。金属的力学性能主要有强度、塑性、冲击韧度、硬度和疲劳强度等。

一、强度

金属材料在加工及使用过程中所受的外力称为载荷。载荷根据作用性质的不同,可以分为静载荷、冲击载荷及循环载荷等三种。静载荷是指大小不变或变化过程缓慢的载荷。金属在静载荷作用下,抵抗塑性变形或断裂的能力称为强度。由于载荷的作用方式有拉伸、压缩、弯曲、剪切、扭转等形式,所以强度也分为抗拉强度、抗压强度、抗弯强度、抗剪强度和抗扭强度等五种。一般情况下多以抗拉强度作为判别金属强度高低的依据。

金属的抗拉强度和塑性是通过拉伸试验测定的。拉伸试验的方法是将一定形状和尺寸的被测金属试样装夹在拉伸试验机上,缓慢施加轴向拉伸载荷,同时连续测量力和相应的伸长量,直至试样断裂,根据测得的数据,即可计算出有关的力学性能。

1. 拉伸试样

在国家标准中,对拉伸试样的形状、尺寸及加工要求均有明确的规定,通常采用圆柱形拉伸试样,如图 1-1 所示。

图中 d_0 为标准试样的原始直径;l_0 为标准试样的原始标距长度。根据标距长度与直径

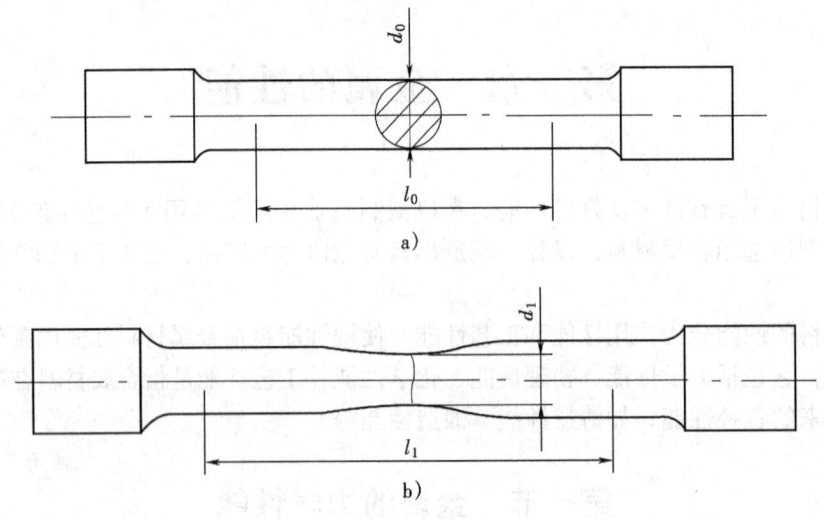

图 1-1 圆柱形拉伸试样
a) 拉伸前 b) 拉断后

之间的关系，拉伸试样可分为长试样（$l_0 = 10d_0$）和短试样（$l_0 = 5d_0$）两种。

2. 力-伸长曲线

力-伸长曲线是指拉伸试验中记录的拉伸力 F 与试样伸长量 Δl 之间的关系曲线，一般由拉伸试验机自动绘出。图1-2为低碳钢试样的力-伸长曲线，图中纵坐标表示力 F，单位为 N；横坐标表示试样伸长量 Δl，单位为 mm。

观察力-伸长曲线，明显地表现出下面几个变形阶段：

(1) Oe——弹性变形阶段　在力-伸长曲线图中，Oe 段为一斜直线，说明在该阶段试样的伸长量 Δl 与拉伸力 F 之间成正比例关系。当拉伸力 F 增加时，试样的伸长量 Δl 随之增加，去除拉伸力后试样完全恢复到原始的形状及尺寸，表现为弹性变形。F_e 为试样保持完全弹性变形的最大拉伸力。

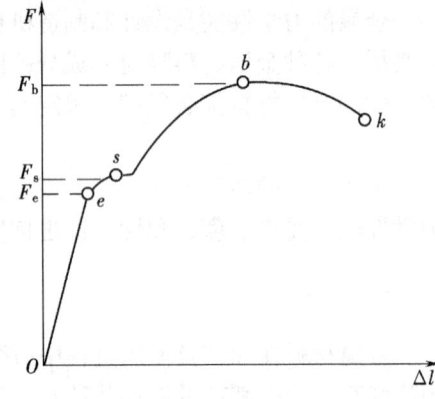

图 1-2 低碳钢试样的力-伸长曲线

(2) es——屈服阶段　当拉伸力不断增加，超过 F_e 再卸载时，弹性变形消失，一部分变形被保留下来，即试样不能恢复原来的形状及尺寸，这种不能随拉伸力的去除而消失的变形称为塑性变形。当拉伸力继续增加到 F_s 时，力-伸长曲线出现平台，说明在拉伸力基本不变的情况下，试样的伸长量继续增加，这种现象称为屈服。F_s 称为屈服拉伸力。

(3) sb——冷变形强化阶段　屈服后，试样开始出现明显的塑性变形。随着塑性变形量的增加，试样抵抗变形的能力逐渐增加，这种现象称为冷变形强化。在力-伸长曲线上表现为一段上升曲线，该阶段试样的变形是均匀发生的。F_b 为试样拉断前能承受的最大拉伸力。

(4) bk——缩颈与断裂阶段　当拉伸力达到 F_b 时，试样上某个部位的截面发生局部收缩，产生"缩颈"现象。由于缩颈使试样局部截面减小，试样变形所需的拉伸力也随之降低，这时变形主要集中在缩颈部位，最终试样被拉断。缩颈现象在力-伸长曲线上表现为一段下降的曲线。

工程上使用的金属材料，大多没有明显的屈服现象。有些脆性材料，不仅没有屈服现象，而且也不产生"缩颈"现象，如高碳钢、铸铁等。图1-3为铸铁的力-伸长曲线。

3. 强度指标

（1）屈服点 在拉伸试验过程中，拉伸力不增加（保持恒定），试样仍然能继续伸长（变形）时的应力称为屈服点，用符号 σ_s 表示，单位为 MPa。计算公式为

$$\sigma_s = \frac{F_s}{S_0}$$

式中 F_s——试样屈服时所承受的拉伸力，单位为 N；

S_0——试样原始横截面面积，单位为 mm^2。

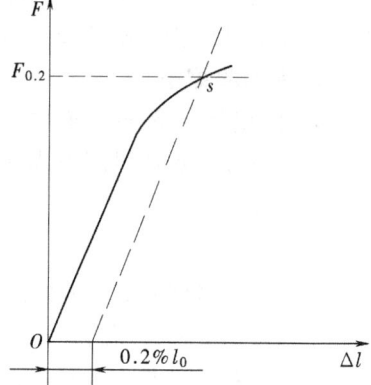

图1-3 铸铁的力-伸长曲线

对于无明显屈服现象的金属材料，按国家标准的规定，可用屈服强度 $\sigma_{0.2}$ 表示。$\sigma_{0.2}$ 是指试样卸除拉伸力后，其标距部分的残余伸长率达到 0.2% 时的应力。计算公式为

$$\sigma_{0.2} = \frac{F_{0.2}}{S_0}$$

式中 $F_{0.2}$——残余伸长率达到 0.2% 时的拉伸力，单位为 N；

S_0——试样原始横截面面积，单位为 mm^2。

屈服点 σ_s 和屈服强度 $\sigma_{0.2}$ 是工程上极为重要的力学性能指标之一，是大多数机械零件设计和选材的依据，是评定金属材料性能的重要参数。零件在工作中所承受的应力，超过屈服点或屈服强度时，会因过量的塑性变形而失效。

（2）抗拉强度 试样在拉断前所承受的最大应力称为抗拉强度，用符号 σ_b 表示，单位为 MPa。计算公式为

$$\sigma_b = \frac{F_b}{S_0}$$

式中 F_b——试样拉断前所承受的最大拉伸力，单位为 N；

S_0——试样原始横截面面积，单位为 mm^2。

零件在工作中所承受的应力，不应超过抗拉强度，否则会导致断裂。σ_b 也是机械零件设计和选材的依据，是评定金属材料性能的重要参数。

二、塑性

塑性是指金属材料在断裂前产生塑性变形的能力。通常用伸长率和断面收缩率来表示。

1. 伸长率

试样拉断后，标距的伸长量与原始标距的百分比称为伸长率。用符号 δ 表示。δ 值可用下式计算：

$$\delta = \frac{l_1 - l_0}{l_0} \times 100\%$$

式中 l_1——拉断试样对接后测出的标距长度,单位为 mm;

l_0——试样原始标距长度,单位为 mm。

必须说明,同一材料的试样长短不同,测得的伸长率数值是不相等的。长试样和短试样的伸长率分别用符号 δ_{10} 和 δ_5 表示,习惯上 δ_{10} 也写成 δ。

2. 断面收缩率

试样拉断后,缩颈处横截面积的最大缩减量与原始横截面积的百分比称为断面收缩率。用符号 ψ 表示。ψ 值可用下式计算:

$$\psi = \frac{S_0 - S_1}{S_0} \times 100\%$$

式中 S_0——试样原始横截面面积,单位为 mm^2;

S_1——试样拉断后缩颈处最小横截面面积,单位为 mm^2。

金属材料的伸长率和断面收缩率数值越大,说明其塑性越好。塑性直接影响到零件的成形加工及使用。例如,低碳钢的塑性好,能通过锻压加工成形,而灰铸铁塑性差,不能进行压力加工。塑性好的材料,在受力过大时,首先产生塑性变形而不致发生突然断裂,所以大多数机械零件除要求具有较高的强度外,还必须具有一定的塑性。

三、硬度

硬度是衡量金属软硬程度的一种性能指标,是指金属抵抗局部变形,特别是塑性变形、压痕或划痕的能力。

硬度是各种零件和工具必须具备的力学性能指标。机械制造业中所用的刀具、量具、模具等都应具备足够的硬度,才能保证使用性能和使用寿命。有些机械零件如齿轮、曲轴等,也要求具有一定的硬度,以保证足够的耐磨性和使用寿命。因此,硬度是金属材料重要的力学性能之一。

硬度是一项综合力学性能指标,其数值可以间接地反映金属的强度及金属在化学成分、显微组织和各种加工工艺上的差异。与拉伸试验相比,硬度试验简便易行,而且可以直接在工件上进行试验,并不破坏工件,因而在生产中被广泛应用。

测试硬度的方法很多,最常用的有布氏硬度试验法、洛氏硬度试验法和维氏硬度试验法三种。

1. 布氏硬度

(1) 测试原理 使用一定直径的硬质合金球,以规定的试验力压入试样表面,经规定的保持时间后,去除试验力,测量试样表面的压痕直径,然后计算其硬度值,如图 1-4 所示。

布氏硬度值是指球面压痕单位表面积上所承受的平均压力,用符号 HBW 表示。布氏硬度值可用下式计算:

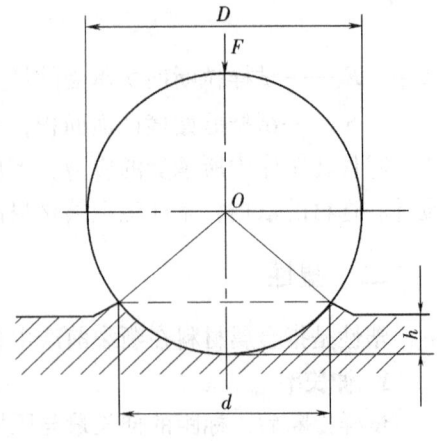

图 1-4 布氏硬度试验原理图

$$\mathrm{HBW} = \frac{F}{S} = 0.102 \times \frac{2F}{\pi D(D - \sqrt{D^2 - d^2})}$$

式中　F——试验力，单位为 N；
　　　S——球面压痕表面积，单位为 mm^2；
　　　D——球体直径，单位为 mm；
　　　d——压痕平均直径，单位为 mm。

从计算公式中可以看出，当试验力 F 和压头球体直径 D 一定时，布氏硬度值仅与压痕直径 d 的大小有关，因此试验时只要测量出压痕直径 d，就可以通过计算或查布氏硬度表得到结果。一般布氏硬度值不标出单位，只写明硬度的数值。

布氏硬度试验时，压头球体直径 D、试验力 F 和试验力保持时间，应根据被测金属的种类、硬度值范围及试样的厚度进行选择，见表 1-1。

表 1-1　布氏硬度试验的技术条件

材　料	布氏硬度	球直径/mm	$0.12F/D^2$	试验力/N	试验力保持时间/s	注意事项
铁金属	≥140	10 5 2.5	30	29420 7355 1839	10	试样厚度应不小于压痕深度的 10 倍。试验后，试样边缘及背面应无可见变形痕迹 压痕中心距试样边缘距离应不小于压痕直径的 2.5 倍 相邻两压痕中心距离应不小于压痕直径的 4 倍
	<140	10 5 2.5	10	9807 2452 613	10~15	
非铁金属	≥130	10 5 2.5	30	29420 7355 1839	30	
	36~130	10 5 2.5	10	9807 2452 613	30	
	8~35	10 5 2.5	2.5	2452 613 153	60	

（2）表示方法　布氏硬度的表示方法是，测定的硬度数值标注在符号 HBW 的前面，符号后面按球体直径、试验力、试验力保持时间（10~15s 不标注）的顺序，用相应的数字表示试验条件。

例如：600HBW1/30/20，表示用直径 1mm 的硬质合金球，在 294.2N 试验力的作用下保持 20s，测得的布氏硬度值为 600；550HBW5/750，表示用直径 5mm 的硬质合金球，在 7355N 试验力的作用下，保持 10~15s 时测得的布氏硬度值为 550。

（3）适用范围及优缺点　布氏硬度主要适用于测定灰铸铁、非铁金属及退火、正火或调质状态的钢材等材料的硬度。

布氏硬度试验时的试验力大，球体直径大，因而获得的压痕直径也大，能在较大范围内反映被测金属的平均硬度，试验结果比较准确。但因压痕较大，所以不宜测量成品件或薄件。

2. 洛氏硬度

（1）测试原理　洛氏硬度试验是用锥顶角为120°的金刚石圆锥体或直径为1.588mm的淬火钢球作压头，在初试验力和主试验力的先后作用下，压入试样的表面，经规定保持时间后卸除主试验力，在保留初试验力的情况下，根据测量的压痕深度来计算洛氏硬度值，如图1-5所示。

进行洛氏硬度试验时，先加初试验力 F_0，压头压入试样表面，深度为 h_1，目的是为了消除因试样表面不平整而造成的误差。然后再加主试验力 F_1，在主试验力的作用下，压头压入深度为 h_2。卸除主试验力，保持初试验力，由于金属弹性变形的恢复，使压头回升到压痕深度为 h_3 的位置，那么由主试验力所引起的塑性变形而使压头压入试样表面的深度 $e = h_3 - h_1$，称为残余压痕深度增量。显然，e 值越大，则被测金属的硬度越低。为了符合数值越大，硬度越高的习惯，用一个常数 K 减去 e 来表示硬度值的大小，并以每0.002mm压痕深度作为一个硬度单位，由此获得的硬度值称为洛氏硬度，用符号HR表示。计算公式为

$$HR = \frac{K - e}{0.002}$$

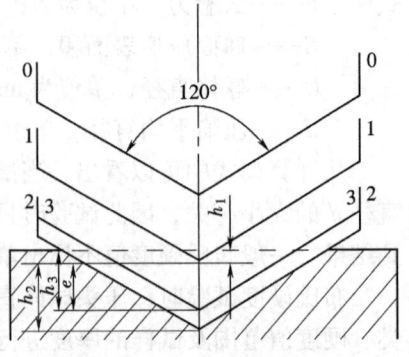

图1-5　洛氏硬度试验原理图

式中　K——常数。用金刚石圆锥体压头进行试验时，K 为0.2mm，用淬火钢球压头进行试验时，K 为0.26mm；

　　　e——残余压痕深度增量，单位为mm。

洛氏硬度没有单位，试验时硬度值可直接从洛氏硬度计的刻度盘上读出。

（2）常用洛氏硬度标尺及其适用范围　由于试验时选用的压头和总试验力的不同，洛氏硬度的测量尺度也就不同，常用的洛氏硬度标尺有A、B、C三种，其中C标尺应用较为广泛。三种洛氏硬度标尺的试验规范和应用范围见表1-2。

表1-2　常用洛氏硬度的试验条件和应用范围

标尺	硬度符号	压头	初试验力/N	主试验力/N	总试验力/N	测量范围	应用举例
A	HRA	金刚石圆锥	98.1	490.3	588.4	70~85	硬质合金、表面淬火层、渗碳层等
B	HRB	钢球	98.1	882.6	980.7	25~100	退火或正火钢、非铁金属等
C	HRC	金刚石圆锥	98.1	1373	1471.1	20~67	调质钢、淬火钢等

（3）优缺点　洛氏硬度试验压痕较小，对试样表面损伤小，可用来测定成品、半成品或较薄工件的硬度；试验操作简便，可直接从刻度盘上读出硬度值；由于采用不同的硬度标尺，洛氏硬度的测试范围大，能测量从极软到极硬各种金属的硬度。但是，由于压痕小，当材料的内部组织不均匀时，硬度数值波动较大，不能反映被测金属的平均硬

度，因此，在进行洛氏硬度试验时，需要在不同部位测试数次，取其平均值来表示被测金属的硬度。

3. 维氏硬度

维氏硬度的测试原理如图 1-6 所示。将相对面夹角为 136°的金刚石正四棱锥体压头按选定的试验力压入试样表面，经规定保持时间后卸除试验力，在试样表面形成一个正四棱锥形压痕，测量压痕两对角线的平均长度，计算压痕单位表面积上承受的平均压力，以此作为被测金属的硬度值，称为维氏硬度，用符号 HV 来表示。维氏硬度可用下式计算：

$$HV = 0.1891 \times \frac{F}{d^2}$$

式中 F——试验力，单位为 N；

d——压痕两对角线长度的算术平均值，单位为 mm。

试验时，维氏硬度值同布氏硬度值一样，也可根据测得的压痕对角线平均长度，从表中直接查出。

维氏硬度试验所用的试验力可根据试样的大小、厚薄等条件进行选择，常用试验力的大小在 49.03 ~ 980.7N 范围内。

维氏硬度值的表示方法与布氏硬度相同，硬度数值写在符号的前面，试验条件写在符号的后面。对于钢及铸铁，当试验力保持时间为 10 ~ 15s 时，可以不标出。例如：

642HV30 表示，用 294.2N 试验力保持 10 ~ 15s 测定的维氏硬度值为 642。

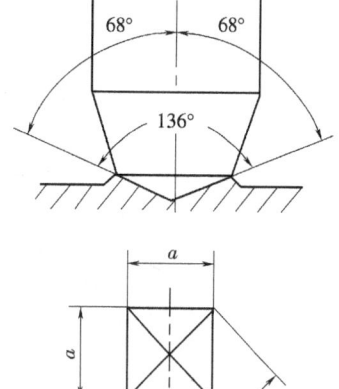

图 1-6 维氏硬度测试原理图

642HV30/20 表示，用 294.2N 试验力保持 20s 测定的维氏硬度值为 642。

由于维氏硬度试验时所加试验力较小，压痕深度较浅，故可测量较薄工件的硬度，尤其适用于零件表面层硬度的测量，如化学热处理的渗层硬度测量，其结果精确可靠。因维氏硬度值具有连续性，范围在 5 ~ 1000HV 内，所以适用范围广，可测定从极软到极硬各种金属的硬度。但维氏硬度试验操作比较缓慢，而且对试样的表面质量要求较高。

四、冲击韧度

强度、塑性、硬度等力学性能指标是在静载荷作用下测定的，而许多零件和工具在工作过程中，往往受到冲击载荷的作用，如冲床的冲头、锻锤的锤杆、风动工具等。冲击载荷是指在短时间内以很大速度作用于零件或工具上的载荷。对于承受冲击载荷作用的零件，除具有足够的静载荷作用下的力学性能指标外，还必须具有足够的抵抗冲击载荷的能力。

金属材料在冲击载荷作用下抵抗破坏的能力称为冲击韧度。为了测定金属的冲击韧度，通常要进行夏比冲击试验。

1. 测试原理

夏比冲击试验是在摆锤式冲击试验机上进行的，利用的是能量守恒原理。试验时，将被测金属的冲击试样放在冲击试验机的支座上，缺口应背对摆锤的冲击方向，如图 1-7 所示。将重量为 G 的摆锤升高到 H 高度，使其具有一定的势能 GH，然后让摆锤自由落下，将试样冲断，并继续向另一方向升高到 h 高度，此时摆锤具有的剩余势能为 Gh。摆锤冲断试样所消耗的势能即是摆锤冲击试样所作的功，称为冲击吸收功，用符号 A_K 表示。其计算公式为

$$A_K = G(H - h)$$

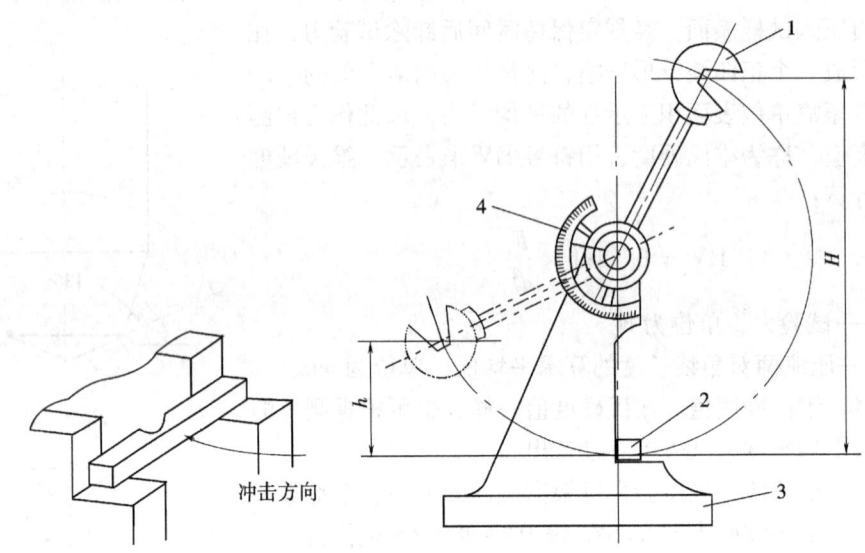

图 1-7　夏比冲击试验原理图
1—摆锤　2—试样　3—机架　4—刻度盘

试验时，A_K 值可直接从试验机的刻度盘上读出。A_K 值的大小就代表了被测金属韧性的高低，但习惯上采用冲击韧度来表示金属的韧性。冲击吸收功 A_K 除以试样缺口处的横截面面积 S_0，即可得到被测金属的冲击韧度，用符号 α_K 表示。其计算公式为

$$\alpha_K = \frac{A_K}{S_0}$$

式中　α_K——冲击韧度，单位为 J/cm^2；

A_K——冲击吸收功，单位为 J；

S_0——试样缺口处横截面面积，单位为 cm^2。

一般将 α_K 值低的材料称为脆性材料，α_K 值高的材料称为韧性材料。脆性材料在断裂前无明显的塑性变形，断口比较平整，有金属光泽；韧性材料在断裂前有明显的塑性变形，断口呈纤维状，没有金属光泽。

2. 冲击试样

为了使夏比冲击试验的结果可以互相比较，冲击试样必须按照国家标准制作，如图 1-8 所示。常用的冲击试样有夏比 U 形缺口试样和夏比 V 形缺口试样两种，其相应的冲击吸收功分别标为 A_{KU} 和 A_{KV}，冲击韧度则标为 α_{KU} 和 α_{KV}。

3. 韧脆转变温度

金属的冲击吸收功与冲击试验时的温度有关。同一种金属材料在一系列不同温度下的冲击试验中，测绘的冲击吸收功与试验温度之间的关系曲线，称为冲击吸收功 - 温度曲线，如图 1-9 所示。

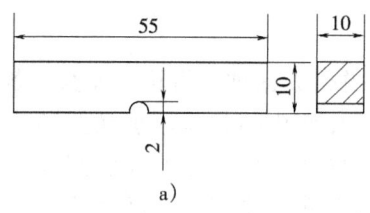 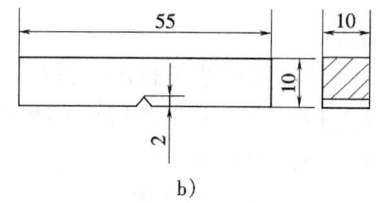

图 1-8 冲击试样
a）U 形缺口试样　b）V 形缺口试样

金属的冲击吸收功-温度曲线具有明显的上平台区、过渡区和下平台区三部分。随试验温度的降低，冲击吸收功总的变化趋势是降低的。当温度降至某一范围时，冲击吸收功急剧下降，金属由韧性断裂变为脆性断裂，这种现象称为冷脆转变。金属由韧性状态向脆性状态转变的温度称为韧脆转变温度。韧脆转变温度是衡量金属冷脆倾向的指标。

金属材料的韧脆转变温度越低，说明其低温抗冲击性能越好。这对于在高寒地区或低温条件下工作的机械和工程结构来说非常重要。在选择金属材料时，应考虑其工作条件的最低温度必须高于金属的韧脆转变温度。

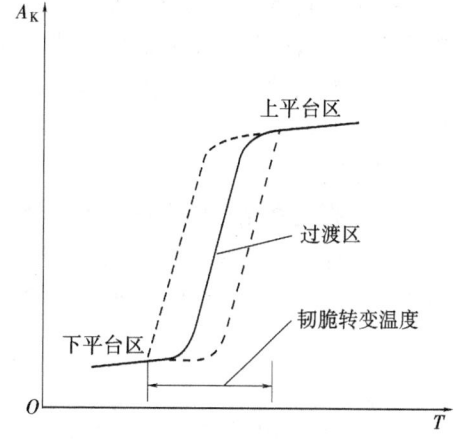

图 1-9　冲击吸收功-温度曲线

4. 多次冲击试验

在实际工作中，承受冲击载荷作用的零件或工具，经过一次冲击断裂的情况很少，大多数情况是在小能量多次冲击作用下而破坏的。这种破坏是由于多次冲击损伤的积累，导致裂纹的产生与扩展的结果，与大能量一次冲击的破坏过程有本质的区别。对于这样的零件和工具已不能用冲击韧度来衡量其抵抗冲击载荷的能力，而应采用小能量多次冲击抗力指标。

小能量多次冲击试验的原理如图 1-10 所示。在一定的冲击能量下，试样在冲锤的多次冲击下断裂时，经受的冲击次数 N 就代表了金属抵抗小能量多次冲击的能力。

实践证明，冲击韧度高的金属材料，小能量多次冲击抗力不一定高。一般金属材料受大能量的冲击载荷作用时，其冲击抗力主要取决于金属的塑性，而在小能量多次冲击的情况下，其冲击抗力主要取决于金属的强度。

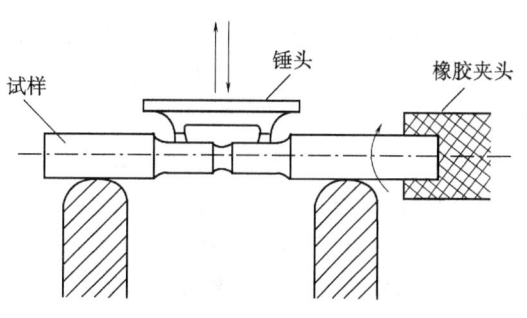

图 1-10　小能量多次冲击试验示意图

五、疲劳强度

1. 疲劳现象

许多机械零件都是在循环载荷的作用下工作的，如曲轴、齿轮、弹簧、各种滚动轴承等。循环载荷是指大小、方向都随时间发生周期性变化的载荷。承受循环载荷作用的零件，在工作过程中，常常在工作应力远低于制作材料的屈服点或屈服强度的情况下，仍然会发生断裂，这种现象称为疲劳。疲劳断裂与静载荷作用下的断裂不同，不管是韧性材料还是脆性材料，疲劳断裂都是突然发生的，事先无明显的塑性变形预兆，故具有很大的危险性。

疲劳断裂是在零件应力集中的局部区域开始发生的，这些区域通常存在着各种缺陷，如划痕、夹杂、软点、显微裂纹等，在循环载荷的反复作用下，产生疲劳裂纹，并随应力循环周次的增加，疲劳裂纹不断扩展，使零件的有效承载面积不断减少，最后达到某一临界尺寸时，发生突然断裂。因此，疲劳破坏的宏观断口是由疲劳裂纹的策源地及其扩展区（光滑部分）和最后断裂区（粗糙部分）组成的，如图1-11所示。

2. 疲劳强度

疲劳断裂是在循环应力作用下，经一定循环次数后发生的。在循环载荷作用下，金属所承受的循环应力 σ 和断裂时相应的应力循环周次数 N 之间的关系，可以用曲线来描述，这种曲线称为 $\sigma - N$ 疲劳曲线，如图1-12所示。

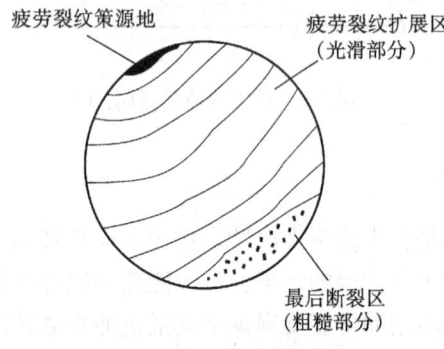
图1-11 疲劳断口示意图

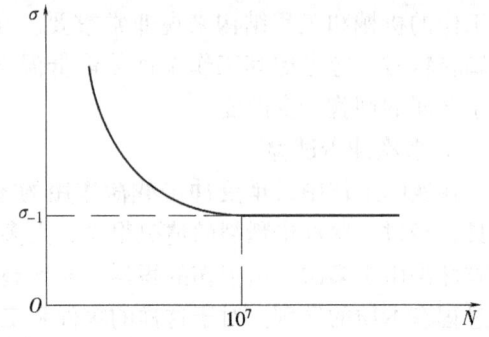
图1-12 $\sigma - N$ 疲劳曲线

金属在循环应力作用下能经受无限次循环而不断裂的最大应力值，称为金属的疲劳强度，对称循环应力的疲劳强度用符号 σ_{-1} 表示。显然 σ_{-1} 的数值越大，金属材料抵抗疲劳破坏的能力越强。

实际上，金属材料不可能作无数次循环应力试验，一般都是求疲劳极限，即对应于规定的循环基数，试样不发生断裂的最大应力值。对于铁金属，一般规定应力循环基数为 10^7 周次；对于非铁金属，则应力循环基数规定为 10^8 周次。

金属的疲劳极限受很多因素的影响，如工作条件、材料成分及组织、零件表面状态等。改善零件的结构形状、降低零件表面粗糙度、采取各种表面强化方法、尽可能减少各种热处理缺陷等都可以提高零件的疲劳极限。

第二节　金属的工艺性能

工艺性能是指金属在制造各种机械零件或工具的过程中，对各种不同加工方法的适应能力，即金属采用某种加工方法制成成品的难易程度。它包括铸造性能、锻造性能、焊接性能、切削加工性能等。例如，某种金属材料用铸造成形的方法容易得到合格的铸件，则该种材料的铸造性能好。工艺性能直接影响零件的制造工艺和质量，是选择金属材料时必须考虑的因素之一。

一、铸造性能

金属在铸造成形过程中获得外形准确、内部健全铸件的能力称为铸造性能。铸造性能包括流动性、收缩性和偏析等。流动性是指熔融金属的流动能力，它主要受金属的化学成分和浇注温度的影响，流动性好的金属容易充满铸型，从而获得外形完整、尺寸精确、轮廓清晰的铸件；收缩性是指铸件在凝固和冷却过程中体积和尺寸减小的现象，收缩不仅影响铸件的尺寸精度，还会使铸件产生缩孔、疏松、内应力、变形及开裂等缺陷，所以用于铸造的金属其收缩率越小越好；偏析是指铸件凝固后其内部化学成分不均匀的现象，偏析严重时能造成铸件各部分的组织和力学性能相差很大，降低铸件的质量。

二、锻造性能

金属利用锻压加工方法成形的难易程度称为锻造性能。锻造性能的好坏主要取决于金属的塑性和变形抗力。塑性越好，变形抗力越小，金属的锻造性能就越好。例如，碳钢在加热的状态下有较好的锻造性能，铸铁则不能进行锻造。

三、焊接性能

焊接性能是指金属对焊接加工的适应能力，即在限定的施工条件下被焊接成按规定设计要求的构件，并满足预定使用要求的能力。焊接性能好的金属可以获得没有裂缝、气孔等缺陷的焊缝，焊接质量好，并且焊接接头具有一定的力学性能。如低碳钢具有良好的焊接性能，而高碳钢、铸铁的焊接性能较差。

四、切削加工性能

切削加工性能是指金属在切削加工时的难易程度。切削加工性能好的金属对使用的刀具磨损小，零件表面粗糙度低。影响切削加工性能的因素主要有金属的化学成分、组织状态、硬度、导热性、冷变形强化等。一般认为金属的硬度在 170~260HBW 范围内时，最易切削加工。如铸铁、铜合金、铝合金具有良好的切削加工性能，而高合金钢的切削加工性能较差。通常对金属进行适当的热处理，是改善其切削加工性能的重要途径。

第三节　金属的力学性能实验

一、硬度实验

1. 实验目的

了解布氏硬度计和洛氏硬度计的构造及使用方法；初步掌握各种金属硬度的测量方法；分析碳钢的硬度与其碳的质量分数之间的关系。

2. 实验设备及材料

1）HB—3000 型布氏硬度计，如图 1-13 所示。

2）HR—150 型洛氏硬度计，如图 1-14 所示。

3）读数显微镜。

4）试样：$\phi 30mm \times 10mm$ 的 20 钢、45 钢和 T12 钢，退火状态，要求试样表面平整光洁，不得有氧化皮、油污及明显的加工痕迹。

3. 实验步骤

（1）布氏硬度实验

1）根据实验材料和布氏硬度范围由表 1-1 选择压头球体直径、试验

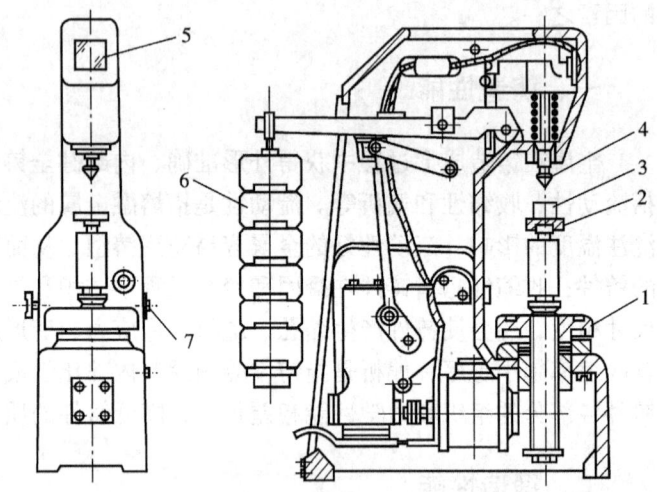

图 1-13　HB—3000 型布氏硬度计简图
1—手轮　2—工作台　3—试样　4—压头
5—指示灯　6—砝码　7—紧压螺钉

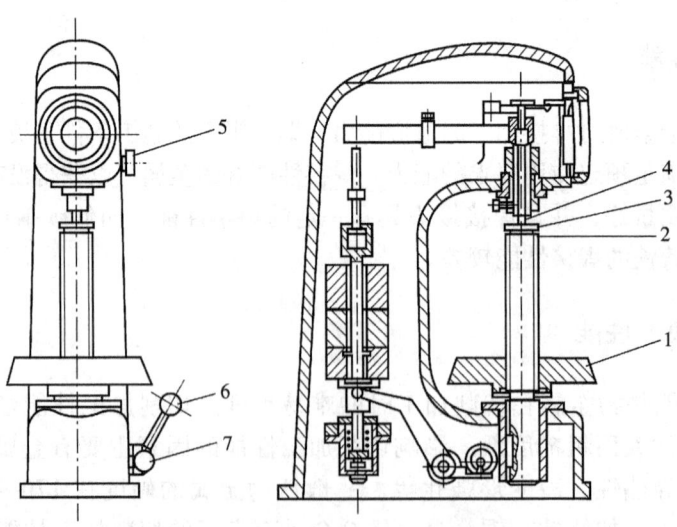

图 1-14　HR-150 型洛氏硬度计简图
1—手轮　2—工作台　3—试样　4—压头　5—砝码调节螺母
6—卸载手柄　7—加载手柄

力和试验力保持时间。

2）打开硬度计电源。将试样放在工作台上，使试样的被测表面与压头轴线垂直。选好测试位置，顺时针转动手轮，使工作台上升，试样与压头缓慢接触，并继续转动手轮至升降螺母产生滑动为止。

3）松开紧压螺钉，选定试验力保持时间。

4）按动加载按钮，开始施加试验力。当绿色指示灯闪亮时，迅速拧紧螺钉，达到所要求的持续时间后，硬度计自动停止转动。

5）逆时针转动手轮，降下工作台，取下试样。

6）用读数显微镜测量压痕直径 d，再通过计算或查表获得相应的硬度值。

（2）洛氏硬度实验

1）根据实验材料及热处理状态由表 1-2 选择压头和试验力。

2）将试样平放在工作台上。

3）顺时针转动手轮，使工作台上升，试样与压头缓慢接触，直至表盘上的小指针指向"3"为止，此时已施加了 98.1N 的初试验力，然后调整表盘使大指针指向硬度值刻度的起点。

4）拉动加载手柄，施加主试验力，并保持适当的时间。

5）推动卸载手柄，卸除主试验力。

6）读取表盘上大指针所指数字，即为相应的硬度值（红色数字为 HRB 值，黑色数字为 HRA 或 HRC 值）。

7）逆时针转动手轮，降下工作台，取下试样。

4. 实验报告

1）写出实验目的。

2）简述布氏硬度、洛氏硬度的实验原理、应用范围及优缺点。

3）将实验结果，填入表 1-3、表 1-4 中。

表 1-3 布氏硬度实验结果

材料	实验条件			实验结果				平均硬度值
	压头球体直径/mm	试验力/N	试验力保持时间/s	第一次		第二次		
				压痕直径/mm	布氏硬度值	压痕直径/mm	布氏硬度值	
20								
45								
T12								

表 1-4 洛氏硬度实验结果

材料	实验条件			实验结果			平均硬度值
	压头	试验力/N	硬度标尺	第一次	第二次	第三次	
20							
45							
T12							

4）根据实验结果，简单分析碳钢硬度与其碳的质量分数之间的关系，并画出二者关系曲线图。

二、冲击实验

1. 实验目的

了解冲击试验机的构造及使用方法；初步掌握各种金属冲击韧度的测量方法；分析碳钢的冲击韧度与其碳的质量分数之间的关系。

2. 实验设备及材料

1）JB—30A型摆锤式冲击试验机。
2）冲击试样：20钢、45钢和T12钢。

3. 实验步骤

1）在教师指导下，了解冲击试验机的构造和操作方法。
2）测量冲击试样的尺寸。
3）在教师指导下安装试样并进行冲击。
4）读取刻度盘上指针所指数字，即为被测材料的冲击吸收功A_K值。

4. 实验报告

1）写出实验目的。
2）简述冲击试验原理。
3）将实验结果填入表1-5中。

表1-5 冲击试验结果

材料	试样缺口处横截面尺寸			冲击吸收功/J	冲击韧度值 /（J·cm^{-2}）	断口特征
	高/cm	宽/cm	横截面面积/cm^2			
20						
45						
T12						

4）根据实验结果，简单分析碳钢冲击韧度与其碳的质量分数之间的关系，并画出二者关系曲线图。

思 考 题

1. 什么是金属的力学性能？金属的力学性能包括哪些？
2. 根据作用形式不同，载荷分为哪几类？
3. 什么是强度？其常用性能指标有哪些？各用什么符号表示？
4. 什么是塑性？其常用性能指标有哪些？各用什么符号表示？
5. 伸长率与断面收缩率，哪一个性能指标能更真实地反映金属的塑性？
6. 什么是硬度？常用的硬度试验方法有哪些？各用什么符号表示？
7. 布氏硬度、洛氏硬度试验法有哪些优缺点？说明其应用范围。
8. 为什么在生产中硬度试验比拉伸试验更实用？
9. 什么是冲击韧度？其值用什么符号表示？A_K表示什么意思？
10. 什么是疲劳现象？什么是疲劳极限？疲劳极限常用什么符号表示？
11. 什么是金属的工艺性能？主要包括哪些内容？

第一章 金属的性能

练 习 题

1. 画出低碳钢的力-伸长曲线，并简述拉伸变形的几个阶段。
2. 有一低碳钢试样，原始标距长度为100mm，直径为φ10mm。在试验力达到18840N时试样产生屈服现象，试验力达到36110N时出现缩颈现象，然后被拉断。将已断裂的试样对接起来测量，标距长度为133mm，断裂处最小直径为φ6mm。试计算该材料的σ_s、σ_b、δ、ψ。
3. 现有标准圆形长、短试样各一根，经拉伸试验测得其伸长率均为20%，问两试样中哪一根的塑性好？为什么？
4. 有一根环形链条，用直径为φ20mm的钢条制造，已知该钢条σ_s = 314MPa，试求此链条能承受的最大载荷是多少？
5. 在有关工件的图样上，出现了以下几种硬度标注方法，问是否正确？如不正确应如何改正？
   HBW210~300　　　　HRC5~15　　　　HV300　　　　800~860HV
6. 现有四种材料，它们的硬度分别为45HRC、95HRB、850HV、220HBW，试比较这四种材料硬度的高低。
7. 选择下列材料的硬度测试方法：
   硬质合金刀片、手锯条（T10A）、齿轮（45钢）、下水道井盖（灰铸铁）、轴承（黄铜）。
8. 总结比较金属的各项力学性能指标，填表1-6。

表1-6 金属常用力学性能指标的比较

力学性能	符号	单位	含义	应用举例
强度				
塑性				
硬度				
冲击韧度				
疲劳强度				

第二章　金属的晶体结构与结晶

不同的金属材料具有不同的力学性能；同一种金属材料，在不同的条件下其力学性能也是不同的。金属性能的这些差异，完全是由金属内部的组织结构所决定的。因此，研究金属的晶体结构及其变化规律，是了解金属性能，正确选用金属材料，合理确定加工方法的基础。

第一节　金属的晶体结构

一、晶体与非晶体

固态物质按其原子（或分子）的聚集状态可分为晶体和非晶体两大类。凡原子（或分子）按一定的几何规律作规则的周期性重复排列的物质，称为晶体；而原子（或分子）无规则聚集在一起的物质则称为非晶体。

自然界中，除少数物质（如松香、普通玻璃、石蜡等）属于非晶体外，大多数固态物质都是晶体。由于晶体内部原子（或分子）的排列是有规则的，所以自然界中许多晶体都具有规则的外形，如结晶盐、水晶、天然金刚石等。但晶体的外形不一定都是有规则的，如金属和合金等，这与晶体的形成条件有关。因此，晶体与非晶体的根本区别还在于其内部原子（或分子）的排列是否有规则。

晶体与非晶体的区别还表现在许多性能方面，如晶体具有固定的熔点（或凝固点）、具有各向异性的特征。而非晶体则没有固定的熔点（或凝固点），具有各向同性的特征。

显然，气体和液体都是非晶体。特别是在液体中，虽然其原子（或分子）也是处于紧密聚集的状态，但不存在周期性排列，所以固态的非晶体可以看成是一种过冷状态的液体，只是其物理性质不同于通常的液体而已，玻璃就是一个典型的例子，故往往将非晶体称为玻璃体。非晶体在一定条件下可以转化为晶体，如玻璃经高温长时间加热后能形成晶态玻璃。而通常呈晶态的物质，如果将它从液态快速冷却下来，也可能成为非晶体，如金属液的冷却速度超过 $10^7 ℃/s$ 时，可得到非晶态金属。

二、金属晶体的特性

晶体又分为金属晶体和非金属晶体两类。金属晶体除具有晶体所共有的特征外，还具有独特的性能，如金属具有金属光泽、良好的导电性和导热性、良好的塑性及正的电阻温度系数等。这主要与金属的原子结构及原子间的结合方式有关。

金属元素的原子结构有一个共同特点，就是它的最外层电子数目少，而且与原子核的结合力较弱，很容易摆脱原子核的束缚而变成自由电子。当大量金属原子聚集在一起构成金属晶体时，多数金属原子失去其最外层电子而变成正离子。正离子按一定几何规律作周期性排列，并在固定位置上作高频率的热振动；脱离了原子核束缚的电子则在各离子间自由地运动,它们为整个金属所共有。金属晶体就是依靠各正离子与共有自由电子之间的引力结合起来的,离子间及电子间的斥力则与这种引力保持平衡,使金属处于稳定的晶体状态。

金属中的自由电子在外电场作用下会沿电场方向作定向运动,形成电流,使金属晶体显示出良好的导电性;正离子的热振动对自由电子的运动有阻碍作用,随温度升高,正离子热振动的幅度加大,对自由电子的阻碍作用增大,因此,金属晶体的电阻随温度升高而增大,即具有正的电阻温度系数;由于正离子的振动和自由电子的运动可以传递热能,从而使金属晶体具有良好的导热性;金属晶体中的原子发生相对位移后,正离子与自由电子之间仍保持原有的结合方式,使金属显示出良好的塑性;自由电子能吸收可见光的能量,而跃迁到较高的能级上,当它返回原来低能级时,就把所吸收的能量以电磁波的形式辐射出来,宏观上显示金属晶体具有光泽。

三、晶体结构的基本知识

在研究金属的晶体结构时,为分析问题方便,通常将金属中的原子近似地看成是刚性小球。这样,金属晶体就可以近似看成是由刚性小球按一定几何规则紧密堆砌而成的,如图2-1 所示。

为了便于理解和描述晶体中原子的排列情况,可将刚性小球再抽象成为一个几何点,几何点位于刚性小球的中心。这种几何点的空间排列称为空间点阵,简称为点阵。点阵中的几何点称为结点或阵点。

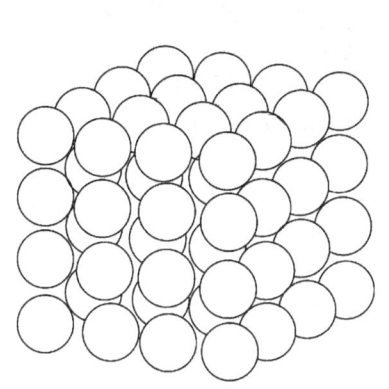

图 2-1 晶体中原子排列模型

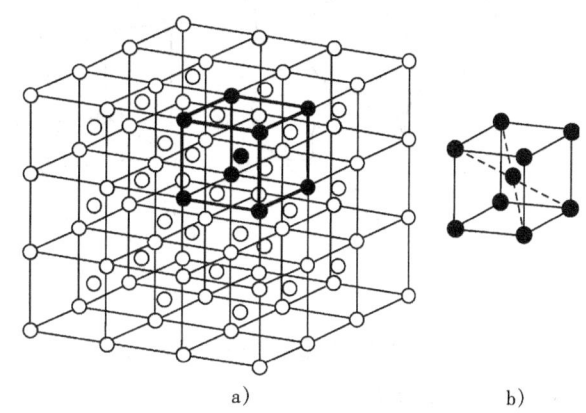

图 2-2 晶格与晶胞示意图
a)晶格 b)晶胞

在表达点阵的几何图形时,为了观察方便,可作许多平行直线将结点连接起来,构成三维的几何格架,如图 2-2 所示。这种抽象的、用于描述原子在晶体中排列形式的几何空间格架称为晶格。

从晶格中可以看出,位于同一直线上的结点每隔一个相等的距离就重复出现一次;位于同一平面上的结点构成了二维点阵平面,将点阵平面沿一定方向平移一定的距离,其结点也具有重复性。因此,为了说明点阵排列的规律和特点,可在点阵中取出一个具有代表性的基本几何单元来进行分析,这个点阵的组成单元称为晶胞,如图 2-2 中粗黑线标出的平行六面体所示。可见,将晶胞作三维的重复堆砌就构成了整个空间点阵。

在晶体学中，通常取晶胞角上某一结点作为原点，沿其三条棱边作坐标轴 x、y、z，称为晶轴。规定在坐标原点的前、右、上方为坐标轴的正方向，并以棱边长度 a、b、c 分别作为坐标轴的长度单位，如图 2-3 所示。这样，晶胞的大小和形状完全可以由三个棱边长度和三个晶轴之间的夹角 α、β、γ 来表示。其中棱边长度称为晶格常数。

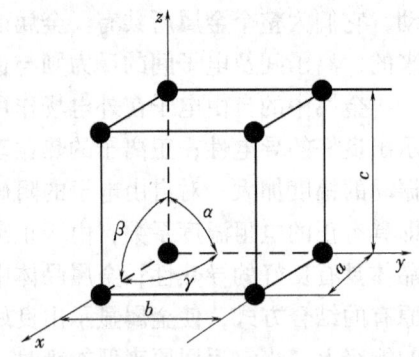

图 2-3 晶胞的表示方法

四、常见金属的晶格类型

在金属晶体中，由于原子间的结合方式，决定了金属晶体具有高度对称的简单的晶体结构。其中常见的有以下三种：

1. 体心立方晶格

体心立方晶格的晶胞如图 2-4 所示。在晶胞的中心和八个角上各有一个原子，它是一个立方体（$a=b=c$，$\alpha=\beta=\gamma=90°$），所以只用一个晶格常数 a 即可表示晶胞的大小和形状。由于晶胞角上的原子同时属于相邻的八个晶胞所共有，每个晶胞实际上只占有该原子的1/8，而中心的原子为该晶胞所独有，故体心立方晶格晶胞中的原子数 $n=8\times1/8+1=2$（个）。

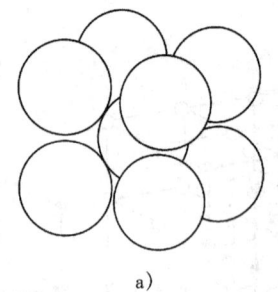 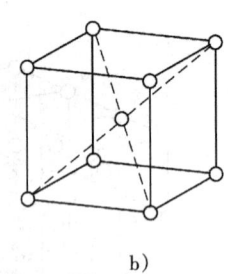 

a)   b)   c)

图 2-4 体心立方晶胞

属于体心立方晶格类型的金属有 α-Fe、Cr、W、Mo、V 等。

2. 面心立方晶格

面心立方晶格的晶胞如图 2-5 所示。在晶胞的六个面的中心及八个角上各有一个原子，它也是一个立方体，所以只用一个晶格常数 a 即可表示晶胞的大小和形状。由于晶胞角上的原子同时属于相邻的八个晶胞所共有，而每个面中心的原子为两个晶胞所共有，故面心立方晶格晶胞中的原子数 $n=8\times1/8+6\times1/2=4$（个）。

属于面心立方晶格类型的金属有 γ-Fe，Al、Cu、Ni、Au、Ag、Pb 等。

3. 密排六方晶格

密排六方晶格的晶胞如图 2-6 所示。在晶胞的每个角和上、下底面的中心上各有一个原子，晶胞的体内还有三个原子，它是一个六方柱体，由六个呈长方形的侧面和两个呈正六边形的底面组成，所以要用两个晶格常数来表示晶胞的大小和形状，一个是六边形的边长 a，另一个是六方柱体的高度 c。由于晶胞角上的原子同时属于相邻的六个晶胞所共有，上、下

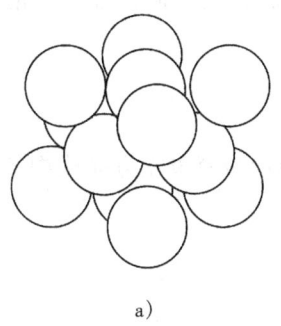 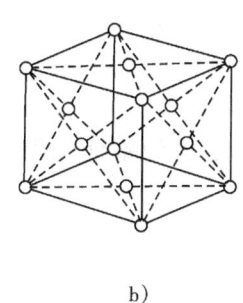 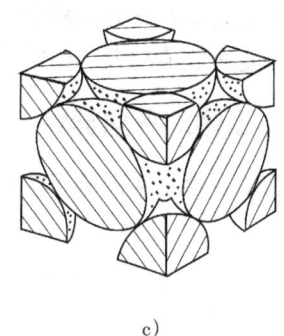

图 2-5 面心立方晶胞

底面中心的原子为两个晶胞所共有，而体内的三个原子为该晶胞所独有，故密排六方晶格晶胞中的原子数 $n = 12 \times 1/6 + 2 \times 1/2 + 3 = 6$（个）。

属于密排六方晶格类型的金属有 Mg、Zn、Be、Cd 等。

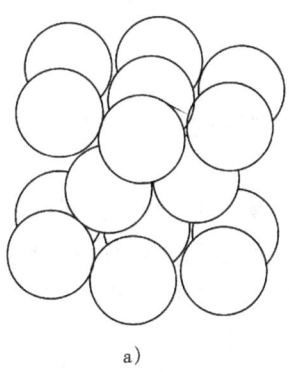 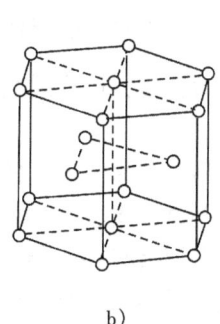 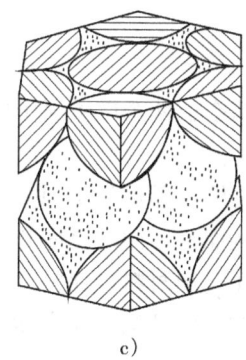

图 2-6 密排六方晶胞

4. 配位数与致密度

晶体中原子排列的紧密程度与晶体结构类型有关。为了定量地表示晶体中原子排列的紧密程度，通常使用配位数和致密度这两个参数。

配位数是指晶体结构中与任一原子最邻近且等距离的原子数，例如体心立方晶格的配位数是 8。

由于把晶格中原子看成是刚性小球，因此，晶体中原子排列的紧密程度可用晶胞中原子所占体积与该晶胞体积的比值来表示。例如在体心立方晶格中每个晶胞含有 2 个原子，原子直径与晶格常数之间的关系如图 2-7 所示，故体心立方晶格的致密度为

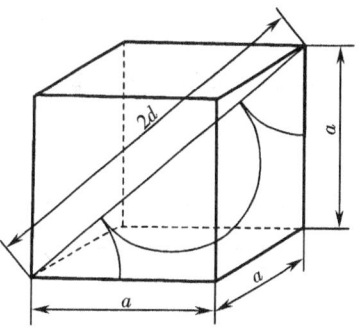

图 2-7 体心立方晶胞中原子直径的计算示意图

$$\frac{2 \text{个原子体积}}{\text{晶胞体积}} = \frac{2 \times \frac{\pi d^3}{6}}{a^3} = \frac{2 \times \pi \left(\frac{\sqrt{3}}{2} a\right)^3}{6 a^3} = 0.68$$

这表明在体心立方晶格中有 68% 的体积被原子所占据，其余为空隙。显然，晶格配位数与致密度的数值越大，则原子排列得越紧密。

五、晶体的各向异性

在晶体中由一系列原子组成的平面，称为晶面。图 2-8 所示为简单立方晶格中的一些晶面。

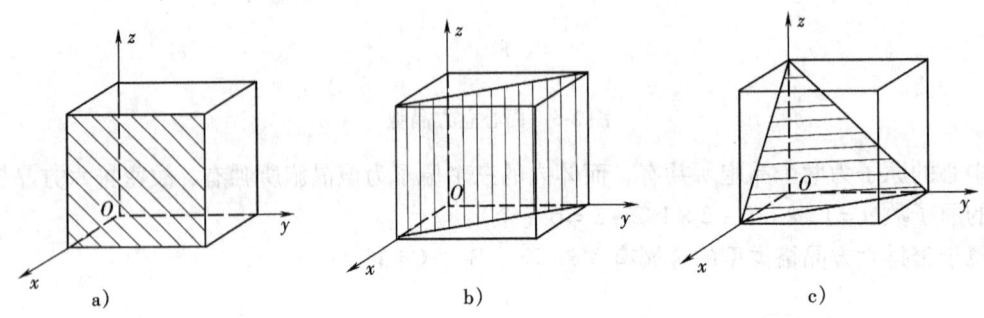

图 2-8　简单立方晶格中的晶面

通过两个或两个以上原子中心的直线，可代表晶格空间排列的一定方向，称为晶向，如图 2-9 所示。

由于在同一晶格的不同晶面和晶向上原子排列的疏密程度不同，因此原子间的结合力也就不同，从而在不同的晶面和晶向上显示出不同的性能，这就是晶体具有各向异性的原因。然而，工业金属材料中通常见不到它们具有各向异性的特征，这主要是因为上述所讨论的是理想状态的晶体结构，而实际金属的晶体结构与理想晶体相差很大。

六、金属的实际晶体结构

如果一个晶体内部其晶格位向（即原子排列的方向）是完全一致的，则这种晶体称为单晶体，如图 2-10a 所示。在工业生产中，只有采用特殊方法才能获得单晶体，如单晶硅、单晶锗等。实际使用的金属材料即使体积很小，其内部仍包含了许许多多颗粒状的小晶体，

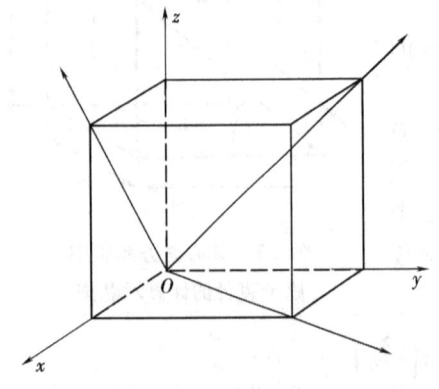

图 2-9　简单立方晶格中的晶向

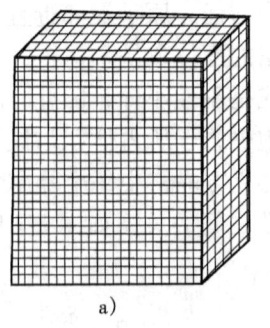
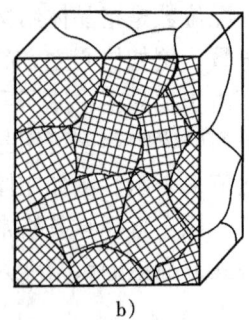

图 2-10　单晶体和多晶体结构示意图
a) 单晶体　b) 多晶体

每个小晶体的内部晶格位向是一致的，而各个小晶体彼此之间晶格位向不同，如图 2-10b 所示。小晶体的外形呈不规则的颗粒状，通常称为晶粒。晶粒与晶粒之间的界面称为晶界。这种实际上由许多晶粒组成的晶体称为多晶体。一般金属材料都是多晶体结构。

由于实际金属材料是多晶体结构，其内部包含了大量彼此位向不同的晶粒，一个晶粒的各向异性在许多位向不同的晶粒之间可以互相抵消或补充，因此，整个金属的性能则是这些晶粒性能的平均值，故实际金属材料表现为各向同性，称为伪各向同性。

由于晶粒与晶粒之间存在着晶格位向上的差异，所以在晶界处原子的排列就不可能是规则的，这种原子排列不规则的区域称为晶体缺陷。根据晶体缺陷的几何特征，可将晶体缺陷分为以下三种：

1. 点缺陷

点缺陷是晶体中呈点状的缺陷，即在三维方向上的尺寸都很小的晶体缺陷。常见的点缺陷是空位和间隙原子，如图 2-11 所示。在实际晶体结构中，晶格的某些结点往往未被原子占据，这种原子空缺的位置称为空位。与此同时，在晶格的某些空隙处又会出现多余的原子，这种不占有正常结点位置而是处在晶格空隙之中的原子，称为间隙原子。

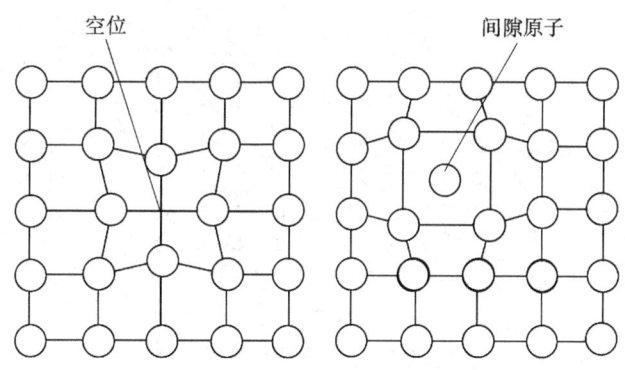

图 2-11 空位和间隙原子示意图

在空位和间隙原子的附近，由于原子间作用力的平衡被破坏，使其周围的原子都离开了原来的平衡位置，这种现象称为晶格畸变。点缺陷的存在对金属的性能有影响，如使金属的屈服点升高、塑性下降等。

2. 线缺陷

线缺陷是指在三维空间的一个方向上尺寸很大，其余两个方向上尺寸很小的一种晶体缺陷。晶体中的线缺陷通常是指各种类型的位错。位错是指在晶体中某处有一列或若干列原子发生了某种有规律的错排现象。晶体中的位错有刃型位错和螺型位错两种基本类型。刃型位错如图 2-12 所示。由图可见，当刃型位错存在时，在晶体的某一晶面 ABCD 以上多出一个垂直方向的原子面 EFGH，它中断于晶面 ABCD 上 EF 处。由于这个原子面像刀刃一样切入晶体，使晶体中位于晶面 ABCD 上下两部分晶体产生了错排现象，因而称为刃型位错。EF 线称为刃型位错线。在位错线附近由于错排现象使晶格产生了畸变，形成了一个应力集中区。在晶面 ABCD 上方位错线附近区域内，晶体受到压应力；在晶面 ABCD 下方位错线附近区域内，晶体受到拉应力。离位错线越远，晶格畸变的程度越小，应力也越小。

螺型位错如图2-13所示，BC线右侧上下两部分晶体沿ABCD晶面发生了错动。ab线右侧上下层原子相对移动了一个原子间距；在BC线和ab线之间形成了上下层原子不相吻合的过渡区，晶面被扭成了螺旋面，故称为螺型位错。螺型位错附近区域的晶格也发生了畸变，形成了一个应力集中区。

实验表明，在实际金属晶体中存在着大量的位错。晶体中位错数量的多少，可用单位体积内位错线的总长度来表示，称为位错密度。位错在晶体内的运动及位错密度的变化对金属的性能、塑性变形及相变有着极为重要的影响。

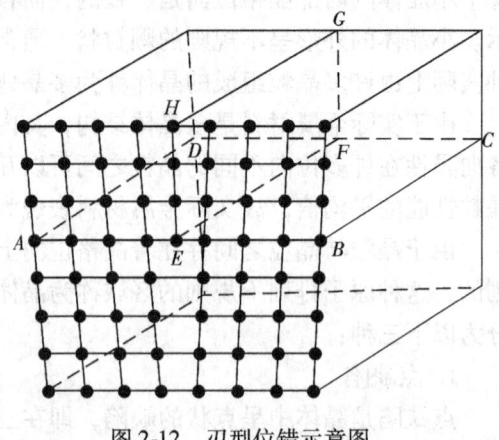

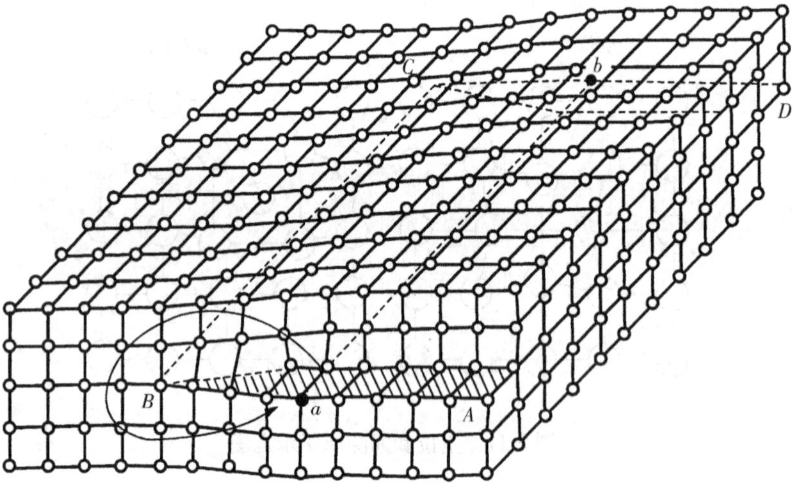

图2-12　刃型位错示意图

图2-13　螺型位错示意图

3. 面缺陷

面缺陷是指在两个方向上的尺寸很长，第三个方向上的尺寸很小，呈面状分布的一种晶体缺陷。通常是指晶界和亚晶界。

实际金属大多是多晶体，多晶体中两个相邻晶粒的晶格位向不同，故晶界处原子排列的规律性就不可能一致，必然是从一种晶格位向逐步过渡到另一种晶格位向，因此，晶界实际上是不同位向晶粒间原子排列无规则的过渡层，如图2-14所示。晶界处原子排列的不规则，使晶格处于畸变状态，因而晶界与晶粒内部有着一系列不同的特性，如晶界在常温下的强度、硬度较高，而在高温下强度、硬度较低；晶界容易被腐蚀；晶界的熔点低等。

实验证明,晶粒内部的晶格位向也不是完全一致的,每个晶粒都是由尺寸更小、位向差也更小的小晶块组成的,这些小晶块称为亚晶粒或亚结构。亚晶粒与亚晶粒之间的界面称为亚晶界。亚晶界是由一系列刃型位错组成的小角度晶界,如图 2-15 所示。亚晶界处同样产生晶格畸变,对金属的性能同样有重要影响。

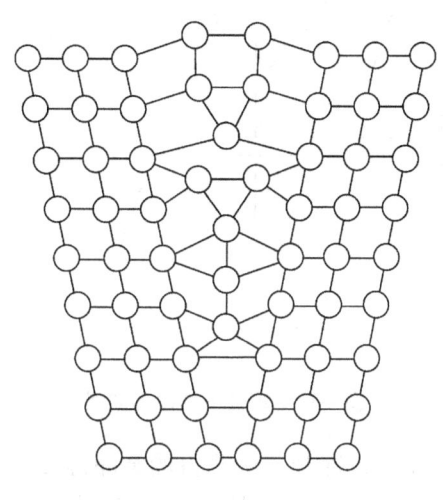

图 2-14　晶界结构示意图

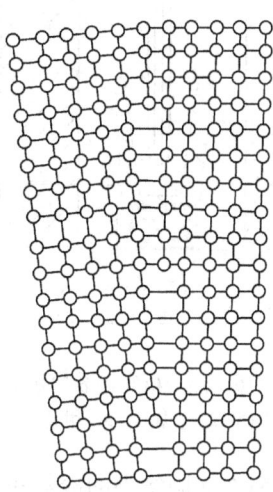

图 2-15　亚晶界结构示意图

第二节　纯金属的结晶

金属从液态经冷却转变为固态的过程,也就是原子由不规则排列的液体状态逐步过渡到原子作规则排列的晶体状态的过程,这一过程称为结晶过程。

金属的性能与金属结晶后所形成的组织有密切关系,因此,研究金属结晶过程的基本规律,对改善金属材料的组织和性能具有重要意义。

一、纯金属的冷却曲线和过冷现象

纯金属都有一个固定的结晶温度(或称凝固点),所以纯金属的结晶过程总是在一个恒定的温度下进行的。金属的结晶温度可用热分析实验法来测定。

热分析实验的装置如图 2-16 所示。将纯金属熔化成液体,然后让其缓慢冷却。在冷却过程中,每隔一定时间测量一次温度,将记录的数据绘制在温度–时间坐标图中,这样便获得了纯金属的冷却曲线,如图 2-17 所示。

从冷却曲线上可以看出,金属液随着冷却时间的增长,由于热量向外界散失,温度不断下降。当冷却到某一温度时,冷却时间增长但温度并不降低,在冷却曲线上出现了一个平台,这个平台所对应的温度就是纯金属进行结晶的温度。由于金属在结晶过程中会释放结晶潜热,它补偿了向外界散失的热量,使温度并不随时间增长而下降,因而在冷却曲线上出现了平台。直至金属结晶终了,温度又继续下降。

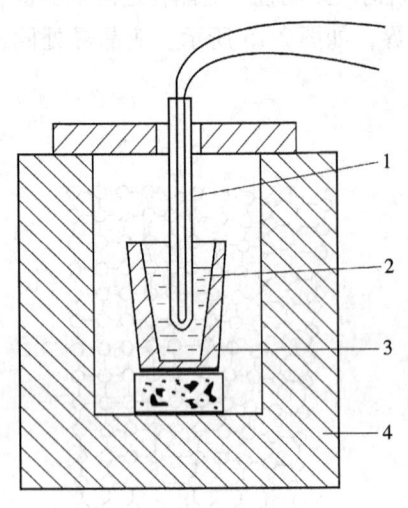

图 2-16 热分析实验装置示意图
1—热电偶 2—金属液 3—坩埚 4—电炉

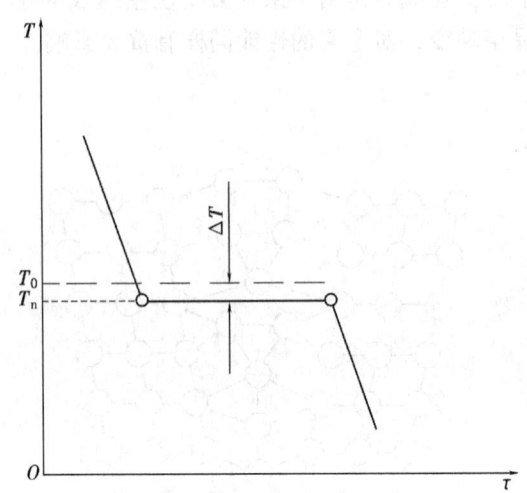

图 2-17 纯金属的冷却曲线

纯金属在无限缓慢的冷却条件下（即平衡条件下）冷却，所测得的结晶温度称为理论结晶温度，用符号 T_0 表示。在 T_0 温度，金属液中的原子结晶到晶体上的速度与晶体上的原子熔入到金属液中的速度相等，从宏观上看，此时既不结晶也不熔化，晶体与液体处于平衡状态。实际情况下，由于冷却速度较快，金属液总是在理论结晶温度 T_0 以下的某一温度 T_n 才开始结晶，T_n 称为实际结晶温度。实际结晶温度 T_n 低于理论结晶温度 T_0 的现象称为过冷现象。理论结晶温度 T_0 与实际结晶温度 T_n 的差值 ΔT 称为过冷度。金属结晶时的冷却速度越快，则过冷度越大。过冷是金属结晶的必要条件。

二、纯金属的结晶过程

纯金属的结晶过程是在冷却曲线上平台所经历的这段时间内发生的，它是不断形成晶核和晶核不断长大的过程，如图 2-18 所示。

实践证明，在金属液中总是存在着许多类似于晶体中原子有规则排列的小集团。在 T_0 温度以上，这些小集团是不稳定的，时聚时散、此起彼伏。当低于 T_0 温度时，这些小集团中的一部分就成为稳定的结晶核心，称为晶核。在一定过冷条件下，仅依靠自身原子有规则排列而形成晶核，称为自发形核；实际情况下，在金属液中常存在着各种固态微粒，依附于这些固态微粒也可以形成晶核，这种形核方式称为非自发形核。随时间增长，已形成的晶核不断长大，同时，金属液中又不断产生新的晶核并长大，直至金属液全部消失，晶体彼此接触为止。所以，纯金属一般是由许多晶核长成的外形不规则的晶粒和晶界组成的多晶体。

在晶核长大的初期，其外形是比较规则的。随着晶核的长大和晶体棱角的形成，由于棱边和尖角处的散热条件优越，晶粒在棱边和尖角处就优先长大，如图 2-19 所示。晶体的这种生长方式就像树枝一样，先长出干枝，然后再长出分枝，因此，所得到的晶体称为树枝状晶体，简称为枝晶。

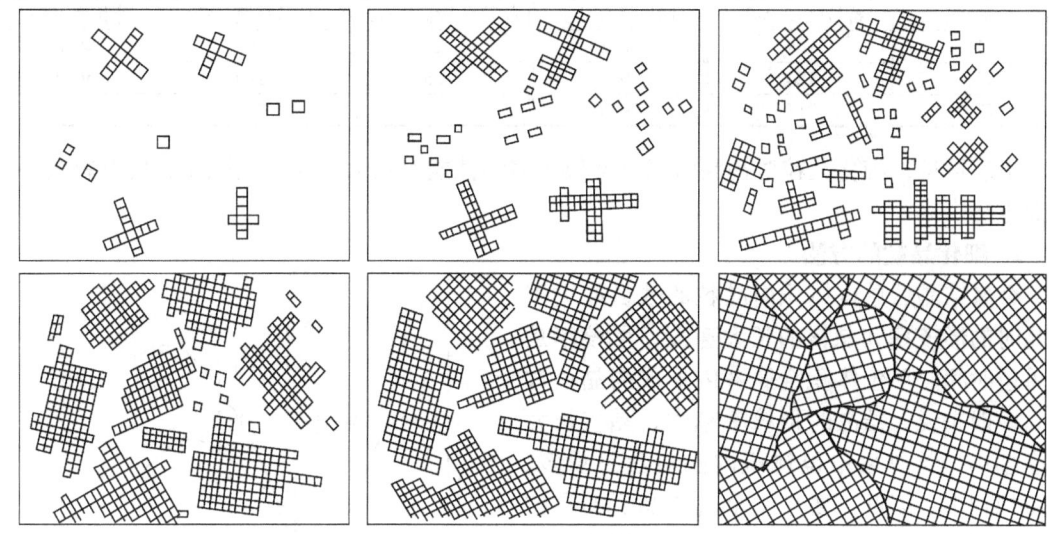

图 2-18 纯金属结晶过程示意图

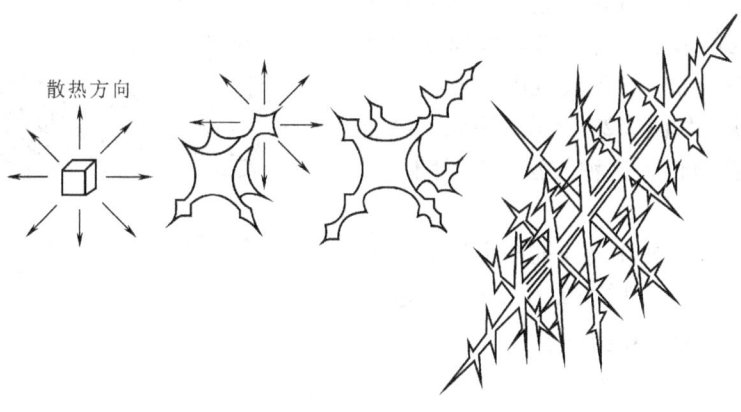

图 2-19 晶体长大示意图

晶体在长大的过程中,由于金属液流动等原因而发生枝晶晶轴之间的相对转动,产生晶格位向差,于是,在晶粒内部就形成了亚晶粒。

三、金属结晶后的晶粒大小

1. 晶粒大小对金属力学性能的影响

金属结晶后的晶粒大小可用单位体积内的晶粒数目来表示。单位体积内的晶粒数目越多,说明晶粒越细小。实验证明,在常温下细晶粒金属的力学性能比粗晶粒金属高。这主要是由于晶粒越细小,晶界的数量越多,位错移动时的阻力增大,使金属的塑性变形抗力增加;同时,晶粒数量越多,金属的塑性变形可以分散到更多的晶粒内进行,晶界也会阻止裂纹的扩展,使金属的力学性能提高。表 2-1 说明了晶粒大小对纯铁力学性能的影响。

表 2-1　晶粒大小对纯铁力学性能的影响

晶粒平均直径/μm	抗拉强度/MPa	伸长率（%）	晶粒平均直径/μm	抗拉强度/MPa	伸长率（%）
97	168	28.8	2	268	48.8
70	184	30.6	1.6	270	50.7
25	215	39.5	1	284	50

由表可见，细化晶粒对提高常温下金属的力学性能有很大作用，是强化金属材料的一种有效方法。

2. 细化晶粒的方法

金属结晶后单位体积内晶粒的数目取决于结晶时的形核率和晶核的长大速度。形核率是指单位时间、单位体积金属液内形成的晶核数目。一般来说，结晶时形核率越大，晶核长大速度越小，结晶后单位体积内晶粒数目越多，晶粒越细小。因此，要控制金属结晶后的晶粒大小，必须控制形核率和晶核长大速度这两个因素。主要方法有以下三种：

（1）增加过冷度　即加快金属液的冷却速度。金属结晶时的形核率与晶核长大速度均随过冷度的增大而增加，在很大范围内形核率随过冷度增加较快，如图 2-20 所示。因此，增加过冷度能使晶粒细化。这种方法只适用于中、小型铸件。

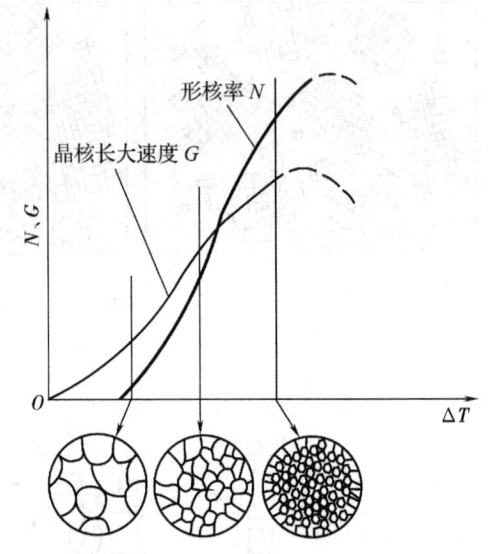

图 2-20　形核率和晶核长大速度与过冷度关系示意图

（2）变质处理　即在浇注前向金属液中加入少量形核剂（又称变质剂或孕育剂），造成大量非自发形核，使晶粒细化。

（3）振动处理　金属结晶时，对金属液进行机械振动、超声波振动或电磁振动等，使生长中的枝晶破碎，提高形核率，达到细化晶粒的目的。

第三节　金属的同素异构转变

大多数金属结晶终了后，在继续冷却的过程中，其晶体结构不再发生变化。但有些金属如铁、钴、钛等，在固态下因所处温度不同而具有不同的晶格形式。金属在固态下随温度的改变由一种晶格变为另一种晶格的变化，称为同素异构转变或同素异晶转变。由同素异构转变所得到的不同晶格类型的晶体称为同素异构体或同素异晶体。常温下的同素异构体一般用符号 α 表示，温度较高时的同素异构体依次用符号 β、γ、δ 表示。

图 2-21 为纯铁的冷却曲线。可见，纯铁液在 1538℃ 时结晶为具有体心立方晶格的 δ-Fe；当其冷却到 1394℃ 时，发生同素异构转变，δ-Fe 转变为面心立方晶格的 γ-Fe；冷却到 912℃ 时，再次发生同素异构转变，γ-Fe 转变为体心立方晶格的 α-Fe，直至室温，晶格类型不再发生变化。

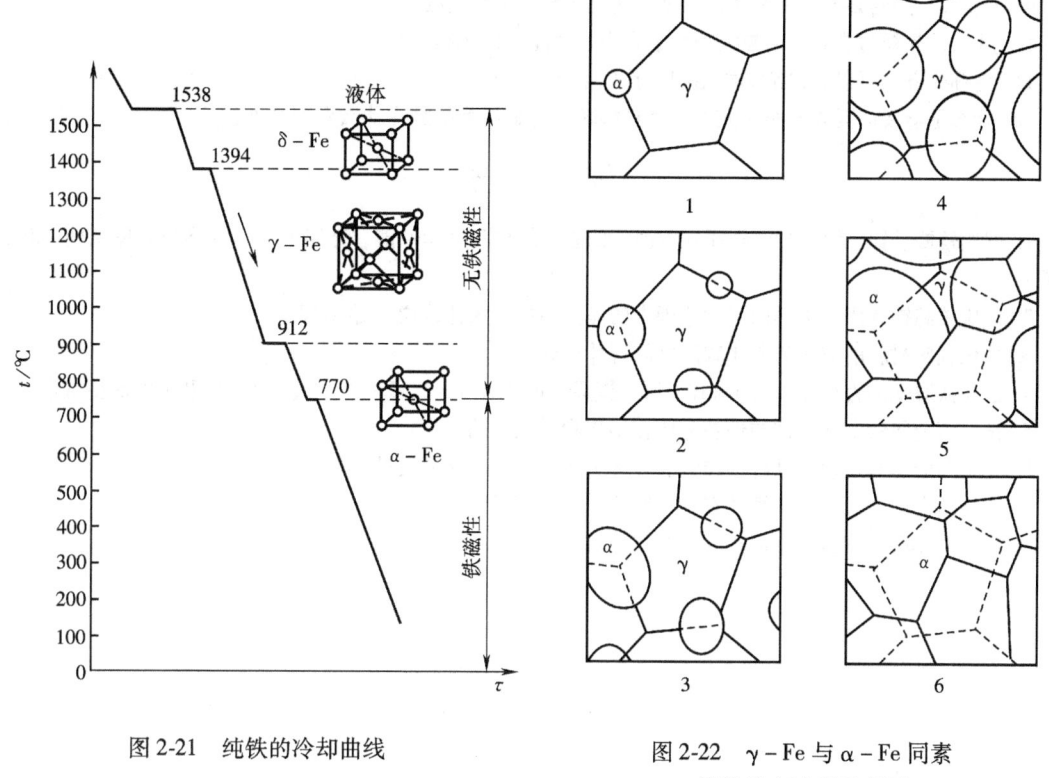

图 2-21 纯铁的冷却曲线

图 2-22 γ-Fe 与 α-Fe 同素异构转变过程示意图

同素异构转变是纯铁的一个重要特性,是钢铁能够进行热处理的理论依据。金属的同素异构转变过程与金属液的结晶过程很相似,实质上它是一个重结晶过程,因此,同素异构转变同样遵循结晶的一般规律:转变时需要过冷;有潜热产生;转变过程也是在恒温下通过晶核的形成和长大来完成的,如图 2-22 所示。但由于同素异构转变是在固态下发生的,原子扩散比较困难,致使同素异构转变需要较大的过冷度。另外,由于同素异构转变前后晶格类型不同,原子排列的疏密程度发生改变,将引起晶体体积的变化,故同素异构转变往往会产生较大的内应力。

从纯铁的冷却曲线上可以看到,在 770℃ 时也出现了一个平台。实验证明,该温度下的转变为磁性转变,转变时晶格类型没有发生改变,因此它不属于同素异构转变。

思 考 题

1. 什么是晶体?什么是非晶体?晶体与非晶体有什么区别?
2. 金属晶体的特性有哪些?
3. 什么是晶格和晶胞?如何表示晶胞的大小和形状?
4. 常见金属的晶格类型有哪些?试绘图说明其特征。
5. 为什么单晶体呈各向异性,而多晶体却呈各向同性?
6. 什么是晶体缺陷?金属晶体中的晶体缺陷有哪些?它们对金属的力学性能有什么影响?
7. 什么是金属的结晶过程?

8. 什么是过冷现象和过冷度？过冷度与冷却速度有什么关系？它对铸件的晶粒大小有什么影响？
9. 金属液结晶的必要条件是什么？试叙述纯金属的结晶过程。
10. 什么是晶粒与晶界？晶粒大小对金属力学性能有什么影响？
11. 用哪些方法可以获得细晶粒组织？其依据是什么？
12. 什么是金属的同素异构转变？同素异构转变与金属液结晶有什么异同之处？

练 习 题

1. 试比较铁、铝、锌三种纯金属在室温下的晶体结构和力学性能，金属的力学性能与晶体结构有什么关系？
2. 试比较纯铁在固态下不同温度范围内的晶体结构，为什么说"趁热打铁"？
3. 强化金属材料的方法与晶体缺陷之间有什么联系？
4. 已知铁原子的直径 $d = 2.54 \times 10^{-10}$ m，铜原子的直径 $d = 2.55 \times 10^{-10}$ m，试求铁和铜的晶格常数。
5. 试分析金属的实际晶体与理想晶体在结构和性能上的差异。
6. 纯金属的结晶过程与其冷却曲线有什么关系？纯金属结晶后的晶粒大小能否均匀一致？
7. 晶格畸变对金属的力学性能有什么影响？试举例说明。
8. 试计算体心立方晶格和面心立方晶格的致密度。

第三章 金属的塑性变形与再结晶

在机械制造业中,许多金属制品都是通过对金属铸锭进行压力加工获得的。压力加工就是对金属施加外力,使其产生塑性变形,改变形状和尺寸,用以制造毛坯、工件或机械零件的成形加工方法,在生产中称为锻压,即锻造与冲压的总称。常见的金属压力加工方法有锻造、轧制、挤压、拉拔、冷冲压等,如图3-1所示。

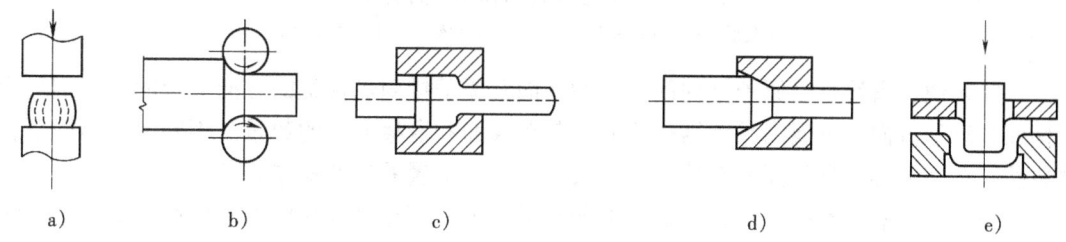

图3-1 压力加工方法示意图
a) 锻造 b) 轧制 c) 挤压 d) 拉拔 e) 冷冲压

压力加工不仅改变了金属的外形和尺寸,而且其内部的组织和性能也发生了变化。因此,研究金属塑性变形的过程,了解金属变形时组织与性能的变化规律,以及加热对变形金属的影响,对金属的加工工艺、加工质量和使用有很重要的意义。

第一节 金属的塑性变形

金属在外力作用下产生变形,其变形过程包括弹性变形和塑性变形两个阶段。弹性变形在外力去除后能够完全恢复,所以不能用于成形加工。只有塑性变形才是永久变形,才能用于成形加工。

弹性变形是由于外力克服原子间的作用力,使原子之间的距离发生改变,原子偏离原来平衡位置而产生的。当外力去除后,在原子间作用力的作用下,原子返回原来的平衡位置,金属恢复原来的形状。金属产生弹性变形后,其组织和性能不发生改变。

金属的塑性变形过程比弹性变形复杂,而且塑性变形后金属的组织及性能发生了改变。

一、单晶体的塑性变形

工业用金属材料大多是由多晶体构成的,要说明多晶体的塑性变形,必须首先了解单晶体的塑性变形。

实验证明,晶体在正应力作用下,只能产生弹性变形,并直接过渡到脆性断裂,只有在切应力作用下才会产生塑性变形。单晶体的塑性变形主要是以滑移的方式进行的,即晶体的一部分沿一定的晶面和晶向相对于另一部分发生滑动,如图3-2所示。要使晶体产生滑移,作用在晶体上的切应力必须达到一定的数值。当原子移动到新的平衡位置时,晶体就产生了微量的塑性变形,大量晶面上滑移的总和,就形成了宏观上的塑性变形。

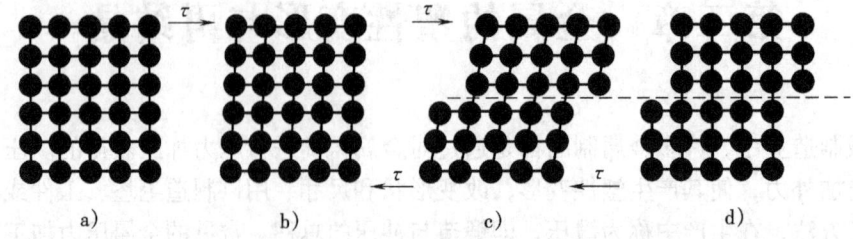

图 3-2　晶体在切应力作用下的变形
a) 未变形　b) 弹性变形　c) 弹、塑性变形　d) 塑性变形

一般来说,滑移是沿原子排列最密集的晶面及原子排列最密集的方向进行的,分别称为滑移面和滑移方向。金属因晶体结构不同,其滑移面和滑移方向的数量是不同的,所以金属的塑性存在着差异。滑移面和滑移方向的数量越多,金属的塑性就越好。

研究表明,晶体滑移时,并不是一部分相对于另一部分沿滑移面作整体移动。如果是整体移动,那么,需要克服的滑移阻力是十分巨大的。实际上滑移是借助于晶体中位错的移动来进行的,如图 3-3 所示。在切应力的作用下,通过一条位错线从滑移面的一侧移动到另一侧,便产生了一个原子间距的滑移,这只需要位错线附近少数原子作微量移动,而且移动的距离小于一个原子间距。大量的位错移出晶体表面,就产生了宏观上的塑性变形。因此,通过位错移动来实现滑移,所需克服的滑移阻力很小,滑移容易进行,这与实际测量的结果是一致的。

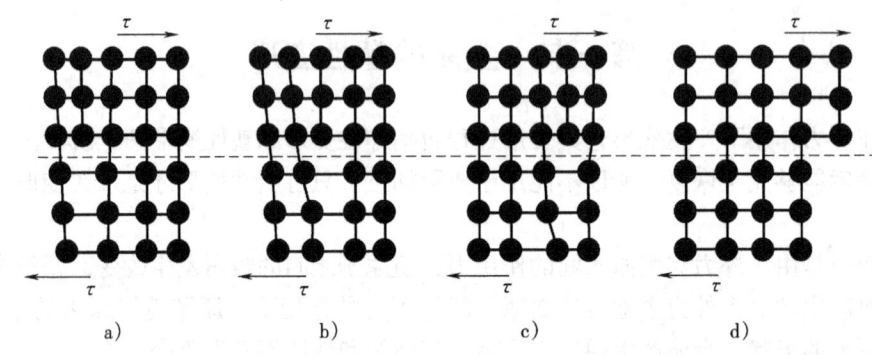

图 3-3　通过位错运动产生滑移的示意图

单晶体在滑移变形时还伴随着晶面的转动,如图 3-4 所示。晶体受拉伸产生滑移变形时,拉伸轴线将逐渐偏移。由于实际拉伸时夹头的限制,拉伸轴线方向不能改变,造成晶体中的晶面不得不作相应的转动,结果使滑移面逐渐趋向与拉伸轴线平行的方向。材料力学证明,与拉力成45°角的截面上分切应力数值最大,有利于滑移的进行。因此,与拉力成45°角的滑移面上最先产生滑移,随着晶面的转动,该滑移面上的滑移逐渐停止,原来处于其他位向的滑移面转到了与拉力成45°角的方向上而参与滑移。这样,晶体中的滑移有可能在更多的滑移面上进行,结果使晶体均匀地变形。

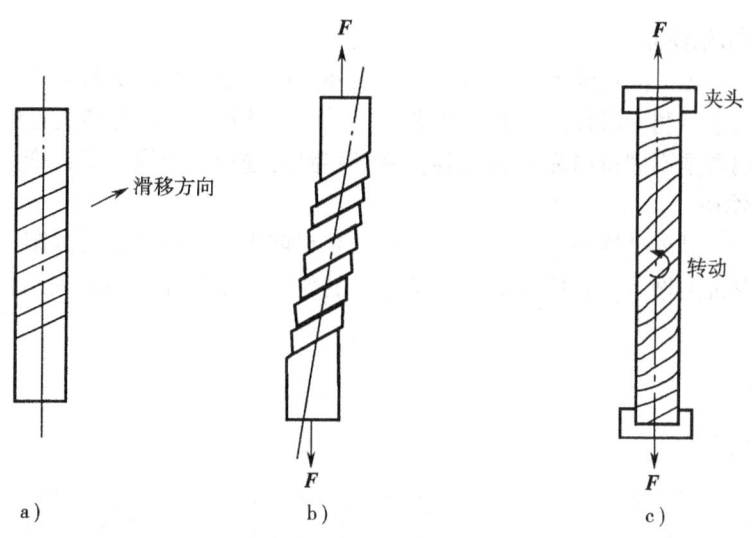

图 3-4 单晶体滑移变形时晶面的转动

单晶体的另一种塑性变形方式是孪生。孪生是指在切应力作用下,晶体的一部分相对于另一部分沿一定的晶面(孪晶面)及晶向(孪生方向)产生剪切变形,如图 3-5 所示。孪生变形与滑移变形的区别主要有:孪生变形使一部分晶体发生均匀的切应变,滑移变形则集中在一些滑移面上;孪生使晶体变形部分的位向发生了改变,滑移变形后晶体各部分的位向不发生改变;孪生变形时原子沿孪生方向的位移量是原子间距的分数值,滑移变形时原子沿滑移方向的位移量则是原子间距的整数倍;孪生变形所需切应力的数值比滑移变形的大,只有在滑移很难进行的情况下才发生孪生变形。

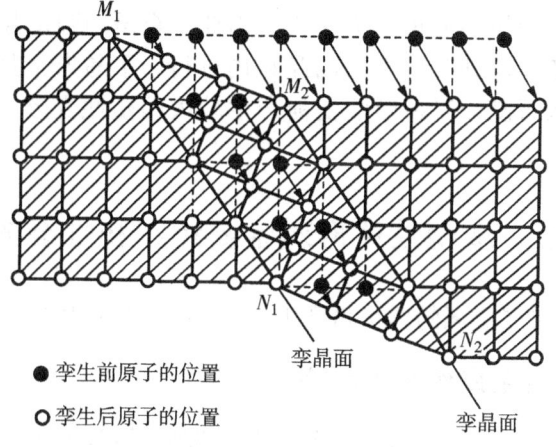

图 3-5 孪生变形

二、多晶体的塑性变形

常用金属都是多晶体,多晶体是由许许多多的晶粒组成的。由于各个晶粒的晶格位向不同,又有晶界存在,各个晶粒的塑性变形互相影响,因此,多晶体塑性变形的过程比单晶体复杂,有如下特点:

1. 晶粒位向的影响

由于多晶体中各个晶粒的晶格位向不同，在外力作用下，有的晶粒处于有利于滑移的位置，有的晶粒处于不利于滑移的位置，如图 3-6 所示。当处于有利滑移位置的晶粒要进行滑移时，必然受到周围不同位向晶粒的阻碍，使滑移阻力增加，金属的塑性变形抗力增大。

2. 晶界的作用

在多晶体中，晶界处原子排列混乱，晶格畸变程度大，位错移动时的阻力增大，宏观上表现为塑性变形抗力增大，强度提高。由于晶界的作用，多晶体往往表现出竹节状变形，如图 3-7 所示。

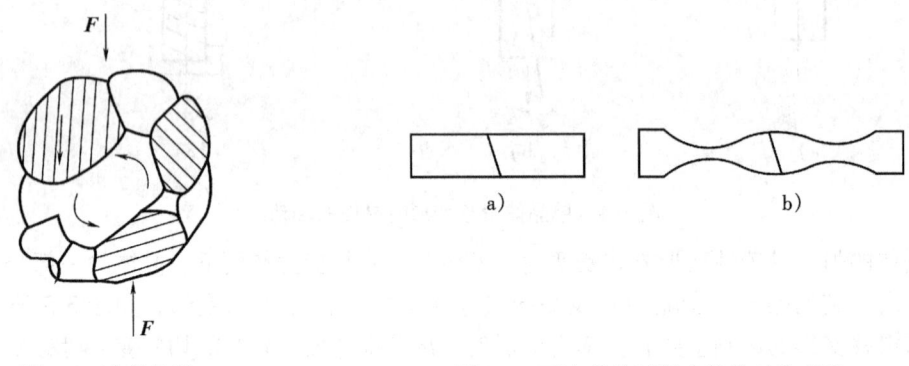

图 3-6　多晶体塑性变形示意图

图 3-7　两个晶粒试样在拉伸时的变形
a）变形前　b）变形后

综上所述，多晶体的塑性变形抗力不仅与金属的晶体结构有关，而且与晶粒大小有关。在一定体积的晶体内，晶粒的数目越多，晶界的数量也越多，晶粒越细小，位错移动时的阻力越大，金属的塑性变形抗力越大，因此，金属的强度越高。在同样的变形条件下，晶粒越细小，变形可分散到更多的晶粒内进行，不易产生集中变形。另外，晶界多，裂纹不易扩展，从而使金属在断裂前能产生较大的塑性变形，表现出金属具有较高的塑性和韧性。

第二节　冷塑性变形对金属组织和性能的影响

冷塑性变形不但改变了金属的形状和尺寸，而且还使其组织与性能发生了重大变化。

一、冷塑性变形对金属组织的影响

金属发生塑性变形时，随着外形的改变，其内部晶粒的形状也发生了变化。当变形程度很大时，晶粒会沿变形方向伸长，形成细条状，这种呈纤维状的组织称为冷加工纤维组织，如图 3-8 所示。

形成纤维组织后，金属的性能会具有明显的方向性，其纵向（沿纤维方向）的力学性能高于横向（垂直于纤维方向）的性能。同时，由于各个晶粒的变形不均匀，使金属在冷塑性变形后其内部存在着残留应力。

冷塑性变形除了使晶粒的形状发生变化外，还会使晶粒内部的亚晶粒细化，亚晶界数量增多，位错密度增加。由于塑性变形时晶格畸变加剧以及位错间的相互干扰，会阻止位错的运动,增加了金属的塑性变形抗力,使金属的力学性能发生了改变。

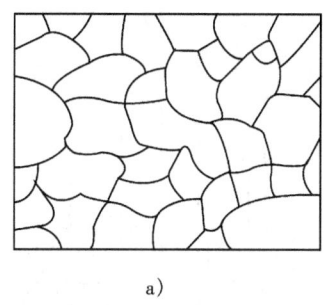 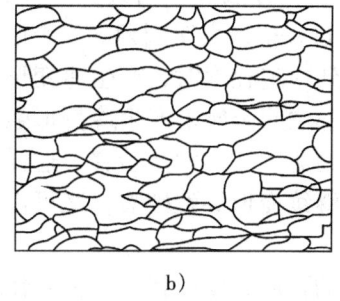 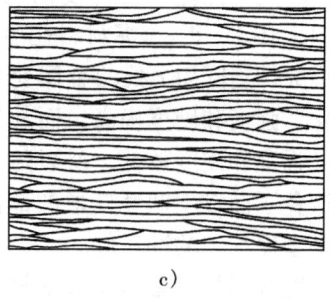

图 3-8 冷塑性变形时晶粒形状变化示意图
a)未变形 b)变形程度小 c)变形程度大

二、冷塑性变形对金属性能的影响

冷塑性变形改变了金属内部的组织结构,引起了金属力学性能的变化。随着冷塑性变形程度的增加,金属材料的强度、硬度提高,而塑性、韧性下降,这种现象称为冷变形强化。图 3-9 所示为低碳钢冷塑性变形时,其力学性能的变化规律。

三、冷塑性变形使金属产生残留应力

残留应力是指作用于金属上的外力除去后,仍存在于金属内部的应力。残留应力是由于金属塑性变形不均匀造成的。根据残留应力的作用范围,可分为宏观残留应力、微观残留应力、晶格畸变应力三类。

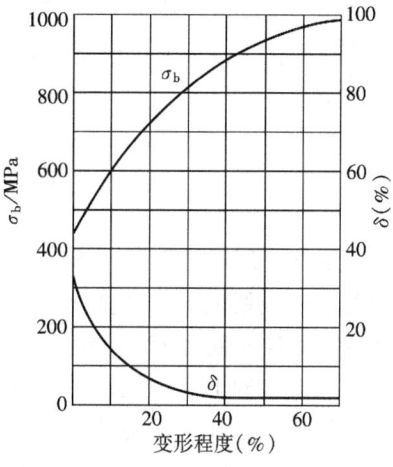

图 3-9 冷塑性变形对金属力学性能的影响

宏观残留应力是指金属各部分塑性变形不均匀所造成的残留应力;微观残留应力是指晶体中各晶粒或亚晶粒塑性变形不均匀所造成的残留应力;晶格畸变应力是指金属塑性变形时,晶体中一部分原子偏离其平衡位置造成晶格畸变而产生的残留应力。

一般地,残留应力的存在对金属将产生一些影响,例如降低工件的承载能力、使工件的形状和尺寸发生改变、降低工件的耐蚀性等,但残留压应力可使金属的疲劳强度提高。热处理可以消除冷塑性变形后金属内部的残留应力。

四、冷变形强化在生产中的影响

冷变形强化可以提高金属的强度、硬度和耐磨性,是强化金属材料的一种工艺方法,特别是对那些不能用热处理强化的金属材料更为重要。例如纯金属、多数铜合金、奥氏体不锈钢等,在出厂前,都要经过冷轧或冷拉加工,以冷变形强化的状态供应给用户使用。另外,冷变形强化还可以使金属材料具有瞬时抗超载能力。在构件使用过程中,不可避免地会在某些部位出现应力集中或偶然过载的现象,过载部位出现微量塑性变形,引起冷变形强化,使变形自行终止，从而在一定程度上提高构件的使用安全性。

冷变形强化是工件使用压力加工方法成形的必要条件。如图 3-10 所示，金属材料在冲压过程中，由于圆角 r 处变形量最大，当圆角 r 处的金属变形到一定程度时，产生冷变形强化，强度和硬度提高，而其他部位的金属未产生冷变形强化，强度和硬度较低，所以随后的塑性变形发生转移，这样既避免了已发生塑性变形的部位继续变形导致破裂，又可以得到壁厚均匀的冲压件。

冷变形强化虽然使金属材料的强度、硬度提高，但会使金属材料的塑性降低，继续变形困难，甚至出现破裂。为了使金属材料能继续进行压力加工，必须施行中间热处理，以消除冷变形强化，这就增加了生产成本，降低了生产率。

冷塑性变形除了影响金属的力学性能外，还会使金属的某些物理、化学性能发生改变，如电阻增加、化学活性增大、耐蚀性下降等。

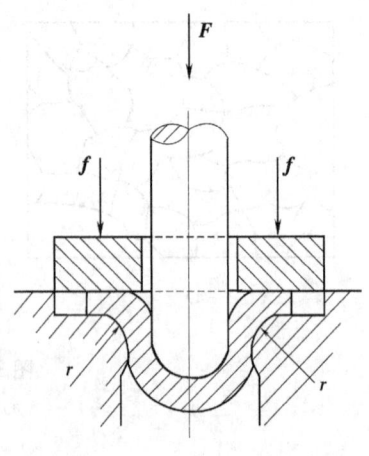

图 3-10 冲压加工示意图

第三节 回复与再结晶

冷塑性变形后的金属，其组织结构发生了改变，而且由于金属各部分变形不均匀，在金属内部形成残留应力，使金属处于不稳定状态，具有自发地恢复到原来稳定状态的趋势。常温下，原子活动能力比较弱，这种不稳定状态要经过很长时间才能逐渐过渡到稳定状态。如果对冷塑性变形后的金属加热，由于原子活动能力增强，就会迅速发生一系列组织与性能的变化，使金属恢复到变形前的稳定状态，如图 3-11 所示。

冷塑性变形后的金属在加热过程中，随加热温度的升高，要经历回复、再结晶、晶粒长大三个阶段的变化。

一、回复

当加热温度较低时，金属中的原子有一定的活动能力。通过原子短距离的移动，使变形金属内部晶体缺陷的数量减少，晶格畸变程度减轻，残留应力降低，但造成冷变形强化的主要原因尚未消除，因而，冷加工纤维组织无明显变化，金属的力学性能也无明显变化，这一

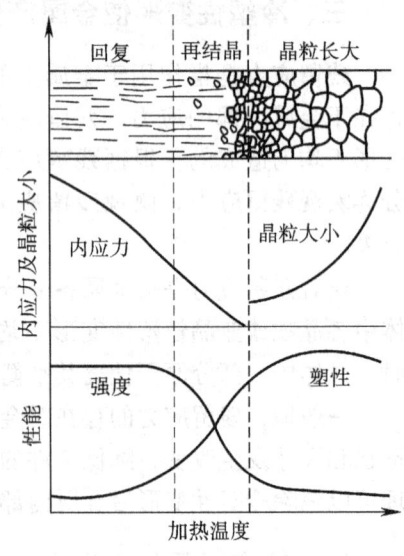

图 3-11 加热温度对冷塑性变形金属组织和性能的影响

阶段称为回复。在回复阶段，金属的一些物理、化学性能部分地恢复到了变形前的状态。

工业生产中，常常利用回复现象对冷塑性变形金属进行低温退火处理（又称为去应力退火），目的是在保持冷变形强化的情况下，消除残留应力，提高塑性。例如，用冷拉弹簧钢丝制成的弹簧，在卷制后要进行一次 250~300℃ 的低温退火处理，以消除残留应力并使

弹簧定形；冷拉黄铜制件，为了消除残留应力，避免应力腐蚀破坏，也需要进行280℃的低温退火处理。

二、再结晶

随着加热温度的升高，原子的活动能力增强，当加热到一定温度（如纯铁加热到450℃以上）时，变形金属中的纤维状晶粒将重新变为等轴晶粒，这一阶段称为再结晶。

再结晶也是通过晶核形成和长大的方式进行的。新晶粒的核心首先在金属中晶粒变形最严重的区域形成，然后晶核吞并旧晶粒，向周围长大形成新的等轴晶粒。当变形晶粒全部转化为新的等轴晶粒时，再结晶过程就完成了。再结晶前后的晶格类型完全相同，因此，再结晶过程不是相变过程，只是改变了晶粒的形状和消除了因变形而产生的某些晶体缺陷，如位错密度下降、晶格畸变消失等。结果使冷塑性变形金属的组织与性能基本上恢复到了变形前的状态，金属的强度、硬度下降，塑性升高，冷变形强化现象完全消失。

再结晶不是在恒定温度下发生的，而是在一个温度范围内进行的过程。能进行再结晶的最低温度称为再结晶温度，用符号 $T_{再}$ 表示。

实验证明，再结晶温度与金属的冷塑性变形程度有关，如图3-12所示。金属的塑性变形程度越大，再结晶温度就越低。这主要是因为变形程度越大，则晶格畸变程度越大，位错密度越高，金属的组织越不稳定，开始再结晶的温度越低。纯金属的再结晶温度可根据其熔点按下式进行计算：

$$T_{再} \approx 0.4 T_{熔}$$

式中　$T_{再}$——金属的再结晶温度，单位为K；

　　　$T_{熔}$——金属的熔点，单位为K；

例如，工业纯铁的 $T_{再}$ 约为723K，即450℃。

在生产中，为了消除冷变形强化，恢复塑性以便继续进行压力加工，必须对冷塑性变形金属进行中间退火处理。将冷塑性变形金属加热到再结晶温度以上，保持适当时间，使变形晶粒重新结晶为均匀的等轴晶粒，以消除冷

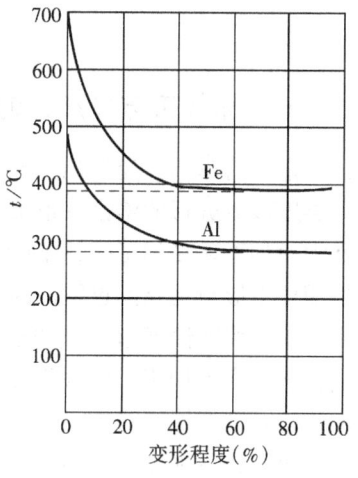

图3-12　金属再结晶温度与冷塑性变形程度的关系

变形强化和残留应力，这种热处理方法称为再结晶退火。实际生产中的再结晶退火温度，通常为金属再结晶温度以上100~200℃。表3-1为常见金属的去应力退火与再结晶退火的温度。

表3-1　常见金属的去应力退火与再结晶退火温度

金属材料	去应力退火温度/℃	再结晶退火温度/℃	金属材料	去应力退火温度/℃	再结晶退火温度/℃
结构钢	500~650	680~720	硬铝	95~105	350~370
碳素弹簧钢	280~300	—	黄铜	270~300	600~700
工业纯铝	95~105	350~420			

三、晶粒长大

冷塑性变形金属经再结晶后，一般都得到细小均匀的等轴晶粒。如果继续升高温度或延

长保温时间，则再结晶后形成的新晶粒会逐渐长大，导致晶粒变粗，金属的力学性能下降，这一阶段称为晶粒长大。

晶粒长大可以使金属内部的晶界数量减少，组织处于更稳定的状态，因此，晶粒长大是一个自发的过程。晶粒长大的实质是一个晶粒的边界向另一个晶粒中迁移，把另一个晶粒的晶格位向逐步改变成与这个晶粒相同的位向，小晶粒变小直至消失（"吞并"），大晶粒长大，如图3-13所示。

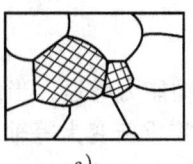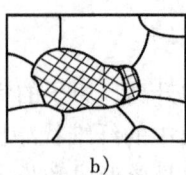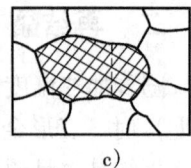

图3-13 晶粒长大示意图

影响晶粒长大的因素主要有加热温度、保温时间及冷塑性变形的程度。一般地，加热温度越高，保温时间越长，再结晶后的晶粒就越粗大；冷塑性变形的程度越大，再结晶后的晶粒就越细小。但冷塑性变形程度在2%～10%范围内时，再结晶后的晶粒会异常粗大，这主要是由于变形程度不大，变形仅在一部分晶粒中发生，再结晶时形核数量少造成的。

第四节　金属的热塑性变形

一、热加工与冷加工的区别

金属的热塑性变形加工与冷塑性变形加工是以金属的再结晶温度来划分的。凡是在再结晶温度以上进行的塑性变形加工，称为热加工，而在再结晶温度以下进行的塑性变形加工则称为冷加工。冷加工时，不能发生再结晶过程，必然产生冷变形强化现象。热加工时，金属的塑性变形与再结晶过程同时发生，所产生的变形强化被随时的再结晶消除，因此，热加工后并不保留塑性变形带来的强化效果。例如，钨的再结晶温度为1200℃，故钨在1000℃时进行塑性变形加工，仍属于冷加工；锡的再结晶温度为-7℃，在室温下对锡进行的塑性变形加工就已经属于热加工了。

金属在冷加工时，由于产生冷变形强化，使变形抗力增大，因此，对于那些要求变形量较大和截面尺寸较大的工件，冷加工将是十分困难的。热加工时，随金属温度的升高，原子间结合力减小，冷变形强化被随时消除，金属的强度、硬度降低，塑性、韧性增加，所以，热加工可用较小的能量消耗，来获得较大的变形量。一般情况下，截面尺寸较小、材料塑性较好、加工精度和表面质量要求较高的金属制品用冷加工的方法来获得；而截面尺寸较大、变形量较大、材料在室温下硬脆性较高的金属制品用热加工的方法来获得。

二、热加工对金属组织和性能的影响

1. 消除铸态金属的某些缺陷

通过热加工，可使铸态金属毛坯中的气孔和疏松焊合，消除部分偏析，细化晶粒，改善夹杂物和碳化物的形态、大小与分布，结果使金属的致密度和力学性能提高。表3-2为 w_C =0.3%的碳钢在铸态和锻态时的力学性能比较。可见，经热加工后，钢的强度、塑性、冲击韧度均比铸态高，所以工程上受力较大的工件（如齿轮、轴、刃具、模具等）大多数要通过热加工来制造。

表 3-2 碳钢（$w_C = 0.3\%$）铸态和锻态时的力学性能比较

状态	抗拉强度/MPa	屈服点/MPa	伸长率（%）	断面收缩率（%）	冲击韧度/（J·cm^{-2}）
铸态	500	280	15	27	35
锻态	530	310	20	46	68

2. 形成热加工纤维组织

热加工时，铸态金属毛坯中的粗大枝晶偏析和各种夹杂物，都要沿变形方向伸长，逐渐形成纤维状。这些夹杂物在再结晶时不会改变其纤维形状。这样，在材料或工件的纵向宏观试样上，可见到沿变形方向的一条条细线，这就是热加工纤维组织，通常称为"流线"。

热加工纤维组织的存在，会使金属材料的力学性能呈现方向性，沿纤维方向（纵向）具有较高的强度、塑性和冲击韧度，垂直于纤维方向（横向）则具有较高的抗剪强度。表 3-3 为 $w_C = 0.45\%$ 的碳钢力学性能与纤维方向之间的关系。

表 3-3 碳钢（$w_C = 0.45\%$）力学性能与纤维方向的关系

力学性能 / 取样方向	抗拉强度/MPa	屈服点/MPa	伸长率（%）	断面收缩率（%）	冲击韧度/（J·cm^{-2}）
横向	675	440	15	31	26
纵向	715	470	17.5	62.8	60

因此，用热加工方法制造工件时，应保证流线有正确的分布，即流线与工件工作时所受到的最大拉应力方向一致，与切应力或冲击力方向垂直。一般地，流线如能沿工件的外形轮廓连续分布，则较为理想。

生产中广泛采用模型锻造法制造齿轮及中、小型曲轴，用局部镦粗法制造螺栓，其优点之一，就是流线沿工件外形轮廓连续分布，并适应工作时的受力情况。图 3-14 为锻造曲轴和切削加工曲轴的流线分布示意图，两者流线分布比较，显然锻造曲轴的流线分布更为合理。

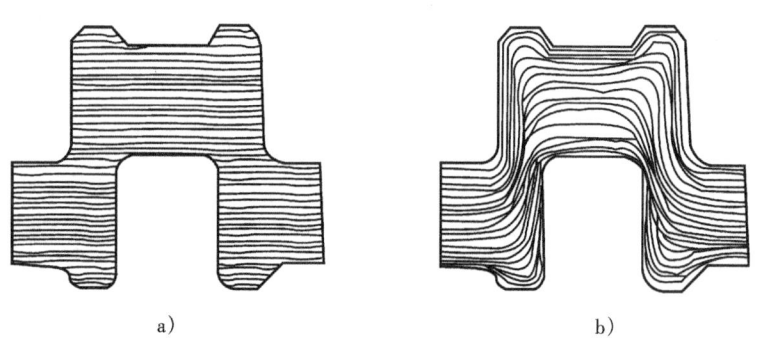

图 3-14 曲轴流线分布示意图
a）切削加工曲轴 b）锻造曲轴

注意：热处理方法是不能消除或改变工件中流线分布的，只能通过适当的塑性变形来改善流线的分布。

3. 形成带状组织

如果钢的铸态组织中存在着比较严重的偏析，或热加工时温度过低，则钢中常出现沿变形方向呈带状或层状分布的显微组织，称为带状组织。带状组织是一种缺陷，它会使钢的力学性能下降。带状组织可以用热处理的方法消除。

思 考 题

1. 什么是塑性变形？
2. 单晶体塑性变形的基本方式是什么？塑性变形是如何实现的？
3. 多晶体塑性变形比单晶体复杂，主要表现在哪些方面？
4. 什么是冷变形强化？举例说明冷变形强化现象的利弊。
5. 什么是冷加工纤维组织？它是如何产生的？
6. 什么是回复、再结晶？
7. 热加工与冷加工有何区别？
8. 什么是流线？它是如何产生的？

练 习 题

1. 试述细晶粒金属具有较高力学性能的原因。
2. 加热时冷塑性变形金属的组织和性能会发生哪些变化？
3. 铜的熔点是 1083℃，如何确定其再结晶温度？
4. 钛的熔点是 1667℃，铅的熔点是 327℃，在 500℃ 时对它们进行塑性变形加工，试问它们各属于冷加工还是热加工？
5. 金属的再结晶过程与同素异构转变过程有何异同之处？
6. 再结晶能否作为细化晶粒的一种方法？
7. 热加工对金属组织和性能有哪些影响？
8. 试比较冷加工纤维组织、流线与带状组织的区别，并分析它们产生的原因及对金属性能的影响。

第四章　合金的晶体结构与结晶

　　一般来说，纯金属具有良好的导电性、导热性、塑性和美丽的金属光泽，在人类生产和生活中获得了广泛应用。但由于纯金属种类有限，提炼比较困难，力学性能较低，因此无法满足人们对金属材料提出的多品种、高性能的要求。工程中大量使用的金属材料都是根据实际需要而配制的成分不同的合金，合金具有比纯金属更高的力学性能和某些特殊的物理、化学性能，如碳钢、铸铁、黄铜等。

第一节　合金的基本概念

　　合金是由两种或两种以上的金属元素或金属元素与非金属元素组成的具有金属特性的物质。例如，碳钢及铸铁是由铁和碳组成的合金，黄铜是由铜和锌组成的合金，硬铝是由铝、铜和镁组成的合金。

　　组成合金的最基本的、独立的物质称为组元。组元通常是纯元素，也可以是稳定的化合物，例如，铜和锌是黄铜的两个组元，Fe_3C 是铁碳合金中的一个组元。根据组成合金的组元数目多少，合金可分为二元合金、三元合金和多元合金。

　　由若干个给定组元，可以按不同比例配制出一系列成分不同的合金，这些由相同组元构成的成分不同的合金组成了一个合金系统，简称为合金系。合金系也可以分为二元系、三元系和多元系。

　　纯金属可以看成是合金的一个特例，只有一个组元，称为单元系。

　　合金中成分和结构都相同的组成部分称为相。相与相之间具有明显的界面，称为相界面。如果合金是由成分、结构都相同的同一种晶粒构成的，各个晶粒之间虽然有晶界分开，但它们仍属于同一种相。如果合金是由成分、结构都不相同的几种晶粒构成的，则它们属于不同的相。例如，在室温下，工业纯铁是由单相铁素体构成的，而碳的质量分数为 0.45% 的碳钢则是由铁素体和渗碳体两相构成的。

　　合金的性能一般是由组成合金的各相的成分、结构、形态、性能及相与相的组合情况决定的，因此，在研究合金的组织与性能之前，必须先了解合金组织中的相结构。

第二节　合金的晶体结构

　　如果将合金加热到熔化状态，组成合金的各个组元可以相互溶解形成均匀的、单一的液相，但经冷却结晶后，由于各个组元之间的相互作用不同，在固态合金中将形成不同的相，其原子排列方式也不相同。相的晶体结构称为相结构，合金中的相结构可分为固溶体和金属化合物两大类。

一、固溶体

当合金由液态结晶为固态时,组元间仍能互相溶解而形成的均匀相称为固溶体。固溶体的晶体结构与其中某一组元的晶体结构相同,而其他组元的晶体结构将消失。能够保留晶体结构的组元称为溶剂,晶体结构消失的组元称为溶质。因此,固溶体的晶体结构与溶剂的晶体结构相同,而溶质则以原子的状态分布在溶剂的晶格中。

根据溶质原子在溶剂晶格中的分布情况,可将固溶体分为间隙固溶体和置换固溶体两种。

1. 间隙固溶体

若溶质原子在溶剂晶格中并不占据结点位置,而是处于各结点间的空隙中,则这种形式的固溶体称为间隙固溶体,如图 4-1a 所示。

由于溶剂晶格的空隙很小,所以间隙固溶体中的溶质元素通常是原子半径较小的非金属元素,如碳、氮、硼等。溶剂晶格的空隙数量有限,能溶入的溶质原子数量也有限,故间隙固溶体的溶解度有一定限度。

2. 置换固溶体

若溶质原子代替一部分溶剂原子而占据着溶剂晶格中的某些结点位置,则这种形式的固溶体称为置换固溶体,如图 4-1b 所示。

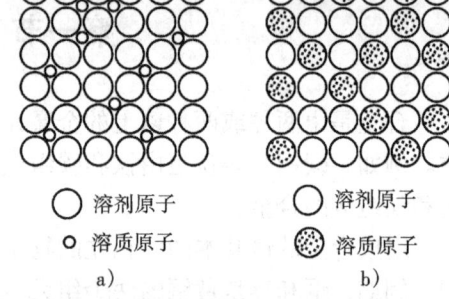

图 4-1 固溶体结构示意图
a) 间隙固溶体 b) 置换固溶体

在置换固溶体中,溶解度主要取决于溶质元素和溶剂元素的原子半径、晶格类型及在化学元素周期表中的位置。一般来说,溶质和溶剂元素的原子半径相差越小,溶解度就越大。如果溶质元素和溶剂元素在化学元素周期表中的位置靠近,且晶格类型相同,往往按任意比例配制都能相互溶解,形成无限固溶体。

有限固溶体的溶解度与温度有密切关系,一般温度越高,溶解度越大。

3. 固溶体的性能

由于溶质原子的溶入,引起固溶体晶格畸变,如图 4-2 所示,使位错移动时的阻力增大,变形抗力增加,结果金属的强度、硬度提高。这种通过溶入溶质元素形成固溶体,从而使金属材料的强度和硬度提高的现象,称为固溶强化。

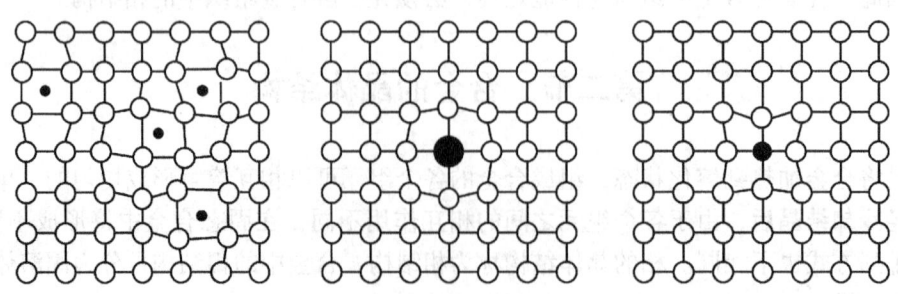

图 4-2 固溶体晶格畸变示意图

固溶强化是提高金属材料力学性能的一种重要途径。例如，在南京长江大桥的建筑中，大量采用锰的质量分数为 1.30%～1.60% 的低合金高强度结构钢，就是利用锰元素的固溶强化作用，提高了材料的强度，从而减轻了大桥结构的重量，节约了大量的钢材。

实验表明，固溶体中溶质含量适当时，不仅可以提高金属材料的强度和硬度，还能保持良好的塑性和韧性。例如在铜中加入质量分数为 19% 的镍，形成铜镍二元合金，可以使抗拉强度从 220MPa 提高到 380～400MPa，硬度从 44HBW 增至 70HBW，而伸长率仍然保持在 50% 左右。如果采用冷变形强化的方法使纯铜达到同样的强化效果，其伸长率将低于 10%。可见，固溶体的强度、塑性和韧性之间配合较好，所以对于综合力学性能要求较高的结构材料，几乎都是以固溶体作为最基本的组成相的。但单纯固溶强化的强化效果有限，还须在固溶强化的基础上补充进行其他的强化处理。

二、金属化合物

组成合金的两个元素，当它们在化学元素周期表中的位置相距较远时，往往容易形成化合物。金属材料中的化合物有金属化合物和非金属化合物两类。

凡是由相当程度的金属键结合，并具有明显金属特性的化合物，称为金属化合物。金属化合物是金属材料中的一个重要组成相，如碳钢中的渗碳体（Fe_3C）、黄铜中的 β 相（CuZn）等都是金属化合物。

凡是没有金属键结合，并且又没有金属特性的化合物，称为非金属化合物，如碳钢中依靠离子键结合的 FeS 和 MnS 都是非金属化合物。非金属化合物是合金原材料或熔炼过程中带入的杂质，数量较少，但对合金性能的影响较坏，故又称为非金属夹杂物。

金属化合物的晶体结构与组成化合物的各组元的晶体结构完全不同，如 VC 是由钒原子和碳原子组成的金属化合物，其晶体结构如图 4-3 所示，碳原子规则地嵌入由钒原子组成的面心立方晶格的空隙中。

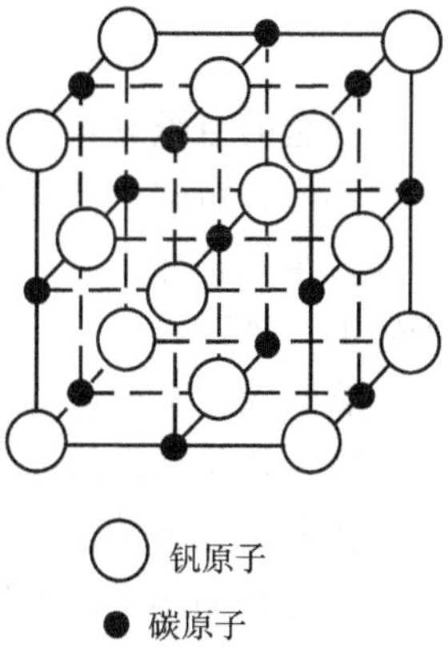

金属化合物的熔点较高，性能硬而脆，在合金中存在时，通常能提高合金的强度、硬度和耐磨性，但会使合金的塑性、韧性降低。金属化合物是各类合金钢、硬质合金及非铁金属中的重要组成相。

金属化合物的种类很多，常见的有以下三种类型：

1. 正常价化合物

这类金属化合物通常是由金属元素与化学元素周期表中第Ⅳ、Ⅴ、Ⅵ族元素组成的，如 Mg_2Si、Mg_2Sn、Mg_2Pb 等，其特点是成分固定不变。

2. 电子化合物

○ 钒原子
● 碳原子

图 4-3 VC 晶体结构

这类金属化合物是按一定电子浓度形成具有一定晶格类型的化合物。化合物中价电子数与原子数的比值称为电子浓度。

在电子化合物中，一定的电子浓度对应着一定的晶格类型，如当电子浓度为 3/2 时，形成体心立方晶格的电子化合物，称为 β 相（CuZn）；当电子浓度为 21/13 时，形成复杂立方晶格的电子化合物，称为 γ 相（Cu_5Zn_8）；当电子浓度为 7/4 时，形成密排六方晶格的电子化合物，称为 ε 相（$CuZn_3$）。

电子化合物的特点是成分可以在一定范围内变化，即在电子化合物的基础上还可以再溶解一定量的其他组元，形成以该电子化合物为基的固溶体。

3. 间隙化合物

间隙化合物一般是由原子直径较大的过渡族金属元素（铁、铬、钼、钨、钒等）与原子直径较小的非金属元素（氢、碳、氮、硼等）组成的。

间隙化合物的晶体结构特征是：直径较大的过渡族金属元素的原子占据了新晶格的正常结点位置，而直径较小的非金属元素的原子则有规律地嵌入晶格的空隙中，因而称为间隙化合物，如图4-3所示的VC晶体结构。

间隙化合物一般分为晶体结构简单的间隙化合物和晶体结构复杂的间隙化合物两类。晶体结构简单的间隙化合物又称间隙相，如VC、WC、TiC等，而合金钢中的$Cr_{23}C_6$、Cr_7C_3、Fe_4W_2C等均属于晶体结构复杂的间隙化合物。

三、合金的组织

组织和结构是有区别的，主要表现在它们的尺度不同。组织是显微尺度的，是指在金相显微镜下所观察到的金属的内部情景；结构是原子尺度的，是指金属中原子的排列方式。

合金在室温下可以同时存在几种晶体结构，即可以多相共存，因而合金的组织比纯金属复杂得多。

纯金属、固溶体和金属化合物是组成合金的基本相。工业上使用的大多数合金的组织都是由固溶体和少量的金属化合物组成的混合物，混合物中各个相仍然保持着各自的晶体结构和性能。

第三节 二元合金相图

合金的组织及其形成过程比纯金属的复杂。不同合金系中的合金，在固态下的显微组织必然不同，而同一合金系中的合金，由于成分及其所处的温度不同，在固态下也将形成不同的显微组织。那么，一定成分的合金在一定温度下会形成什么组织呢？合金相图是解决这个问题的一种工具。

合金相图又称合金平衡图或合金状态图，它是表示在平衡状态下，合金组织与成分、温度之间平衡关系的图形。当一定成分的合金在一定温度下停留足够长的时间，使所存在的各相达到几乎互不转化的状态，则可以认为是处于平衡状态，这时的相称为平衡相。

从合金相图中，不仅可以看到不同成分的合金在室温下的平衡组织，而且还可以了解某一合金从高温液态以极缓慢速度冷却到室温所经历的各种相变过程。同时，利用合金相图还能预测合金性能的变化规律。所以，合金相图已经成为研究合金中各种组织的形成和变化规律的有效工具。在生产实践中，合金相图是正确制订冶炼、铸造、锻造、焊接及热处理等热加工工艺的重要依据。

一、二元合金相图的建立

1. 二元合金相图的表示方法

纯铜的结晶过程，可以利用冷却曲线来研究。如果将冷却曲线上的转变点投影到表示温度的纵坐标上,则得到一个相应的 1 点,如图 4-4 所示。该点便可以表示纯铜的组织转变温度,称为相变点,即在 1 点温度以上,纯铜处于液体状态,1 点温度以下,纯铜处于固体状态;而在 1 点温度时,纯铜处于结晶过程中,是液固两相共存的状态。这样,利用一条纵坐标就可以表示出纯金属在缓慢加热或冷却时的组织转变过程。

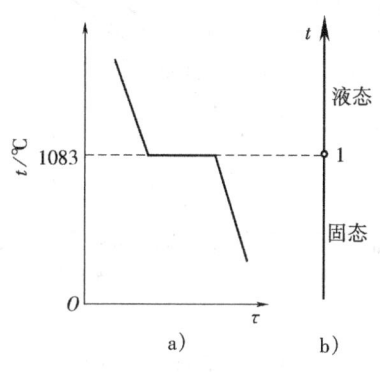 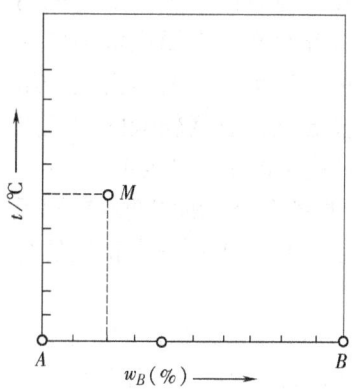

图 4-4　纯铜的冷却曲线及相图
a) 冷却曲线　b) 相图

图 4-5　A-B 二元合金相图

对于二元合金系,除温度变化外,还有合金成分的变化,因而需要利用两个坐标轴来表示二元合金相图,如图 4-5 所示。在 A-B 二元合金相图中,纵坐标表示温度,横坐标表示合金成分。横坐标从左到右表示 B 的质量分数由零逐渐增至 100%,而 A 的质量分数相应地由 100% 逐渐减少到零,所以横坐标上任何一点都代表一种成分的 A-B 二元合金。通过成分坐标上任何一点所作的垂线称为合金线,合金线上不同的点表示该成分的 A-B 二元合金在某一温度下的相组分或组织组分。因此,合金相图上任意一点都代表某一成分的合金在某一温度下所处的状态。

2. 二元合金相图的测定方法

合金相图一般都是通过实验的方法得到的。现以 Cu－Ni 二元合金为例,说明用热分析实验法测定及绘制合金相图的过程。

1) 配制一系列成分不同的 Cu－Ni 二元合金,见表 4-1。

表 4-1　Cu－Ni 二元合金的成分和实验结果

序号	合金成分(%)		相变点/℃	
	w_{Cu}	w_{Ni}	开始结晶温度	结晶终了温度
1	100	0	1083	1083
2	80	20	1175	1130
3	60	40	1260	1195
4	40	60	1340	1270
5	20	80	1410	1360
6	0	100	1455	1455

2) 用热分析实验法测出各 Cu－Ni 二元合金的冷却曲线,如图 4-6a 所示。
3) 找出各冷却曲线上的相变点。由 Cu－Ni 二元合金的冷却曲线可以看出,纯铜和纯

镍的冷却曲线上都有一个平台，说明纯金属是在恒温下进行结晶的，只有一个相变点。其他四个合金的冷却曲线上没有出现平台，却有两个转折点，即有两个相变点，说明这些合金都是在一个温度范围内进行结晶的。温度较高的相变点表示开始结晶温度，温度较低的相变点表示结晶终了温度，见表4-1。

4）将各个合金的相变点分别标注在温度－成分坐标图中相应的合金线上。

5）连接各意义相同的相变点，所得的线称为相界线。这样就得到了Cu-Ni二元合金相图，如图4-6b所

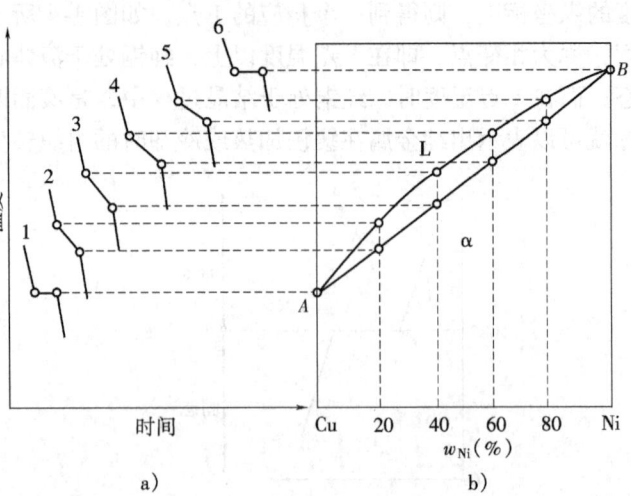

图4-6 Cu-Ni二元合金相图的测定
a) 冷却曲线 b) 相图

示。图中各开始结晶温度连成的相界线称为液相线，各结晶终了温度连成的相界线称为固相线。

从上述测定合金相图的方法可知，配制的合金数目越多，所用金属纯度越高，热分析时冷却速度越缓慢，则所测得的合金相图越精确。目前，已经通过实验的方法测定出了许多二元合金相图和三元合金相图，其形式一般都比较复杂，然而复杂的合金相图可以看成是由若干个简单的基本相图组成的。

二、匀晶相图

凡二元合金系中两组元在液态和固态下以任何比例均可相互溶解，即在固态下能形成无限固溶体时，其相图属于匀晶相图，如 Cu-Ni、Fe-Cr、Au-Ag 等二元合金相图。现以 Cu-Ni二元合金相图为例，对匀晶相图进行分析。

Cu-Ni 二元合金相图如图4-7所示，图中 A 点为纯铜的熔点（1083℃）；B 点为纯镍的熔点（1455℃）。ALB 线为液相线，表示各成分的 Cu-Ni 二元合金在冷却过程中开始结晶或在加热过程中熔化终了的温度；AαB 线为固相线，表示各成分的 Cu-Ni 二元合金在冷却过程中结晶终了或在加热过程中开始熔化的温度。液相线和固相线将整个合金相图分为三个区域，在液相线以上是单相的液相区，用符号 L 表示；在固相线以下是单相的固溶体相区，用符号 α 表示；在液相线和固相线之间是液相和固溶体两相共存区，即结晶区，用符号 L+α 表示。

Cu 和 Ni 两个组元在固态下能完全互相溶解，并能以任何比例形成 α 固溶体。因此，各成分 Cu-Ni 二元合金的结晶过程和室温平衡组织都是相似的。现以 Ni 的质量分数为40%的 Cu-Ni 二元合金为例，对其结晶过程进行分析。

由图4-7可见，该合金的合金线与液相线和固相线分别相交于1点和2点，即该合金在1点所对应的温度开始结晶，在2点所对应的温度结晶终了。当合金自高温液态缓慢冷却到1点温度时，开始从液相中结晶出 α 固溶体，随着温度的降低，α 固溶体的量不断增多，剩余液相的量不断减少。当温度降低到2点温度时，合金结晶终了，获得了 Cu 和 Ni 组成的单

相 α 固溶体组织,如图 4-8 所示。

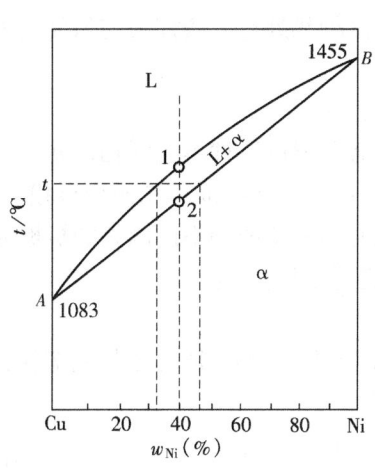

图 4-7 Cu－Ni 二元合金相图

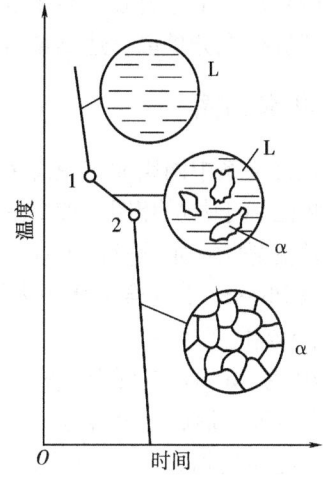

图 4-8 Cu－Ni 二元合金结晶过程示意图

应当注意,在合金结晶过程中,已结晶出的 α 固溶体和剩余液相 L 的成分都与原合金成分不同。若要知道上述合金在结晶过程中某一温度 t 时两相的成分,可通过该合金线上相当于 t 温度的点作水平线,此水平线与液相线和固相线的交点在横坐标上的投影,即相应地表示 t 温度时液相和固相的成分,如图 4-7 所示。可见,固溶体合金的结晶过程与纯金属不同,纯金属是在恒温下进行结晶的,结晶过程中液固两相的成分不变,只是液固两相的相对量随温度降低而改变;固溶体合金是在一个温度范围内进行结晶的,结晶过程中随温度降低,在液固两相相对量发生改变的同时,液相的成分沿液相线变化,固相的成分沿固相线变化。固溶体合金和纯金属结晶后的显微组织相似,都是由许多晶粒组成的。

固溶体合金在结晶过程中,只有在冷却速度极其缓慢,原子能够进行充分扩散的条件下,固相成分才能沿固相线均匀地变化,最终获得与原合金成分相同的、均匀的 α 固溶体。但在实际情况下,冷却速度一般较快,而且固态下原子扩散又很困难,致使固溶体内部原子扩散来不及充分进行,结果在固溶体中先结晶部分和后结晶部分的化学成分不同。对于一个晶粒来讲,就表现为先形成的核心部分和后形成的外层部分的化学成分不一样,这种在一个晶粒内部化学成分不均匀的现象称为晶内偏析。由于固溶体合金的结晶一般是按树枝状方式进行的,因此,这种晶内偏析往往呈树枝状分布,故又称枝晶偏析,如图 4-9 所示。

从图中可以看出,α 固溶体是呈树枝状的,先结晶出的干枝部分,因含高熔点组元 Ni 的质量分数较高,不易侵蚀,呈白亮色;后结晶出的分枝

图 4-9 Cu－Ni 二元合金中的枝晶偏析

部分,因含低熔点组元 Cu 的质量分数较高,易侵蚀,呈黑色。

一般来说,结晶时冷却速度越快,偏析程度越严重。枝晶偏析的存在,会严重降低合金的力学性能和加工工艺性能,生产上通常是将有枝晶偏析的合金加热到高温,经长时间保温,使原子进行充分扩散,达到成分均匀化的目的,这种热处理方法称为均匀化退火。

三、共晶相图

凡二元合金系中两组元在液态下完全互溶,在固态下形成两种不同固相,并发生共晶转变的,其相图属于共晶相图,如 Pb-Sn、Pb-Sb、Al-Si、Ag-Cu 等二元合金相图。

共晶转变是指一定成分的液相在一定温度下,同时结晶出两种不同固相的机械混合物的转变。现以 Pb-Sn 二元合金相图为例,对共晶相图进行分析。

1. 相图分析

图 4-10 为 Pb-Sn 二元合金相图,图中 α 表示 Sn 在 Pb 中溶解所形成的固溶体,β 表示 Pb 在 Sn 中溶解所形成的固溶体。

A 点为纯铅的熔点(327℃);B 点为纯锡的熔点(232℃);C 点为共晶点;D 点为 α 固溶体的最大溶解度点;E 点为 β 固溶体的最大溶解度点。

AC 线和 BC 线为液相线,液态合金在冷却到 AC 线温度时开始结晶出 α 固溶体,冷却到 BC 线温度时开始结晶出 β 固溶体。

AD 线和 BE 线为固相线,合金在冷却到 AD 线温度时 α 固溶体结晶终了,冷却到 BE 线温度时 β 固溶体结晶终了。DCE 线称为共晶线,液相在冷却到共晶线温度(183℃)时将发生共晶转变,形成由 α 固

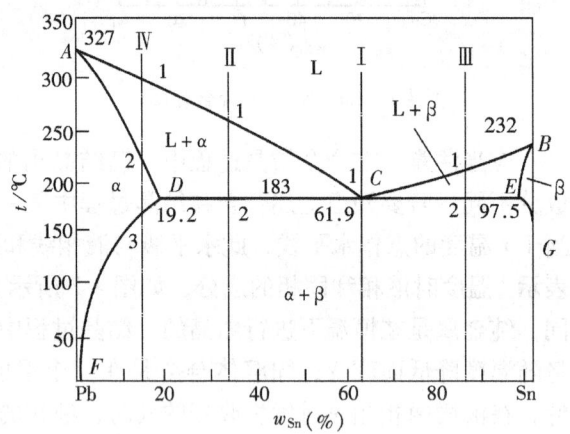

图 4-10　Pb-Sn 二元合金相图

溶体和 β 固溶体组成的两相机械混合物组织,称为共晶体或共晶组织。C 点所对应的温度和成分分别称为共晶温度和共晶成分。共晶转变用下式表示:

$$L_C \xrightarrow{183℃} (\alpha_D + \beta_E)$$

DF 线和 EG 线为溶解度线,分别表示 α 固溶体和 β 固溶体的溶解度随温度变化的规律。

上述相界线将 Pb-Sn 二元合金相图分成三个单相区 L、α、β,三个两相区 L+α、L+β、α+β 及一个三相区 L+α+β(共晶线 DCE)。

2. 结晶过程分析

(1) 共晶成分的合金　图 4-10 中 C 点成分的合金为共晶合金。在冷却过程中经过 C 点温度时发生共晶转变,形成共晶体,如图 4-11 所示。共晶合金的显微组织特征如图 4-12 所示,黑色的 α 固溶体和白色的 β 固溶体交替分布。

共晶转变过程在 C 点温度时一直进行到液相完全消失为止,结晶终了后的合金为 α 固溶体和 β 固溶体组成的共晶组织。当温度低于 C 点温度后,合金进入共晶线下面的 α+β 两相区,随温度下降,α 固溶体和 β 固溶体的溶解度分别沿溶解度线 DF 和 EG 变化。由于溶解度减小,α 固溶体中所溶解的过量 Sn 将以 β 固溶体的形式析出,而 β 固溶体中所溶解的

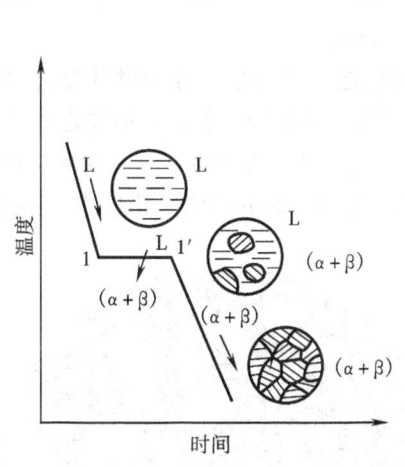 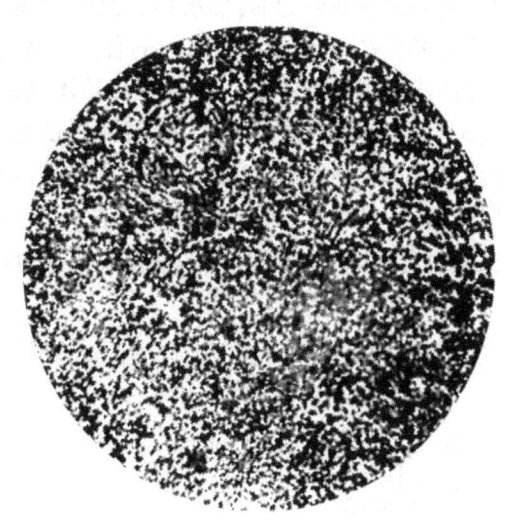

图 4-11 共晶合金结晶过程示意图　　　　图 4-12 共晶合金的显微组织

过量 Pb 将以 α 固溶体的形式析出。为了区别于从液相中结晶出的固溶体，把从固相中析出的固溶体称为次生固溶体，并分别用符号 $α_{II}$ 和 $β_{II}$ 表示。但由于从共晶体中析出的次生相常与共晶体中的同类相混在一起，且次生相数量较少，在显微镜下很难分辨，故一般不予考虑。

(2) 亚共晶成分的合金　图 4-10 中 D 点与 C 点成分之间的合金，称为亚共晶合金。这类合金（如图中合金 II），在冷却过程中经过 1 点温度时开始从液相中结晶出 α 固溶体，称为先晶。随温度下降，α 固溶体量不断增加，成分沿固相线 AD 变化，剩余液相量不断减少，成分沿液相线 AC 变化。当温度降到 2 点温度时，剩余液相在恒温下发生共晶转变，形成共晶体。共晶转变结束后，液相消失，温度继续下降，固溶体的溶解度减小，从先晶 α 固溶体中不断析出 $β_{II}$ 固溶体。最终亚共晶合金的显微组织为 $α + β_{II} + (α+β)$，如图 4-13 所示。亚共晶合金的显微组织特征如图 4-14 所示，其中黑色树枝状组织为先晶 α 固溶体，α

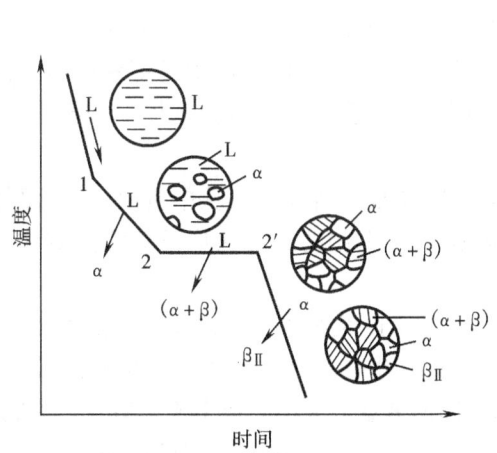 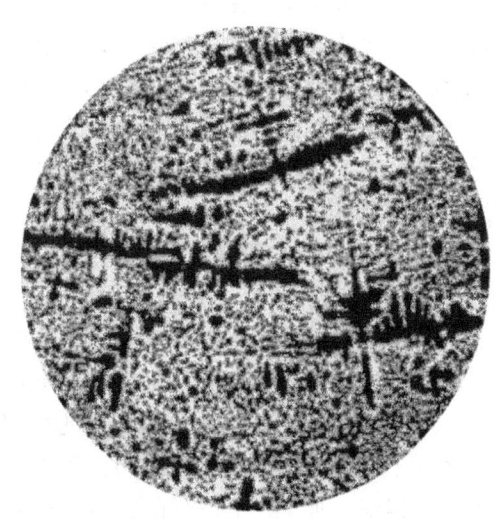

图 4-13 亚共晶合金结晶过程示意图　　　　图 4-14 亚共晶合金的显微组织

固溶体内的白色颗粒为 $β_{II}$ 固溶体，黑白相间分布的是共晶体（α+β）。

所有成分在 D 点与 C 点之间的合金，其结晶过程和室温下的平衡组织都是相似的，只是合金的成分越靠近 C 点，组织中共晶体（α+β）的量越多。

（3）过共晶成分的合金　图 4-10 中 C 点与 E 点成分之间的合金，称为过共晶合金。这类合金（如图中合金Ⅲ），其结晶过程与亚共晶合金类似，如图 4-15 所示。不同之处为先晶是 β 固溶体，最终所形成的显微组织是 $β+α_{II}+$（α+β），如图 4-16 所示，其中白色块状组织为先晶 β 固溶体，β 固溶体内的黑色小颗粒为 $α_{II}$ 固溶体，黑白相间分布的是共晶体（α+β）。

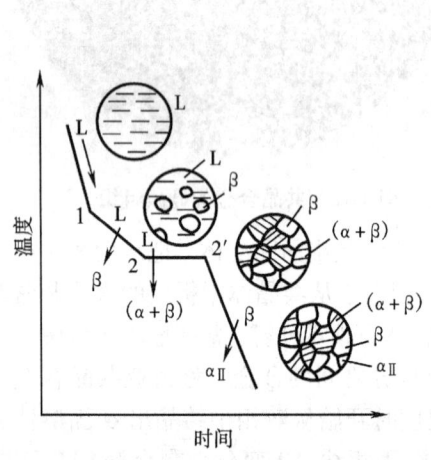
图 4-15　过共晶合金结晶过程示意图

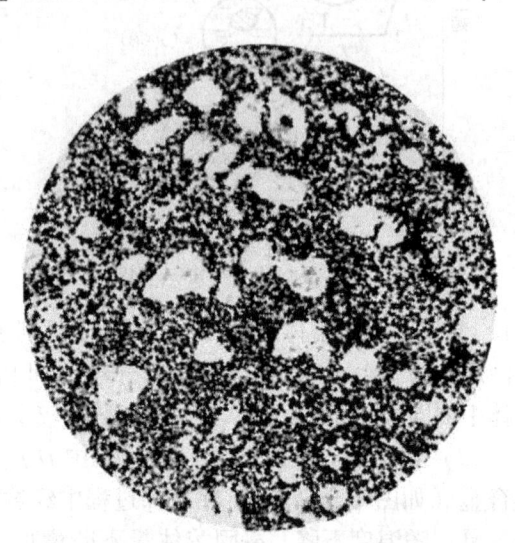
图 4-16　过共晶合金的显微组织

所有成分在 C 点与 E 点之间的合金，其结晶过程和室温下的平衡组织也都是相似的，只是合金的成分越靠近 C 点，组织中共晶体（α+β）的量越多。

（4）无共晶转变的合金　图 4-10 中 D 点左侧和 E 点右侧的合金，在冷却过程中不会发生共晶转变，如图中合金Ⅳ，当冷却到 1 点温度时开始从液相中结晶出 α 固溶体，随温度下降，α 固溶体量不断增加，成分沿固相线 AD 变化，剩余液相量不断减少，成分沿液相线 AC 变化。温度降到 2 点时，结晶终了，形成单相 α 固溶体组织。当冷却到 3 点温度时，α 固溶体的溶解度达到饱和状态，继续冷却，则溶解度减小，从 α 固溶体中要不断析出 $β_{II}$ 固溶体，如图 4-17 所示。其显微组织特征如图 4-18 所示，在黑色 α 固溶体基体上分布着白色 $β_{II}$ 固溶体的颗粒。

同理，图 4-10 中 E 点右侧合金在冷却过程中将形成 β 固溶体，并从中析出 $α_{II}$ 固溶体，最终获得的显微组织为 $β+α_{II}$。另外，F 点左侧和 G 点右侧的合金在形成单相固溶体后，由于溶解度较小，所以不会有次生固溶体形成。

根据上述结晶过程分析，可以看出 Pb-Sn 二元合金的组织中仅出现了 α、β 两相，因此，α、β 两相称为 Pb-Sn 二元合金的相组分，图 4-10 中各相区就是以合金的相组分填写的。由于不同合金的结晶过程不同，各相组分以不同的数量、大小、形态相互组合，形成合金的各种组织，如 Pb-Sn 二元合金中的 α、β、$α_{II}$、$β_{II}$、（α+β），它们各自具有一定的形态特征，在金相显微镜下可以明显分辨，故称它们为 Pb-Sn 二元合金的组织组分。图

4-19为各相区以组织组分填写的 Pb – Sn 二元合金相图。

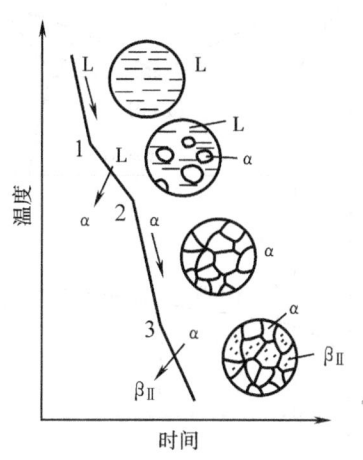

图 4-17　合金Ⅳ的结晶过程示意图

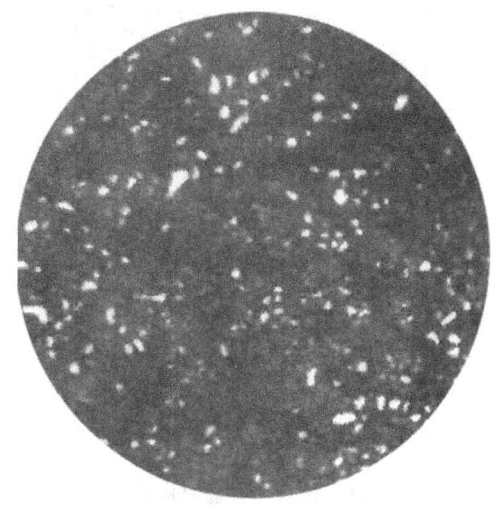

图 4-18　合金Ⅳ的显微组织

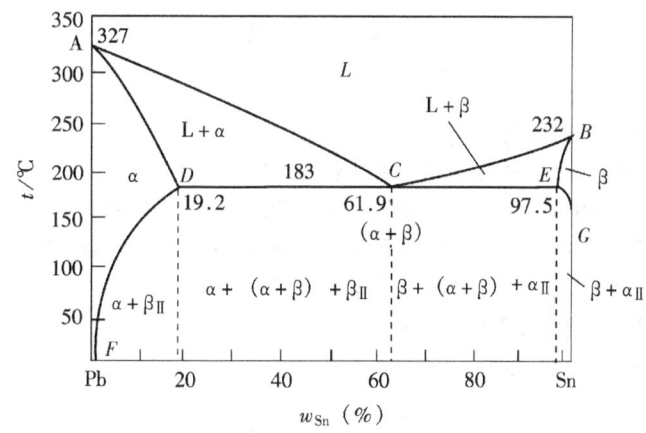

图 4-19　Pb – Sn 二元合金相图

四、合金力学性能与相图的关系

当合金形成单相固溶体时，合金的力学性能与组元的性质、溶质元素的含量有关。对于一定的溶剂和溶质，溶质含量越多，则合金晶体中的晶格畸变程度越严重，合金的强度、硬度越高，但能保持较好的塑性与韧性。固溶体合金的强度、硬度变化规律如图 4-20 所示。

当合金形成两相混合物时，其力学性能随合金成分的改变而呈直线关系在两组成相的性能之间变化。当合金形成共晶组织时，力学性能还与组织的细密程度有关，共晶组织越细密，合金的强度、硬度越高。具有共晶转变合金的硬度变化规律如图 4-21 所示。

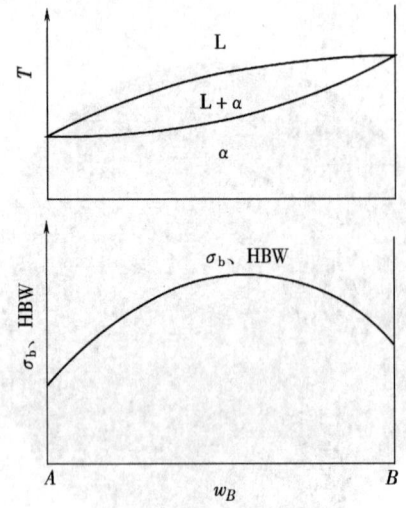

图 4-20 固溶体合金的强度、硬度变化规律

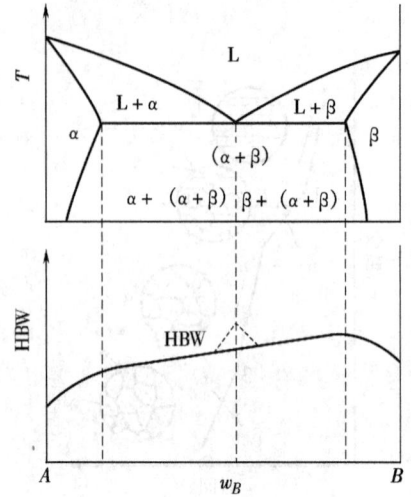

图 4-21 具有共晶转变合金的硬度变化规律

思 考 题

1. 什么是合金？试举例说明。
2. 什么是组元、相和显微组织？
3. 合金的相结构有哪几种类型？它们的晶格特点是什么？
4. 什么是固溶体、间隙固溶体、置换固溶体、有限固溶体和无限固溶体？
5. 什么是金属化合物？正常价化合物、电子化合物和间隙化合物有什么区别？
6. 什么是固溶强化？固溶强化与冷变形强化有何异同之处？
7. 什么是合金相图？合金相图的作用有哪些？
8. 什么是共晶转变？试举例说明。

练 习 题

1. 合金与纯金属的结构有什么不同？合金的力学性能为什么比纯金属的好？
2. 试分析比较纯金属、固溶体和共晶体三者的结晶过程和显微组织。
3. 强化金属材料的基本方法有哪些？强化方法与金属的晶体结构和显微组织有什么关系？
4. 为什么说枝晶偏析现象是不可避免的？
5. 判断下列情况是否属于相变过程：
   （1）液态金属的结晶。
   （2）晶粒长大。
   （3）同素异构转变。
   （4）磁性转变。
   （5）冷变形金属的再结晶。
6. 为什么冷却过程中不经过共晶点的合金（如亚共晶合金和过共晶合金）也能发生共晶转变？
7. 简述合金的力学性能随成分的变化规律。

8. 分析 $A-B$ 二元合金相图（如图 4-22 所示）。

(1) 填写各相区的相组分和组织组分，在各相区中是否会有纯组元 A 存在？为什么？

(2) 分析 $w_B = 20\%$ 合金的结晶过程。

9. 已知 A、B 两组元在液态时能互相溶解；在固态时能形成共晶体，共晶成分为 $w_B = 30\%$；共晶温度为 577℃；A 组元在 B 组元中有限固溶，溶解度在共晶温度时为 $w_A = 15\%$，室温时为 $w_A = 10\%$；B 组元在 A 组元中不能溶解；B 组元的熔点比 A 组元的高。试绘出 $A-B$ 二元合金相图，并填写各相区中的相组分和组织组分。

10. 一个二元共晶转变如下：
$$L \xrightarrow{\text{恒温}} (\alpha + \beta)$$
已知，液相中 B 的质量分数为 75%，α 固溶体中 B 的质量分数为 15%，β 固溶体中 B 的质量分数为 95%。若某合金的显微组织中先晶 β 与共晶体 $(\alpha + \beta)$ 各占 50%，试求该合金的成分。

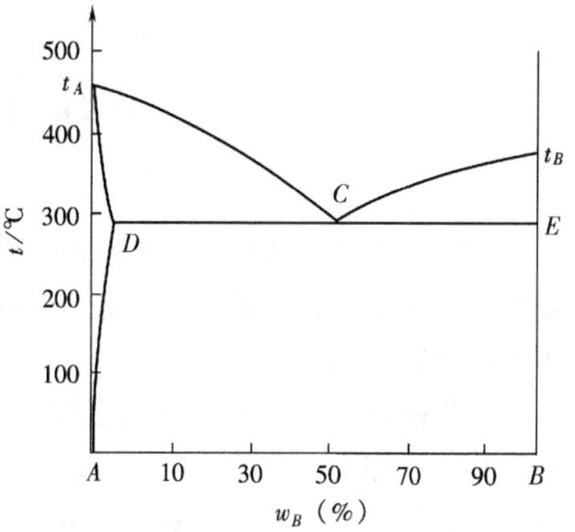

图 4-22　$A-B$ 二元合金相图

第五章 铁碳合金

钢铁是现代工业中应用最广泛的金属材料,其基本组元是铁和碳两个元素,故统称为铁碳合金。为了掌握铁碳合金成分、组织及性能之间的关系,以便在生产中合理使用,首先必须了解铁碳相图。

在铁碳合金中,铁与碳相互作用可以形成 Fe_3C、Fe_2C、FeC 等一系列化合物,稳定的化合物可以作为一个独立的组元,因此,整个铁碳相图可以分解为 $Fe-Fe_3C$、Fe_3C-Fe_2C、Fe_2C-FeC、$FeC-C$ 等一系列二元合金相图,如图5-1所示。

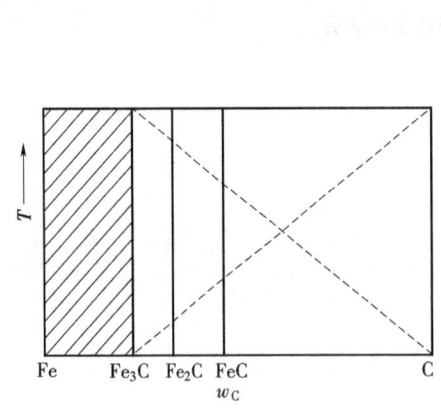

图 5-1　Fe–C 相图的组成

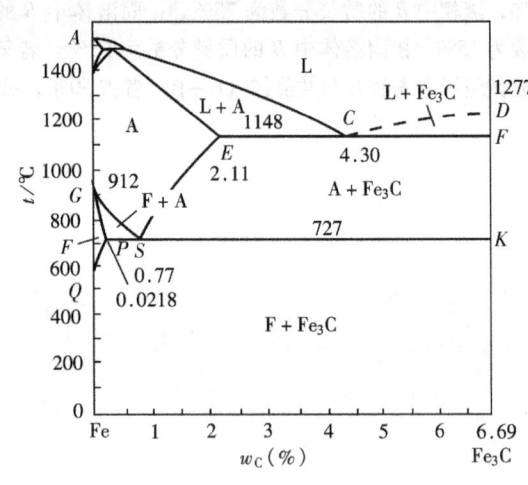

图 5-2　Fe–Fe_3C 相图

在实际生产中,由于碳的质量分数超过5%的铁碳合金,脆性很大,没有实用价值,所以在铁碳相图中,仅研究 $Fe-Fe_3C$ 部分。通常所说的铁碳相图,实际上是指 $Fe-Fe_3C$ 相图,如图5-2所示。

第一节　铁碳合金的基本相

由于两组元的相互作用不同,使得铁碳合金在固态下的相结构也有固溶体和金属化合物两大类,属于固溶体的有铁素体和奥氏体,属于金属化合物的有渗碳体,它们都是铁碳合金中的基本组成相。

一、铁素体

碳溶于 α–Fe 中所形成的间隙固溶体称为铁素体,用符号 F 表示。铁素体仍然保持 α–Fe 的体心立方晶格。由于体心立方晶格的晶格空隙很小,所以 α–Fe 的溶碳能力很低,在 727℃时溶碳量最大,可达 0.0218%。随着温度的下降,溶碳量逐渐减小,在 600℃时约为

0.0057%，室温时几乎等于零。因此，铁素体的性能几乎和纯铁的相同，即强度、硬度低，塑性、韧性好（$\sigma_b = 180 \sim 280\text{MPa}$，$50 \sim 80\text{HBW}$，$\delta = 30\% \sim 50\%$）。铁素体的显微组织与纯铁相同，在显微镜下观察，呈明亮的多边形晶粒组织，如图5-3所示。

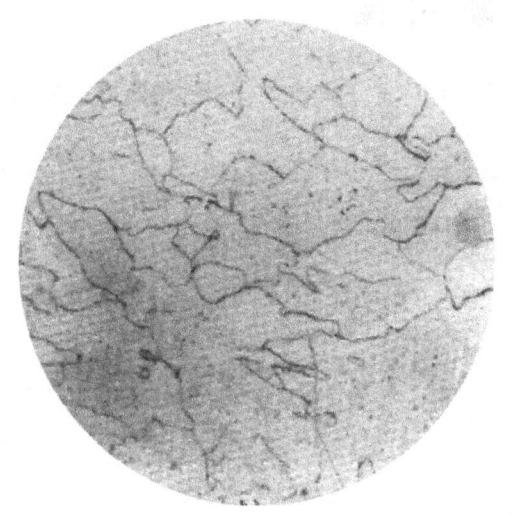
图5-3 铁素体的显微组织

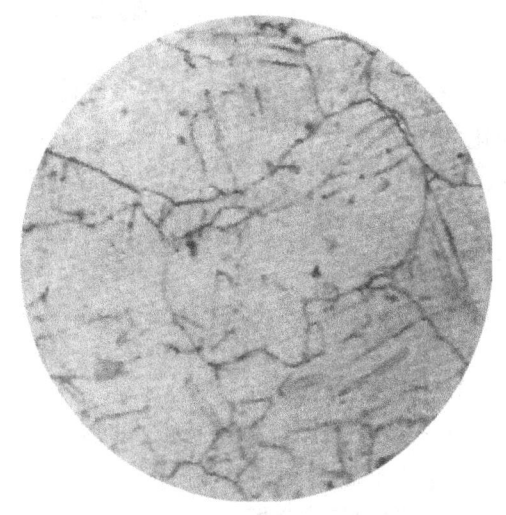
图5-4 奥氏体的显微组织

二、奥氏体

碳溶于γ-Fe中所形成的间隙固溶体称为奥氏体，用符号A表示。奥氏体仍然保持γ-Fe的面心立方晶格。由于面心立方晶格的晶格空隙比体心立方晶格的大，所以γ-Fe的溶碳能力也就大一些。在1148℃时溶碳量最大，可达2.11%。随温度下降溶碳量逐渐降低，727℃时溶碳量为0.77%。

奥氏体的力学性能与其溶碳量和晶粒大小有关，一般奥氏体的硬度为170~220HBW，伸长率为40%~50%，因此，奥氏体的硬度较低而塑性较好，易于锻压成形。

奥氏体存在于727℃以上的高温范围内，高温下奥氏体的显微组织也是由多边形晶粒构成的，但一般情况下，晶粒较粗大，晶界较平直，如图5-4所示。

三、渗碳体

渗碳体的分子式为Fe_3C，它是一种具有复杂晶体结构的金属化合物，其晶体结构如图5-5所示。

渗碳体中碳的质量分数为6.69%，熔点约为1227℃，硬度很高（800HBW），但塑性和韧性几乎为零，脆性很大。渗碳体不发生同素异构转变，却有磁性转变，在230℃以下具有弱的铁磁性。

渗碳体的组织形态很多，在铁碳合金中与其他相共存时，可以呈片状、粒状、网状或板条状。渗碳体是碳钢中的主要

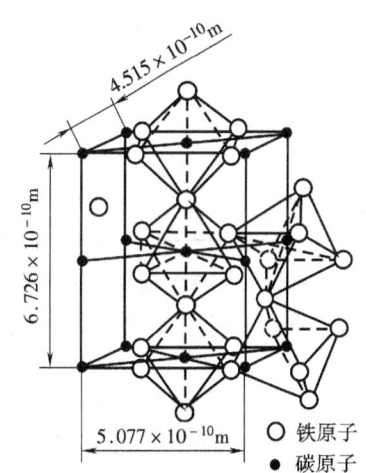
图5-5 渗碳体的晶体结构示意图

强化相,它的数量、形态、大小与分布对钢的性能有很大的影响。

渗碳体是一种亚稳定相,在一定条件下可以发生分解,形成石墨。

第二节 铁碳相图

Fe-Fe$_3$C 相图是指在极其缓慢的冷却条件下,不同成分的铁碳合金的组织状态随温度变化的图解。为了便于分析和掌握 Fe-Fe$_3$C 相图,将图5-2中的高温转变部分省略,简化后的 Fe-Fe$_3$C 相图如图5-6所示。

一、铁碳相图分析

1. 相图中各点分析

Fe-Fe$_3$C 相图中各个特性点的温度、碳的质量分数及含义见表5-1。

2. 相图中各线分析

AC 线和 DC 线为液相线,铁碳合金在液相线温度以上处于液态,用符号 L 表示。液态合金冷却到 AC 线时开始结晶出奥氏体;冷却到 DC 线时开始结晶出渗碳体,称为一次渗碳体,用符号 Fe$_3$C$_I$ 表示。

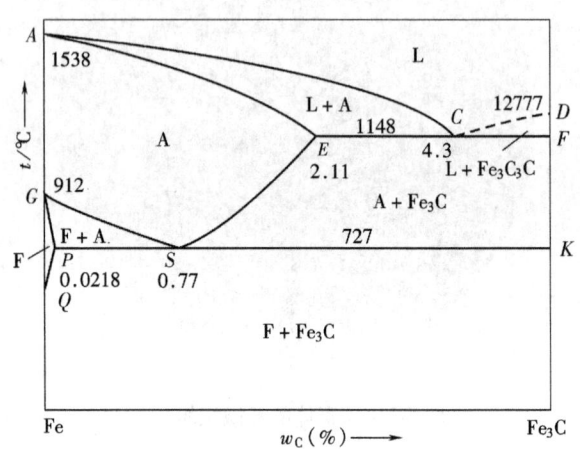

图 5-6 简化后的 Fe-Fe$_3$C 相图

表 5-1 Fe-Fe$_3$C 相图中的特性点

特 性 点	温度/℃	碳的质量分数(%)	含 义
A	1538	0	纯铁的熔点
C	1148	4.3	共晶点
D	1227	6.69	渗碳体的熔点
E	1148	2.11	碳在奥氏体中的最大溶解度
G	912	0	纯铁的同素异构转变温度
P	727	0.0218	碳在铁素体中的最大溶解度
S	727	0.77	共析点
Q	室温	0.0008	碳在铁素体中的溶解度

AE 线为固相线,表示奥氏体结晶终了的温度;ECF 线是共晶线,液态合金冷却到 ECF 线温度(1148℃)时,将发生共晶转变,即

$$L_C \xrightarrow{1148℃} (A_E + Fe_3C)$$

由奥氏体和渗碳体组成的共晶体(A + Fe$_3$C)称为高温莱氏体,用符号 Ld 表示。凡碳的质量分数在 2.11% 以上的铁碳合金冷却到 1148℃ 时,都要发生共晶转变,形成高温莱氏体。

ES 线又称 A$_{cm}$ 线,是碳在奥氏体中的溶解度线,随着温度的变化,奥氏体的溶碳量将沿着 ES 线变化。凡是碳的质量分数在 0.77% 以上的铁碳合金，自 1148℃ 冷却到 727℃ 的过程中，都要从奥氏体中析出渗碳体，称为二次渗碳体，用符号 Fe_3C_{II} 表示。

GS 线又称 A_3 线，是奥氏体和铁素体的相互转变线。温度降低时，奥氏体开始向铁素体转变；温度上升时，铁素体向奥氏体转变结束。

GP 线也是奥氏体和铁素体的相互转变线。温度降低时，奥氏体向铁素体的转变结束；温度上升时，铁素体开始向奥氏体转变。

PSK 线又称 A_1 线，是共析转变线。铁碳合金在冷却到该线温度（727℃）时，奥氏体将发生共析转变，即一定成分的固相在一定温度下，同时析出两个不同固相的细密机械混合物的转变。其表达式为

$$A_S \xrightarrow{727℃} (F_P + Fe_3C)$$

由铁素体和渗碳体组成的共析体（$F+Fe_3C$）称为珠光体，用符号 P 表示。其碳的质量分数为 0.77%，力学性能介于铁素体和渗碳体之间，其数值为 $\sigma_b = 750 \sim 900 MPa$，$180 \sim 280HBW$，$\delta = 20\% \sim 25\%$，$A_{KU} = 24 \sim 32J$。由于莱氏体中的奥氏体在 727℃ 发生共析转变，因此，727℃ 以下的莱氏体则是由珠光体和渗碳体组成的，称为低温莱氏体，用符号 Ld′ 表示。

应当指出，共析转变与共晶转变很相似，它们都是在恒温下，由一相转变成两相机械混合物，所不同的是共晶转变从液相发生转变，而共析转变则是从固相发生转变。共析转变的产物称为共析体，由于在固态下原子扩散比较困难，所以共析体比共晶体更细密。

PQ 线是碳在铁素体中的溶解度线。铁碳合金自 727℃ 冷至室温的过程中，要从铁素体中析出渗碳体，称为三次渗碳体，用符号 Fe_3C_{III} 表示。

现将 Fe – Fe_3C 相图中的相界线及其含义归纳于表 5-2。

表 5-2　Fe – Fe_3C 相图中的特性线

特 性 线	含　　义
AC	液相线，液态合金冷却到该线时开始结晶出奥氏体
DC	液相线，液态合金冷却到该线时开始结晶出一次渗碳体
AE	固相线，奥氏体结晶终了线
ECF	共晶线，液态合金冷却到该线时发生共晶转变
ES	碳在奥氏体中的溶解度线，常称 A_{cm} 线
GS	奥氏体转变为铁素体的开始线，常称 A_3 线
GP	奥氏体转变为铁素体的终了线
PSK	共析线，常称 A_1 线，奥氏体冷却到该线时发生共析转变
PQ	碳在铁素体中的溶解度线

3. 相图中各相区分析

Fe – Fe_3C 相图中各相区的相组分见表 5-3。

通过对铁碳相图的分析，结合所学相图的基本知识，能够很容易看出铁碳相图中各区域的组织组分，如图 5-7 所示。

表 5-3 Fe–Fe₃C 相图各相区的相组分

相区范围	相组分
ACD 线以上	L
AESGA	A
GPQG	F
AECA	L + A
DCFD	L + Fe₃C
GSPG	A + F
ESKFE	A + Fe₃C
PSK 线以下	F + Fe₃C
ECF 线	L + A + Fe₃C
PSK 线	A + F + Fe₃C

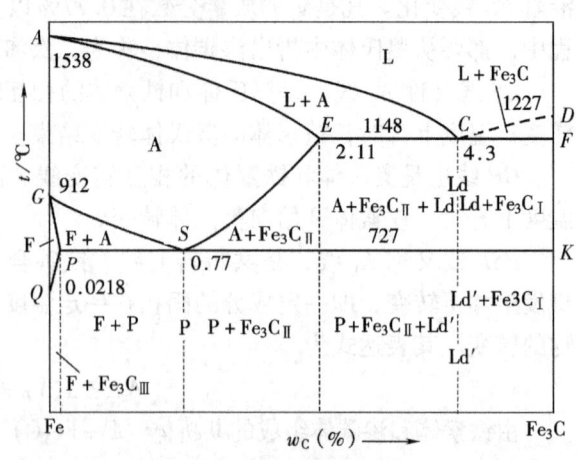

图 5-7 Fe–Fe₃C 相图各区域的组织组分

二、铁碳合金的分类

在 Fe–Fe₃C 相图中，按碳的质量分数和室温平衡组织的不同，铁碳合金可分为工业纯铁、钢和白口铸铁三类，见表 5-4。

表 5-4 铁碳合金的分类

合金类别	工业纯铁	钢			白口铸铁		
		亚共析钢	共析钢	过共析钢	亚共晶白口铸铁	共晶白口铸铁	过共晶白口铸铁
碳的质量分数（%）	≤0.0218	0.0218 ~ 0.77	0.77	0.77 ~ 2.11	2.11 ~ 4.3	4.3	4.3 ~ 6.69
室温组织	F	F + P	P	P + Fe₃C_II	P + Fe₃C_II + Ld'	Ld'	Ld' + Fe₃C_I

三、铁碳合金的组织随温度变化的规律

1. 工业纯铁

工业纯铁从液态缓慢冷却的过程中，经液相线 AC 和固相线 AE 转变为奥氏体；经 A_3 线奥氏体开始向铁素体转变，形成 A + F 组织，经 GP 线后转变为单相铁素体组织；经溶解度线 PQ 时析出 Fe₃C_III。因此，工业纯铁的室温平衡组织为 F + Fe₃C_III，如图 5-8 所示。

2. 钢

钢从液态缓慢冷却的过程中，经液相线 AC 和固相线 AE 转变为单相奥氏体。然后，共析钢经共析点 S 转变为珠光体组织，如图 5-9 所示。亚共析钢经 A_3 线析出先析铁素体，形成 F + A 组织，再经 A_1 线剩余奥氏体转变为珠光体，到室温，亚共析钢的平衡组织为 F + P，如图 5-10 所示。过共

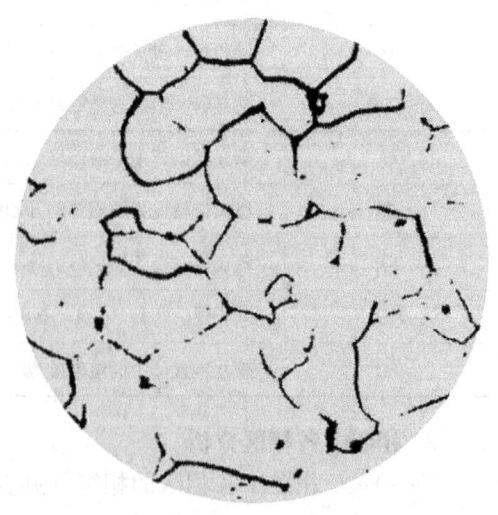

图 5-8 工业纯铁的显微组织

析钢经 A_{cm} 线析出先析渗碳体，形成 $Fe_3C_{II}+A$ 组织，再经 A_1 线剩余奥氏体转变为珠光体，到室温，过共析钢的平衡组织为 $Fe_3C_{II}+P$，如图 5-11 所示。

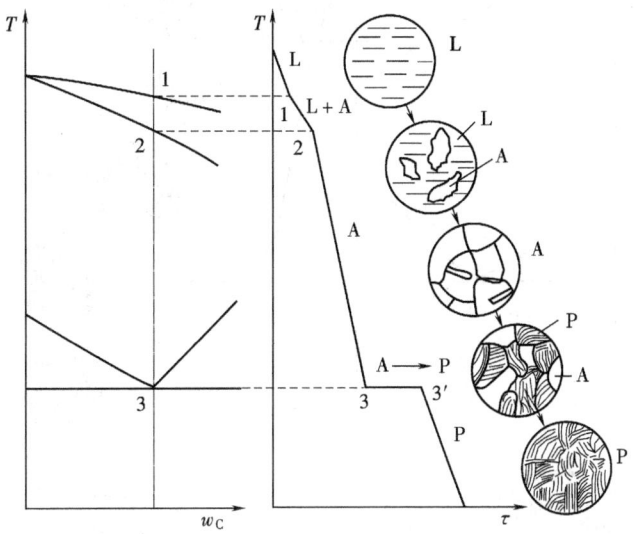

图 5-9 共析钢结晶过程示意图

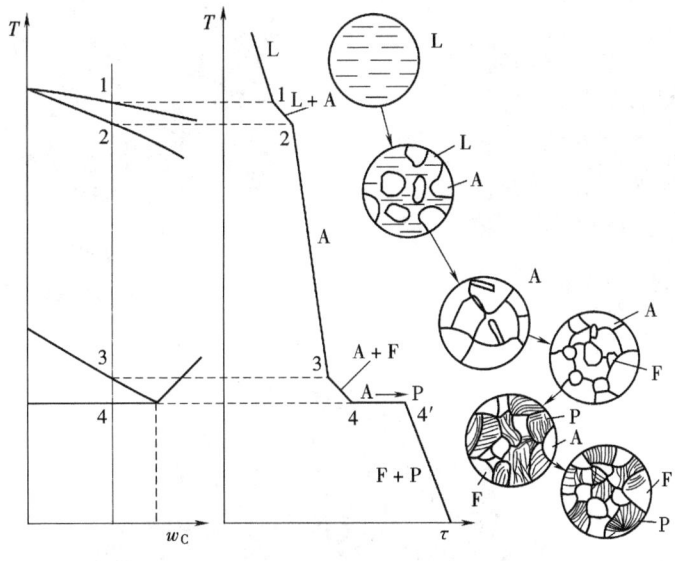

图 5-10 亚共析钢结晶过程示意图

共析钢的显微组织如图 5-12 所示，其特征是铁素体和渗碳体以层片状形态，相互混合交替排列。亚共析钢的显微组织如图 5-13 所示，其特征是铁素体晶粒和珠光体晶粒均匀分布。过共析钢的显微组织如图 5-14 所示，其特征是网状二次渗碳体分布在珠光体基体上。

3. 白口铸铁

共晶白口铸铁经共晶点 C 发生共晶转变，形成高温莱氏体组织，再经 A_1 线发生共析转变，得到低温莱氏体组织，如图 5-15 所示。亚共晶白口铸铁经液相线 AC 结晶出先晶奥氏

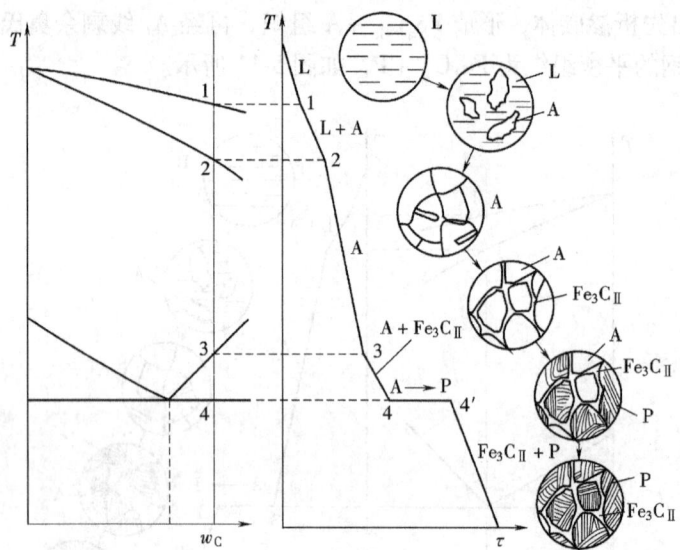

图 5-11 过共析钢结晶过程示意图

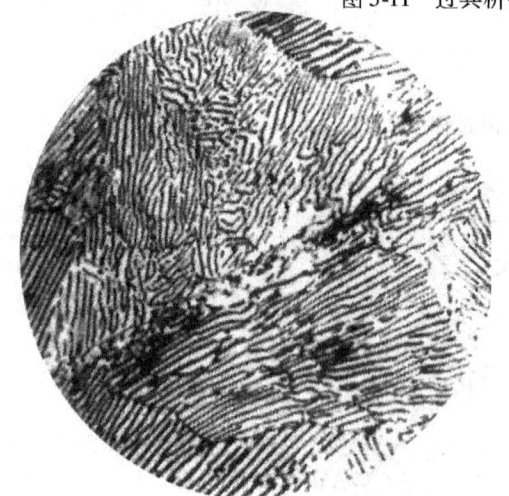

图 5-12 共析钢的显微组织

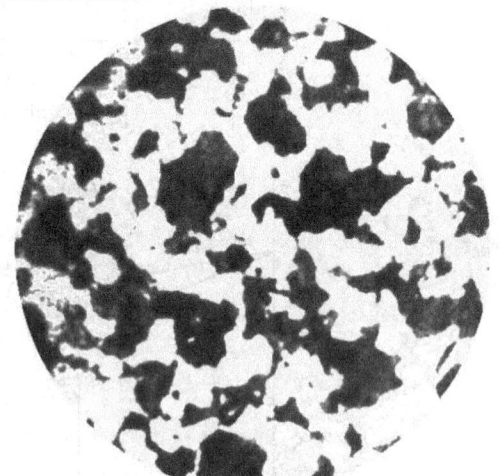

图 5-13 亚共析钢的显微组织

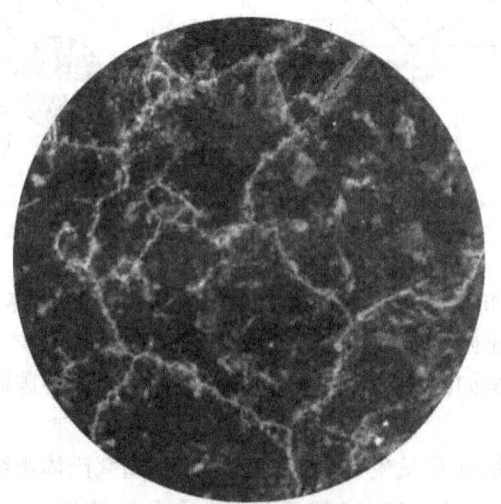

图 5-14 过共析钢的显微组织

体,经共晶线 ECF 剩余液相发生共晶转变,形成高温莱氏体,随温度降低,奥氏体中析出二次渗碳体,在 A_1 线以上亚共晶白口铸铁的组织为 $A + Fe_3C_{II} + Ld$,经 A_1 线奥氏体发生共析转变,到室温,亚共晶白口铸铁的平衡组织为 $P + Fe_3C_{II} + Ld'$,如图 5-16 所示。过共晶白口铸铁经液相线 DC 结晶出先晶渗碳体,经共晶线 ECF 剩余液相转变为高温莱氏体,形成 $Fe_3C_I + Ld$,经 A_1 线奥氏体发生共析转变,到室温,过共晶白口铸铁的平衡组织为 $Fe_3C_I + Ld'$,如图 5-17 所示。

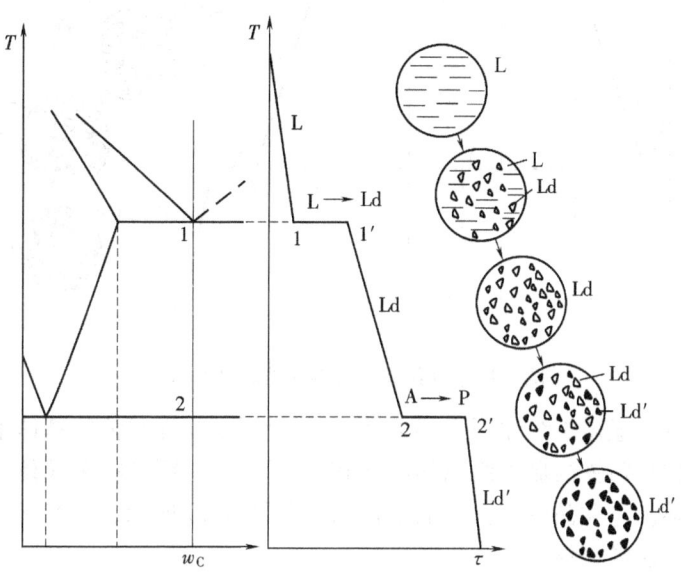

图 5-15 共晶白口铸铁结晶过程示意图

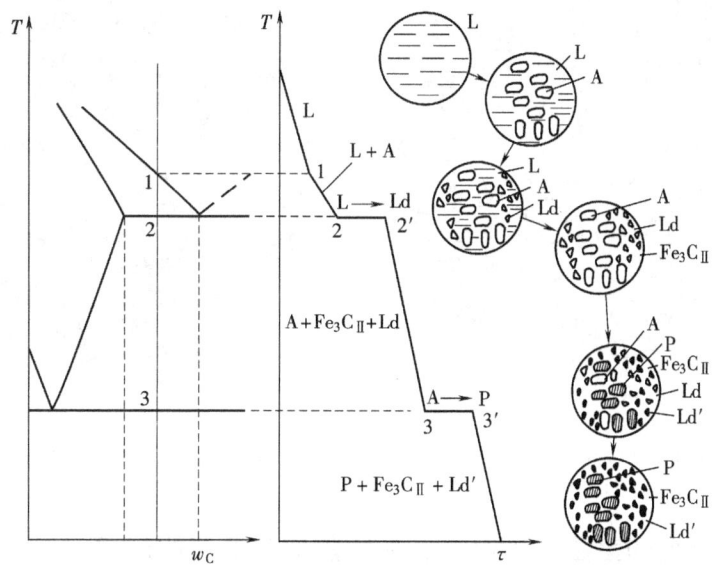

图 5-16 亚共晶白口铸铁结晶过程示意图

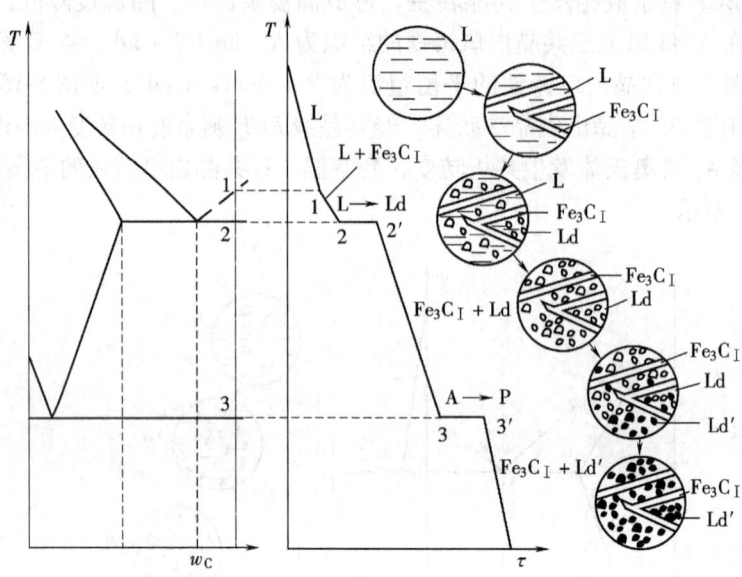

图 5-17 过共晶白口铸铁结晶过程示意图

共晶白口铸铁的显微组织如图 5-18 所示，其特征是在渗碳体的基体上分布着颗粒状的珠光体。亚共晶白口铸铁的显微组织如图 5-19 所示，其特征是在莱氏体基体上分布着树枝状或块状的珠光体。过共晶白口铸铁的显微组织如图 5-20 所示，其特征是在莱氏体基体上分布着板条状的一次渗碳体。

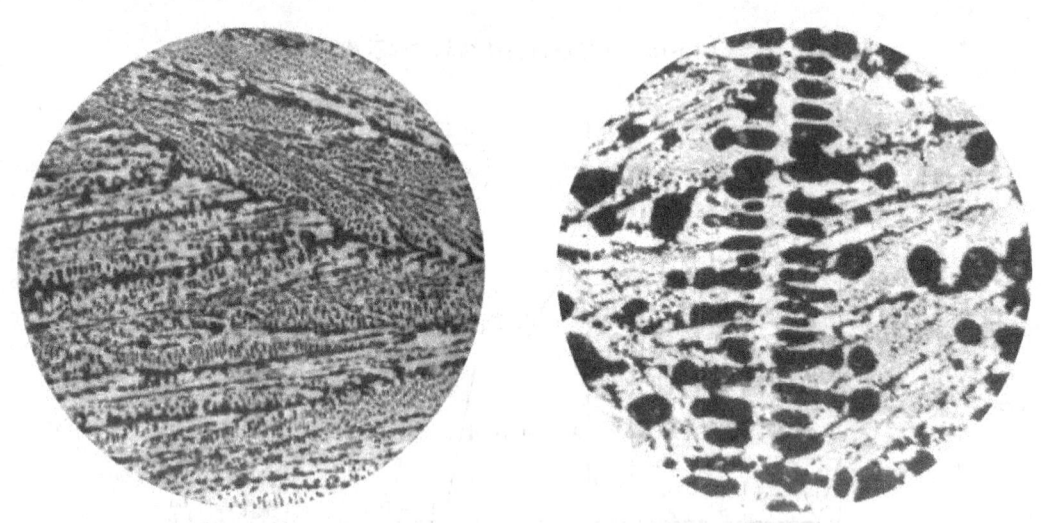

图 5-18 共晶白口铸铁的显微组织　　图 5-19 亚共晶白口铸铁的显微组织

四、铁碳合金的室温平衡组织、性能随成分变化的规律

随着碳的质量分数增加，铁碳合金的室温平衡组织中，渗碳体的数量增加，且渗碳体的形态、分布发生变化，因此，铁碳合金的力学性能也相应改变。铁碳合金的成分、组织组

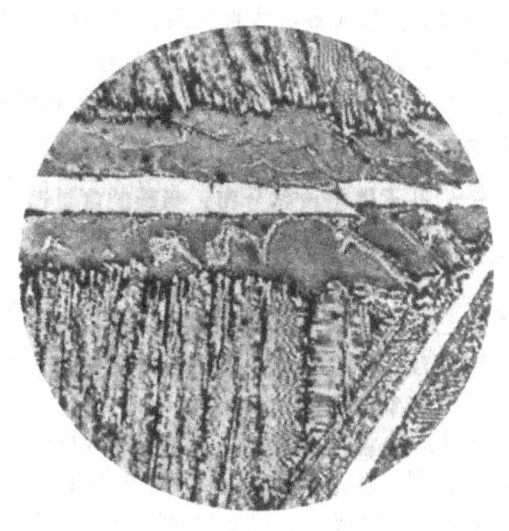

图 5-20 过共晶白口铸铁的显微组织

成、相组成及力学性能之间的变化规律如图 5-21 所示。

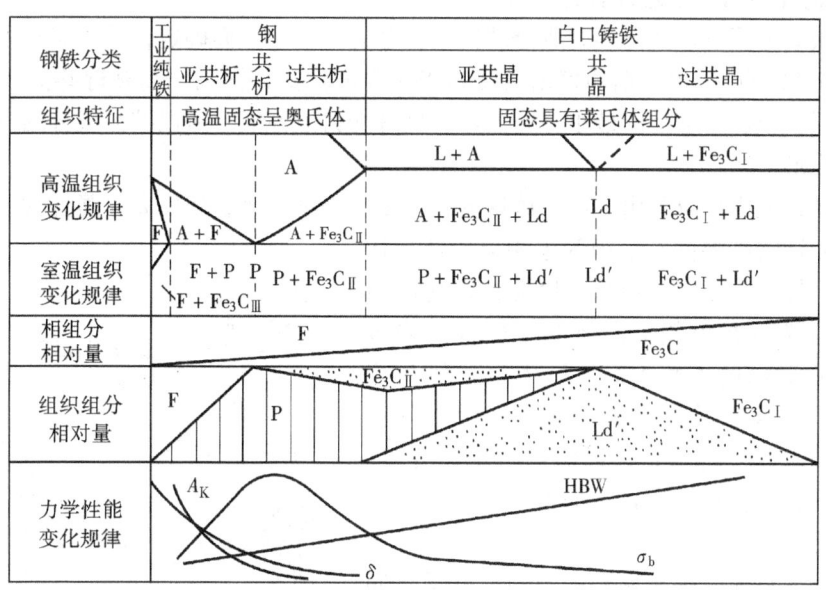

图 5-21 铁碳合金组织、性能与成分的对应关系

从图 5-21 中可以看出，钢的室温组织以珠光体为基体，白口铸铁的室温组织以低温莱氏体为基体。钢中碳的质量分数为 0.77% 时，室温下具有完全的珠光体组织，离共析成分越远，珠光体组织的相对量越少，而铁素体或二次渗碳体的相对量增多。白口铸铁中碳的质量分数为 4.3% 时，室温下具有完全的低温莱氏体组织，离共晶成分越远，低温莱氏体组织的相对量越少，而珠光体、二次渗碳体或一次渗碳体的相对量增多。

铁碳合金的室温平衡组织是由铁素体和渗碳体两相构成的，随着碳的质量分数的增加，渗碳体的量逐渐增多，而铁素体的量相应地逐渐减少。

铁碳合金的硬度与碳的质量分数大致成线性关系，受组织形态的影响不大。强度受组织形态的影响较大：当碳的质量分数小于 0.77% 时，强度随铁碳合金中碳的质量分数增加而提高；当碳的质量分数超过 0.9% 时，二次渗碳体沿奥氏体晶界析出并形成完整的网状形态，使强度迅速下降；碳的质量分数超过 2.11% 后，硬脆性很大的渗碳体成为铁碳合金的基体，强度很低。铁碳合金的塑性和韧性随铁碳合金中碳的质量分数增加而迅速下降。

五、铁碳相图的应用

铁碳相图从客观上反映了钢铁材料的组织随化学成分和温度变化的规律，因此，在工程上为选材及制订铸造、锻造、焊接、热处理等热加工工艺提供了重要的理论依据。

1. 在选材方面的应用

铁碳相图揭示了合金的性能与成分之间的关系，为合理选择材料提供了依据。如各种工程结构需要塑性和韧性好的材料，应选用低碳钢；各种机器零件需要综合力学性能好的材料，应选用中碳钢；各种工具需要高硬度、高耐磨性的材料，应选用高碳钢。白口铸铁硬度高，耐磨性好，但切削加工困难，适合生产耐磨、不受冲击、形状复杂的铸件，如冷轧辊、火车车轮、犁铧等。另外，白口铸铁还可用于生产可锻铸铁。

2. 在制订热加工工艺方面的应用

根据铁碳相图可以找出不同成分的铁碳合金的熔点，从而确定合适的熔化温度和浇注温度。由图 5-22 可以看出，钢的熔化温度和浇注温度均比铸铁高，而靠近共晶成分的铁碳合金熔点最低，凝固温度范围最小，因而具有良好的铸造性能。所以共晶成分附近的铁碳合金适宜铸造成形。

从铁碳相图中可以看出，白口铸铁的组织主要是莱氏体，硬度高，脆性大，不适合于压力加工，而钢的高温固态组织为单相奥氏体，强度低，塑性好，易于锻压成形。因此，钢材的锻造或轧制应选择在单相奥氏体的温度范围内进行。一般始锻温度不宜太高，以免钢材氧化严重，甚至发生奥氏体晶界部分熔化，使工件报废。终锻温度也不能过低，以免钢材塑性变差，导致工件开裂。各种碳钢合适的锻轧温度范围如图 5-22 所示。

焊接时，从焊缝到母材各区域的温度是不同的，根据铁碳相图可知，在不同的温度下会获得不同的组织，冷却后也就可能出现不同组织与性能，这就需要在焊接后采用适当的热处理方法加以改善。

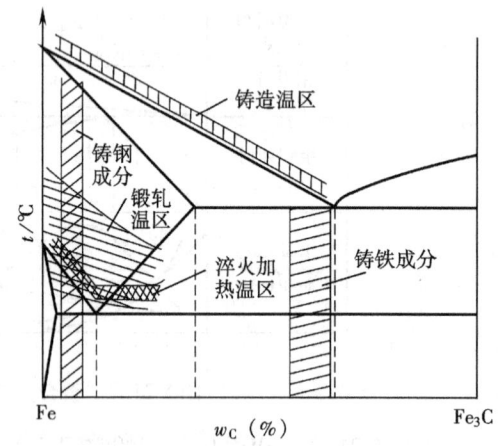

图 5-22 铁碳相图与热加工工艺规范的关系

各种热处理工艺与铁碳相图有非常密切的关系。退火、正火、淬火的加热温度选择都是以铁碳相图为理论依据的，这方面内容将在第六章"钢的热处理"中详细讨论。

必须指出，铁碳相图是在平衡（即无限缓慢地加热或冷却）条件下测定的，与实际生产条件下铁碳合金组织的变化规律有一定的差距。而且，生产上使用的铁碳合金，除铁、碳两个元素外，还有其他元素存在，这些元素将对铁碳相图产生影响。

第三节 铁碳合金平衡组织观察试验

一、试验目的

了解金相显微镜的使用方法及金相试样的制备过程；认识不同成分铁碳合金在平衡状态下的组织形态；加深理解铁碳合金化学成分、组织、性能之间的关系。

二、铁碳合金在平衡状态下的组织特征

在金相显微镜下观察到的金属内部情景称为显微组织（或金相组织）。用金相显微镜研究金属组织及缺陷的方法称为显微分析。平衡状态的显微组织是指金属在无限缓慢的冷却条件（生产上一般是指退火状态）下所获得的组织。

从铁碳相图上看，铁碳合金的平衡组织是由铁素体和渗碳体两个基本相组成的，由于碳的质量分数不同，铁素体和渗碳体的相对量及分布情况不同，因而呈现出不同的组织状态。用质量分数为4%的硝酸酒精溶液作侵蚀剂时，在金相显微镜下观察铁碳合金，有以下几种基本组织：

1. 铁素体

亚共析钢中的铁素体呈白亮色块状分布，当碳的质量分数接近共析成分时，铁素体往往呈白亮色断续网状分布于珠光体周围。

2. 渗碳体

一次渗碳体为白亮色板条状分布；二次渗碳体为白亮色网状分布。如果用苦味酸钠溶液作侵蚀剂，渗碳体则呈黑色。

3. 珠光体

它是铁素体和渗碳体的两相机械混合物组织。在退火状态下，铁素体和渗碳体以白亮色层片状形态相互混合交替排列，由于铁素体的相对量较多，层片较厚，已经连成一个整体。放大倍数较低时，渗碳体呈黑色条状分布于白亮色铁素体基体上。当珠光体与其他组织共存时，往往呈黑色块状分布。

4. 低温莱氏体

它是由珠光体、二次渗碳体和共晶渗碳体组成的共晶体。在金相显微镜下，许多黑色点状或条状的珠光体均匀地分布于白亮色渗碳体基体上。在亚共晶白口铸铁中，低温莱氏体被黑色块状或树枝状的珠光体所分割。在过共晶白口铸铁中，低温莱氏体被粗大的白亮色板条状渗碳体所分割。

三、实验仪器

XJB—4X型金相显微镜，如图5-23所示。

使用方法：金相显微镜是一种精密仪器，使用时要细心谨慎，严格按照金相显微镜的操作规程进行使用。其步骤如下：

1）按观察要求选择合适的物镜和目镜，转动粗调手轮将载物台升高，取下物镜底盖，将物镜装在物镜转换器上；取下目镜套盖，将目镜插入目镜筒中。

2）将金相试样的磨面对准物镜安放在载物台上。

3）按要求接通低压电源。

4）用双手缓慢转动粗调手轮，使金相试样与物镜逐渐靠近，同时在目镜上观察，视场由暗到亮，并逐渐观察到组织。然后再转动细调手轮，直至观察到最清晰的图像为止。注意，调节手轮的动作要缓慢，禁止物镜与试样发生碰撞。

5）根据实验要求，缓慢移动载物台，对试样各部位进行观察，并记录显微组织特征，画出显微组织示意图。

6）观察结束后，按要求将金相显微镜恢复到使用前的状态。

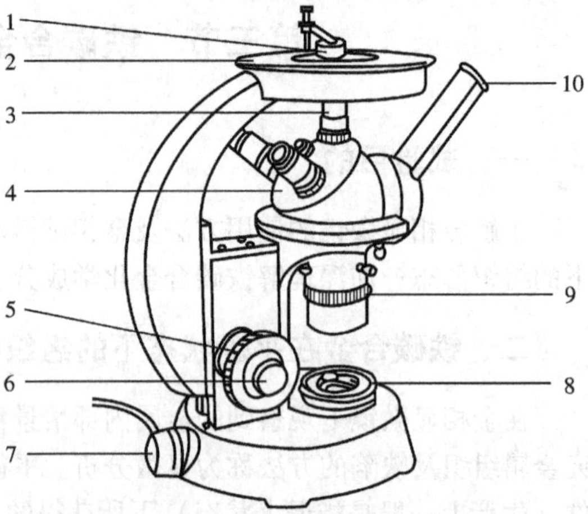

图 5-23 XJB—4X 型金相显微镜
1—试样 2—载物台 3—物镜 4—物镜转换器
5—粗调手轮 6—细调手轮 7—光源 8—孔径光栏
9—视场光栏 10—目镜

四、实验材料

典型铁碳合金的金相试样一套。

金相试样的制备方法：

1. 取样

根据被检验材料或零件的失效形式、加工工艺的特点及研究目的，在具有代表性的区域截取试样。如压力加工后的零件，应在加工的不同方向上分别取样；检查零件破坏的原因，应在接近破坏处取样等。

取样方法有锤击、锯削、砂轮切割等。取样时，要注意避免使金属温度升高，否则会使金属组织发生变化。

2. 镶嵌

通常采用直径为 15mm，高度为 15～20mm 的圆柱形或边长为 15mm 的方形试样。当试样尺寸较小时，需将试样镶嵌在低熔点金属或塑料（胶木粉、聚合树脂等）中，以便于试样磨削。

3. 磨光

为了得到一个水平光滑的磨面，需要对试样进行磨光处理。首先用锉刀或砂轮机将试样磨平，磨平时应随时用水冷却，以免温度升高引起试样组织变化。然后用金相砂纸进行磨光，手工磨光时，按一定方向磨削，用力要均匀、平稳，砂纸由粗到细依次磨削，不要来回磨，当更换细一号砂纸时，须将试样转动 90°后再磨，直至将上一道磨痕全部消除为止。为了加快磨削速度，还可以采用机械磨削。

4. 抛光

抛光实际上是磨光工序的延伸，所用磨料极细，目的是为了获得光亮无磨痕的镜面。试样抛光可分为机械抛光、电解抛光和化学抛光三种方法。试样抛光后用清水冲洗干净，准备侵蚀。

5. 侵蚀

为了显现金属的显微组织，必须用一定的侵蚀剂对试样的磨面进行腐蚀。由于金属内部不同组织或不同位向晶粒的耐腐蚀性不同，因此腐蚀后出现凹凸不平的情况，在金相显微镜下呈现出明暗不同的区域或线条，从而显示出不同组织的特征。试样侵蚀完成后，应立即用清水将残余侵蚀剂冲洗干净，再用无水乙醇进行脱水，然后用吹风机吹干。

制备完成的金相试样即可放在显微镜下观察。观察完毕，应将试样放在干燥器内保存。

五、实验报告

1）写出实验目的。

2）画出所观察的组织，并说明材料名称、状态、侵蚀剂、放大倍数。显微组织画在直径为30mm的圆内，并标明组织组分的名称。

3）根据观察结果，分析铁碳合金的组织、性能与碳的质量分数之间的关系。

思 考 题

1. 什么是铁素体、奥氏体、渗碳体、珠光体和莱氏体？
2. 什么是铁碳相图？图中各特性点及特性线的含义是什么？
3. 什么是共析转变？什么是共晶转变？二者有何异同之处？
4. 铁碳合金如何分类？
5. 钢与白口铸铁的主要区别是什么？
6. 分析比较一次渗碳体、二次渗碳体、三次渗碳体、共晶渗碳体和共析渗碳体的异同之处。
7. 试比较典型铁碳合金的结晶过程和室温平衡组织。
8. 铁碳相图有哪几个方面的应用？

练 习 题

1. 现有三种铁碳合金，一种合金的显微组织中珠光体量占80%，铁素体量占20%；第二种合金的显微组织中全部为珠光体；第三种合金的显微组织中珠光体量占95%，二次渗碳体量占5%。问这三种合金各属于哪一类合金？其碳的质量分数各是多少？

2. 已知铁素体的硬度为80HBW，渗碳体的硬度为800HBW。根据铁碳合金性能的变化规律，试计算碳的质量分数分别为0.45%和0.77%的铁碳合金的硬度。

3. 现有四种铁碳合金，已知它们碳的质量分数分别为0.45%、0.8%、1.2%、4.5%。根据所学知识，说明区分它们的方法有哪些？

4. 根据铁碳相图填写下表。

碳的质量分数（%）	温度/℃	显微组织	温度/℃	显微组织
0.45	800		900	
0.77	700		900	
1.20	600		800	

5. 叙述铁碳合金的平衡组织、性能随碳的质量分数变化的规律。

6. 为什么铸铁适于铸造成形，而钢适于压力加工成形？

第六章 钢的热处理

钢的热处理是指将钢在固态范围内采用适当的方式进行加热、保温和冷却,以改变其组织,从而获得所需性能的一种工艺方法。

热处理是机械零件及工具制造过程中的必要工序,在机械制造业中占有十分重要的地位。它可以充分发挥钢材的潜力,提高工件的性能和使用寿命,减轻工件重量,节约材料,降低成本。

根据热处理的目的、加热和冷却方式的不同,热处理的分类见图6-1。

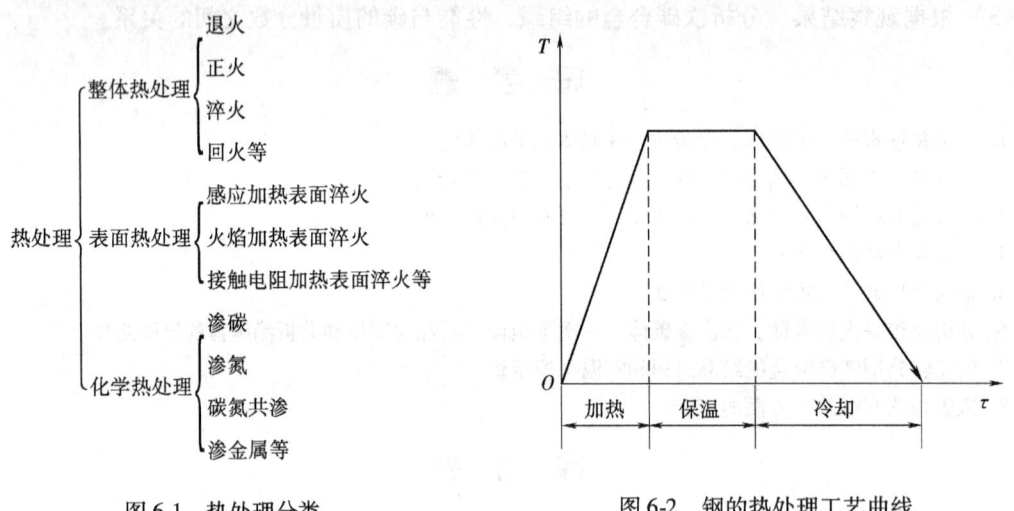

图6-1 热处理分类　　图6-2 钢的热处理工艺曲线

热处理方法很多,但任何一种热处理工艺都是由加热、保温和冷却三个阶段组成的,通常可在温度-时间坐标图中用图形表示,称为热处理工艺曲线,如图6-2所示。因此,要了解各种热处理方法对钢的性能的改变情况,必须先了解钢的组织在加热、保温和冷却过程中的变化规律。

第一节　钢在加热时的组织转变

在 $Fe-Fe_3C$ 相图中,PSK 线、GS 线、ES 线上的相变点分别用 A_1 点、A_3 点、A_{cm} 点表示,A_1、A_3、A_{cm} 都是平衡相变点。

实际上,钢在热处理时并不是在平衡相变点进行组织转变的。加热时的组织转变是在平衡相变点以上进行的,冷却时是在平衡相变点以下进行的,而且,加热或冷却时的速度越快,其组织转变时的温度与平衡相变点之间的差距越大。一般地,加热时的相变点用 Ac_1、Ac_3、Ac_{cm} 表示;冷却时的相变点用 Ar_1、Ar_3、Ar_{cm} 表示,如图6-3所示。

加热时获得奥氏体的组织转变称为奥氏体化。

一、奥氏体的形成

由图 6-3 可知,将钢加热到 Ac_1 温度时会发生珠光体向奥氏体的转变;亚共析钢加热到 Ac_3 温度时,先析铁素体将完成向奥氏体的转变;过共析钢加热到 Ac_{cm} 温度时,二次渗碳体将完成向奥氏体的溶解。

共析碳钢的奥氏体化过程如图 6-4 所示。共析碳钢的室温组织是珠光体,即铁素体和渗碳体的两相机械混合物。铁素体具有体心立方晶格,在 A_1 温度时碳的质量分数为 0.0218%;渗碳体具有复杂晶格,碳的质量分数为 6.69%。加热到 Ac_1 温度后,珠光体转变为奥氏体,具有面心立方晶格,碳的质量分数为 0.77%。可见,奥氏体化过程必须进行晶格的改组和铁、碳原子的扩散。

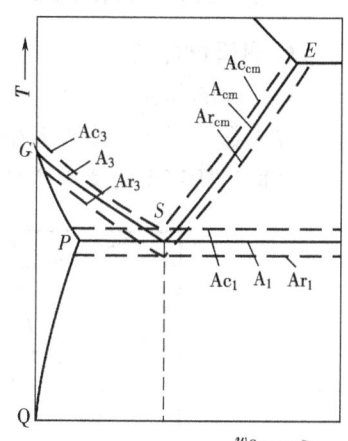

图 6-3 加热、冷却时钢的相变点

奥氏体化过程是通过奥氏体晶核的形成和长大来实现的。珠光体向奥氏体的转变可分为以下三个阶段:

1. 奥氏体晶核的形成与长大

奥氏体的晶核是在铁素体和渗碳体的相界面处形成的。这是因为相界面处原子排列混乱,空位和位错密度较高,处于高能量状态。另外,奥氏体中碳的质量分数介于铁素体与渗碳体之间,故在两相交界处形成奥氏体晶核的条件最合适,如图 6-4a 所示。

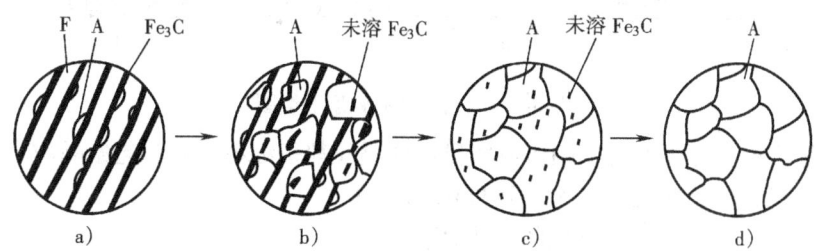

图 6-4 共析碳钢奥氏体化过程示意图
a) 界面形核 b) 晶核长大 c) 残余渗碳体溶解 d) 奥氏体均匀化

奥氏体晶核形成以后逐渐长大,如图 6-4b 所示。由于它的两侧分别与铁素体和渗碳体相邻,所以奥氏体晶核的长大是奥氏体的相界面同时向铁素体和渗碳体中推移的过程。这一过程是依靠铁、碳原子的扩散,使铁素体的体心立方晶格不断改组为面心立方晶格,渗碳体向新形成的奥氏体中不断溶解来完成的。

2. 残余渗碳体的溶解

由于渗碳体的晶体结构及碳的质量分数与奥氏体相差很大,所以渗碳体向奥氏体中的溶解必然落后于铁素体向奥氏体的转变,即在铁素体全部消失后,仍有部分渗碳体尚未溶解,称为残余渗碳体,如图 6-4c 所示。这部分残余渗碳体将随温度的升高或保温时间的增长继续向奥氏体中溶解,直至全部消失为止。

3. 奥氏体均匀化

当残余渗碳体完全溶解后,奥氏体中碳原子的分布仍然是不均匀的,原渗碳体区域碳的质量分数高，原铁素体区域碳的质量分数低。只有继续升高温度或延长保温时间，通过碳原子的扩散，才能使奥氏体的成分趋于均匀化，如图 6-4d 所示。

二、奥氏体晶粒大小及影响因素

1. 奥氏体晶粒度

奥氏体的晶粒大小将直接影响钢在热处理以后的组织和性能，也是评定热处理加热质量的重要参数。奥氏体晶粒大小用晶粒度指标来衡量，晶粒度是指将钢加热到一定温度，保温一定时间后所获得的奥氏体晶粒大小。国家标准将晶粒度级别分为 8 级，如图 6-5 所示。

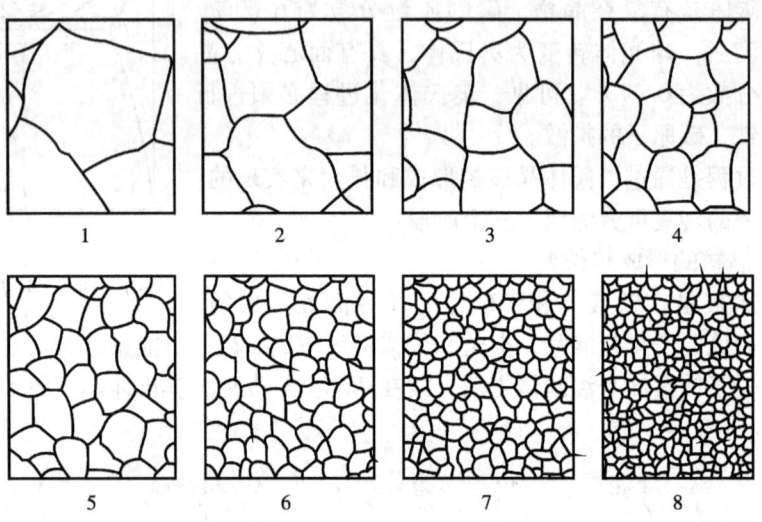

图 6-5 钢的标准晶粒度等级图

钢在加热到相变点以上时，刚形成的奥氏体晶粒都很细小，称为起始晶粒。如果继续升温或保温，将引起奥氏体晶粒长大。不同的钢在规定的加热条件下，奥氏体晶粒的长大倾向不同，如图 6-6 所示。从奥氏体晶粒长大的连续性来看有两种情况：一种是随加热温度升高晶粒容易长大，这种钢称为本质粗晶粒钢；另一种是随加热温度升高晶粒长大很缓慢，可一直保持细小晶粒，只有加热到更高温度时，晶粒才迅速长大，这种钢称为本质细晶粒钢。

在热处理生产中，实际获得的奥氏体晶粒越细小，冷却后钢的力学性能就越高。

2. 影响奥氏体晶粒大小的因素

（1）加热温度和保温时间 加热温度越高，保温时间越长，奥氏体晶粒越粗大。奥氏体晶粒的长大是一个自发过程，因为晶粒越粗大，晶界数量越少，能量降低，组织越稳定。

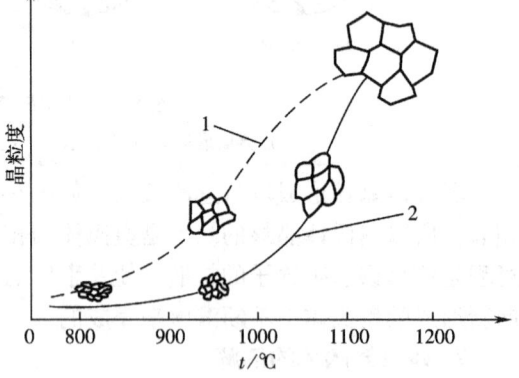

图 6-6 奥氏体晶粒长大倾向示意图
1—本质粗晶粒钢 2—本质细晶粒钢

（2）加热速度　在连续升温加热时，奥氏体化过程是在一个温度区间内完成的。加热速度越快，转变的温度区间越高，原子的活动能力越强，形核率越大，有利于获得细小奥氏体晶粒。

（3）钢的组织和成分　钢的原始组织越细小，相界面的数量越多，奥氏体形核率增加，有利于细化奥氏体晶粒。

随奥氏体中碳的质量分数增加，奥氏体晶粒的长大倾向也增加。但当奥氏体晶界上存在残余渗碳体时，有阻止奥氏体晶粒长大的作用。另外，如果钢中含有碳化物形成元素，如钨、钼、钒、钛等时，也有阻止奥氏体晶粒长大的作用。

第二节　钢在冷却时的组织转变

冷却过程是钢热处理的关键，它对控制钢在冷却后的组织和性能有决定性意义。实践表明，同一种钢在相同的加热条件下获得奥氏体组织，但以不同的冷却条件冷却后，钢的力学性能有明显的差异，见表6-1。

表6-1　45钢加热到840℃，以不同方法冷却后的力学性能

冷却方法	抗拉强度/MPa	屈服点/MPa	伸长率（%）	断面收缩率（%）	硬　　度
炉内冷却	530	280	32.5	49.3	160~200HBW
空气中冷却	670~720	340	15~18	45~50	170~240HBW
油中冷却	900	620	18~20	48	40~50HRC
水中冷却	1100	720	7~8	12~14	52~60HRC

一、过冷奥氏体及其转变方式

奥氏体在 Ar_1 温度以下处于不稳定状态，必然要发生相变。但过冷到 Ar_1 温度以下的奥氏体并不是立即发生转变，而是要经过一段孕育期后才开始转变。这种在孕育期暂时存在的、处于不稳定状态的奥氏体称为过冷奥氏体。

在实际生产中，转变方式不同，过冷奥氏体转变后的组织和性能也不同，常用过冷奥氏体的转变方式有两种：

1. 等温转变

钢经奥氏体化后，快速冷却到相变点以下某一温度区间内等温保持时，过冷奥氏体所发生的相变称为等温转变。等温转变的冷却曲线如图6-7所示。

2. 连续冷却转变

钢经奥氏体化后，以不同冷却速度连续冷却时，过冷奥氏体所发生的相变称为连续冷却转变。连续冷却转变的冷却曲线如图6-7所示。

$Fe-Fe_3C$ 相图是在极缓慢冷却条件下测定的，它没有考虑冷却条件对相变的影响。在热处理生产中，通常根据上述两种转变方式分别测出过冷奥氏体等温转变图和过冷奥氏体连续冷却转变图，这两种图形能

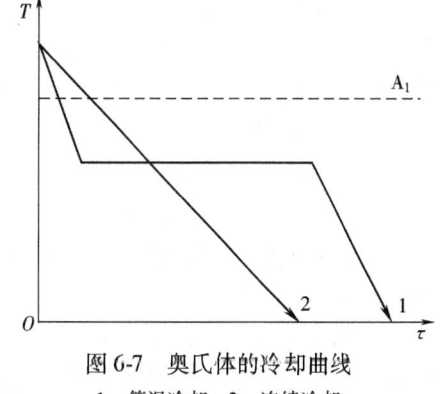

图6-7　奥氏体的冷却曲线
1—等温冷却　2—连续冷却

准确地说明奥氏体的冷却条件与相变之间的关系，是钢热处理的重要基础。

二、共析碳钢过冷奥氏体的等温转变

1. 等温转变图

过冷奥氏体在不同过冷度下的等温过程中，转变温度、转变时间及转变产物量（转变开始及终了）的关系曲线，称为等温转变图，如图6-8所示。由于曲线的形状很像字母C，故又称为C曲线。过冷奥氏体在等温转变过程中，必然要发生组织和性能的变化，因此，可根据钢的组织与性能的变化，通过试验的方法来测定过冷奥氏体的等温转变图。建立共析碳钢过冷奥氏体等温转变图的方法是：

1）取若干组共析碳钢的试样。
2）取一组试样加热奥氏体化。
3）将该组试样冷却到 A_1 点以下某一预定温度进行等温。

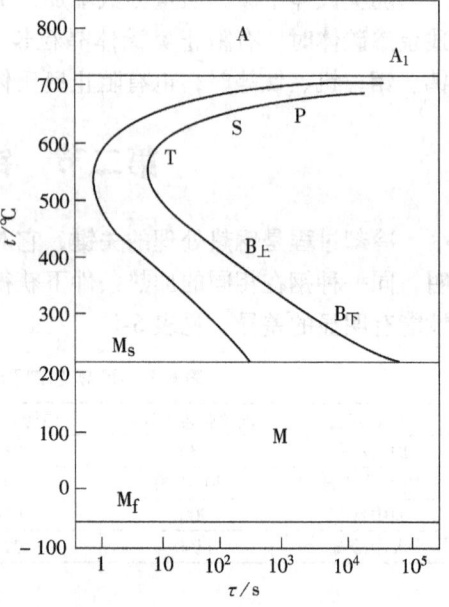

4）每隔一定时间取出一个试样迅速淬入水中，使等温过程中尚未转变的奥氏体在水冷时转变为马氏体。
5）观察各试样的显微组织，找出过冷奥氏体转变的开始时间和终了时间。
6）将其他各组试样加热奥氏体化，分别在 A_1 点以下不同温度进行等温，用同样方法测出过冷奥氏体在各个温度下转变的开始时间和终了时间。

图6-8 共析碳钢等温转变图

7）将所得数据标在温度-时间坐标上，并分别连接所有转变开始点和转变终了点。
8）利用膨胀法测出马氏体转变的开始温度和终了温度。

不同钢种的等温转变图略有差异，图6-8为共析碳钢的等温转变图。图中左边一条曲线称为过冷奥氏体等温转变开始线，右边一条曲线称为过冷奥氏体等温转变终了线。A_1 线以上是稳定奥氏体区；M_s 线以下是马氏体转变区；转变开始线左侧为过冷奥氏体区；转变终了线右侧为过冷奥氏体等温转变产物区；转变开始线与终了线之间为过冷奥氏体及其等温转变产物共存区。

过冷奥氏体等温转变时都要经过一段孕育期，转变开始线到温度坐标轴的距离代表了孕育期的长短，孕育期的长短随过冷度而变化。在等温转变图上孕育期最短的地方，说明过冷奥氏体最不稳定，容易发生转变，其转变速度也最快，这里被称为等温转变图的鼻尖。而在靠近 A_1 和 M_s 线处孕育期较长，过冷奥氏体比较稳定，其转变速度也较慢。

等温转变图中的曲线之所以呈C字形，是因为过冷奥氏体的等温转变过程既是晶核的形成和长大过程，又是晶格改组和原子扩散过程。随过冷度增加，形核率和晶核长大速度增大，使相变速度加快；但原子的扩散速度减弱，使相变速度降低。因此，过冷奥氏体的等温转变速度随过冷度而呈C字形变化。

由图6-8可知，共析碳钢的过冷奥氏体在不同的温度区间将发生不同的相变。在等温转变图鼻尖以上区域发生珠光体型转变；在 M_s 温度以下区域发生马氏体型转变；中间区域发生贝氏体型转变。

亚共析碳钢在过冷奥氏体向珠光体转变之前,有先析铁素体析出,所以在等温转变图中多出一条先析铁素体析出线,如图 6-9 所示。过共析碳钢在过冷奥氏体向珠光体转变之前,有二次渗碳体析出,所以在等温转变图中多出一条二次渗碳体析出线,如图 6-10 所示。在正常的热处理加热条件下,亚共析碳钢的等温转变图随碳的质量分数增加向右移动;过共析碳钢的等温转变图随碳的质量分数增加向左移动。故在碳钢中以共析碳钢的等温转变图离温度坐标的距离最远,其过冷奥氏体最稳定。

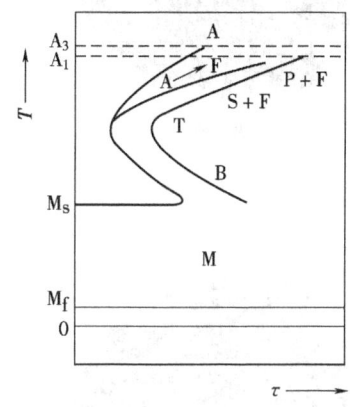
图 6-9 亚共析碳钢等温转变图

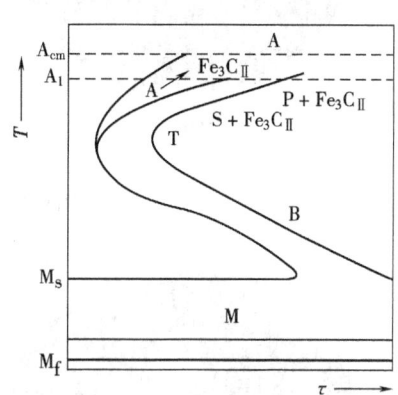
图 6-10 过共析碳钢等温转变图

由图 6-9 和图 6-10 可以看出,随着过冷度增加,亚共析碳钢和过共析碳钢中先析相的量逐渐减少,珠光体型组织的量相对增多,钢的力学性能随之改变。当过冷度达到一定值后,这种先析相就不再析出了,而由过冷奥氏体直接转变成珠光体型组织,此时的共析体已不再是共析成分了,因而称为伪共析体或伪共析组织。

2. 过冷奥氏体等温转变产物的组织与性能

珠光体型转变也称高温转变,其过程既要进行晶格的改组又要进行铁、碳原子的扩散,是一个固态下形核和长大的过程。珠光体型转变的产物为层片状珠光体型组织,其层间距随过冷度增大而减小。按层间距的大小,珠光体型组织一般分为珠光体,用符号 P 表示,其层间距在 $0.3\mu m$ 以上,层片状形态在普通光学显微镜下就能分辨清楚,如图 6-11 所示;索氏体,用符号 S 表示,其层间距在 $0.1 \sim 0.3\mu m$ 范围内,层片状形态只有在高倍光学显微镜下才能分辨清楚,如图 6-12 所示;托氏体,用符号 T 表示,其层间距在 $0.1\mu m$ 以下,层片状形态只有在电子显微镜下才能分辨清楚,如图 6-13 所示。层片状珠光体型组织的力学性能主要取决于层间距,层间距越小,其力学性能越好。

贝氏体型转变是中温转变,其转变产物为贝氏体,用符号 B 表示。贝氏体是由溶碳量过饱和的铁素体与渗碳体(或碳化物)组成的两相混合物。因此,贝氏体型转变也要进行晶格的改组和碳原子的扩散,也是一个固态下形核和长大的过程。按转变温度区间和组织形态不同,贝氏体一般分为上贝氏体和下贝氏体两种,分别用符号 $B_上$ 和 $B_下$ 表示。上贝氏体在光学显微镜下呈羽毛状,成排的溶碳量过饱和的铁素体片由晶界伸向晶粒内部,其间断续分布着细小片状渗碳体,如图 6-14 所示;下贝氏体在光学显微镜下呈黑色针状,黑色针叶为溶碳量过饱和的铁素体,其内部有碳化物小片析出,如图 6-15 所示。上贝氏体的力学性

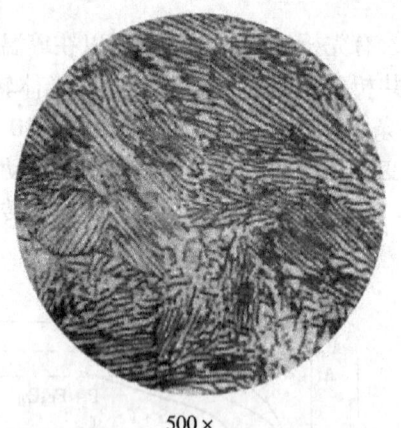 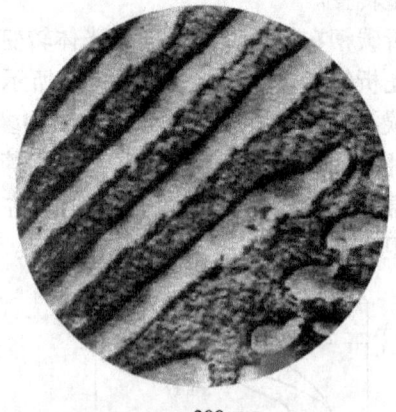

500×   300×

图 6-11   珠光体显微组织

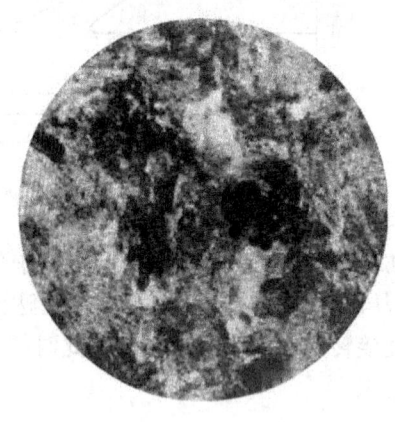 

1000×   15000×

图 6-12   索氏体显微组织

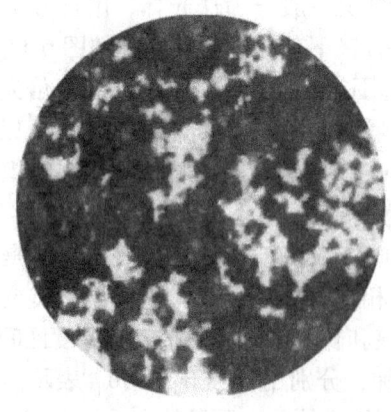 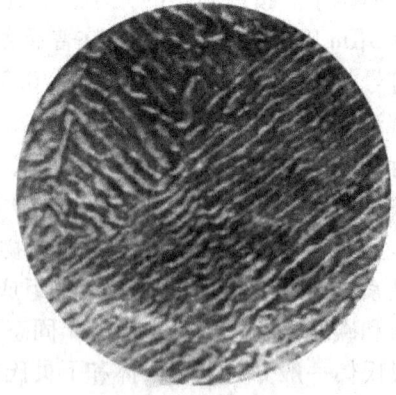

200×   15000×

图 6-13   托氏体显微组织

能较差，生产上很少使用，而下贝氏体则具有较高的综合力学性能。在生产中可采用等温淬火的方法来获得下贝氏体组织。

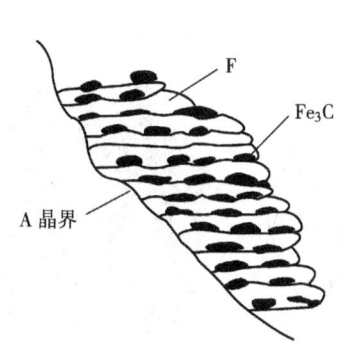

图 6-14 上贝氏体显微组织示意图

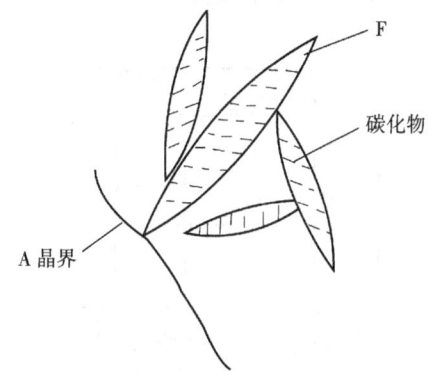

图 6-15 下贝氏体显微组织示意图

共析碳钢过冷奥氏体等温转变产物的组织与性能见表 6-2。

表 6-2 共析碳钢过冷奥氏体等温转变产物的组织与性能

转变温度范围	转变产物	符号	组织形态	硬　度
$A_1 \sim 650℃$	珠光体	P	粗片状	160~250HBW
650~600℃	索氏体	S	细片状	25~30HRC
600~550℃	托氏体	T	极细片状	35~40HRC
550~350℃	上贝氏体	$B_上$	羽毛状	40~48HRC
350℃~M_s	下贝氏体	$B_下$	黑色针片状	45~50HRC
$M_s \sim M_f$	马氏体	M	板条状	约40HRC
			片状	55~60HRC

3. 等温转变图的应用

由于连续冷却转变图测定较困难，所以生产中常用等温转变图来分析连续冷却转变的结果。即按连续冷却曲线与等温转变图相交的位置，来估计连续冷却转变后所得到的组织。图 6-16 说明了生产中几种不同冷却速度下，过冷奥氏体连续冷却转变的产物与性能。其中冷却速度 v_K 与等温转变图的鼻尖相切，称为马氏体临界冷却速度，是保证过冷奥氏体在连续冷却过程中不发生分解而全部转变为马氏体的最小冷却速度。

三、马氏体转变

当奥氏体过冷到 M_s 点以下时即发生马氏体转变，其转变产物为马氏体，用符号 M 表示。马氏体转变是在极快的连续冷却过程中进行的，马氏体中碳的质量分数与原奥氏体中碳的质量分数是相同的，即马氏体是碳在 α-Fe 中的过饱和固溶体。

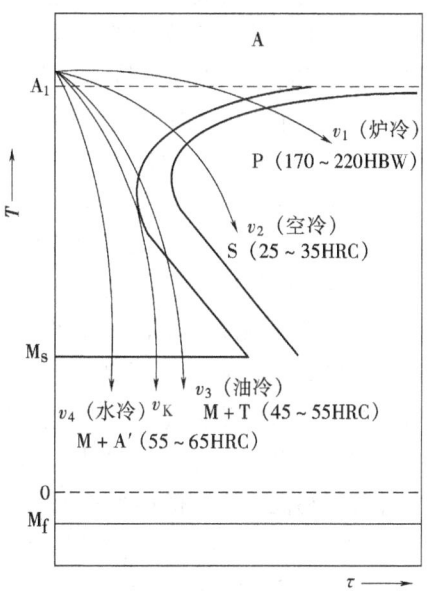

图 6-16 等温转变图在连续冷却中的应用

由于马氏体中过饱和碳原子强制地分布在晶胞某一晶轴的空隙处（见图6-17），将α-Fe的体心立方晶格歪扭成体心正方晶格，使晶格常数 c 大于 a。c/a 称为马氏体的正方度。马氏体中碳的质量分数越高，其正方度越大，由奥氏体转变为马氏体时体积变化越大。

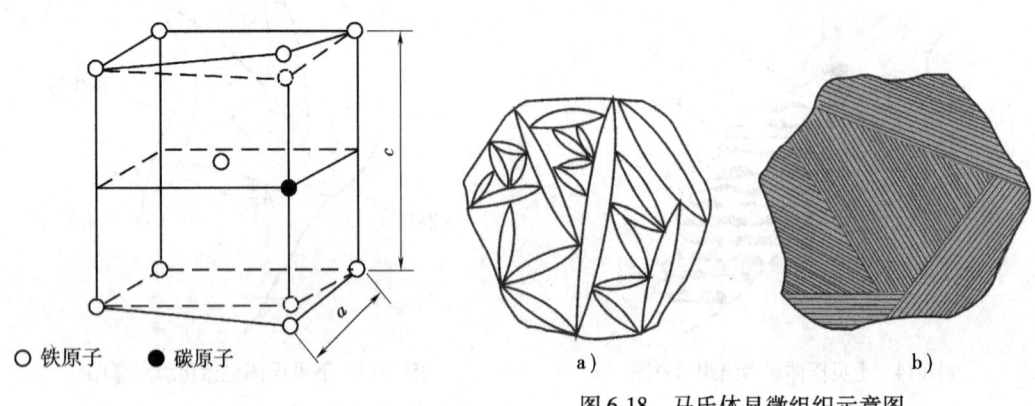

图6-17 马氏体晶体结构示意图

图6-18 马氏体显微组织示意图
a) 片状马氏体 b) 板条状马氏体

马氏体的显微组织特征如图6-18所示。当奥氏体中碳的质量分数大于1.0%时，所形成的马氏体呈片状；当奥氏体中碳的质量分数小于0.2%时，所形成的马氏体呈板条状；当奥氏体中碳的质量分数在0.2%~1.0%之间时，则形成片状马氏体和板条状马氏体的混合组织。

马氏体的强度和硬度主要取决于马氏体中碳的质量分数，如图6-19所示。随马氏体中碳的质量分数增加，其强度与硬度也随之增加。当碳的质量分数超过0.6%时，这种增加的趋势就变得平缓了。造成强度与硬度提高的主要原因是固溶强化。而马氏体的塑性和韧性也与其碳的质量分数有关，一般片状马氏体的塑性和韧性较差，板条状马氏体的塑性和韧性较好。

马氏体转变具有如下特点：

（1）马氏体转变是无扩散型相变 马氏体转变是在过冷度极大的条件下进行的，由于转变温度较低，所以奥氏体中的铁、碳原子都不能进行扩散，只能进行晶格的改组，形成碳在α-Fe中的过饱和固溶体。

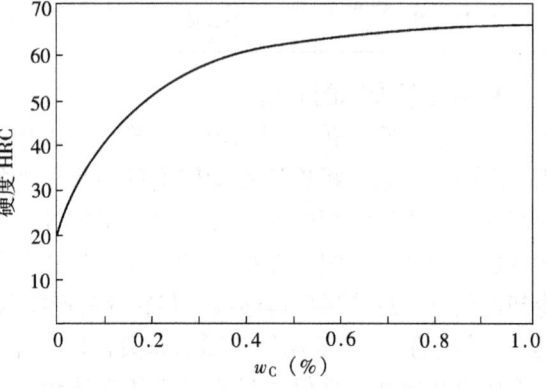

图6-19 碳的质量分数对马氏体硬度的影响

（2）马氏体转变速度极快 马氏体形成时一般不需要孕育期，通常看不到马氏体的长大过程，马氏体数量的增加是依靠不断形成新的马氏体来完成的。

（3）马氏体转变有一定的温度范围 马氏体是在 M_s ~ M_f 点之间形成的，只有在 M_s ~ M_f 点之间连续冷却时，才能使马氏体的数量不断增多。M_s 和 M_f 点主要取决于奥氏体的化学成分，与冷却速度无关。

（4）马氏体转变具有不完全性 由于形成马氏体时伴随着体积膨胀，对未转变的过冷奥氏体产生多向压应力，造成少量奥氏体不能转变而被保留下来，称为残留奥氏体，用符号 A′表示。残留奥氏体的存在会降低淬火钢的硬度和耐磨性，降低工件的尺寸稳定性，生产上常采用冷处理的方法予以减少。

第三节 退火与正火

在机械零件或工具、模具等工件的制造过程中，一般要经过各种冷、热加工，而且在各工序之间往往要穿插各种热处理工序。在实际生产中常把热处理分为预备热处理和最终热处理两类。为了消除前道工序造成的某些缺陷，或为随后的切削加工及最终热处理作准备的热处理称为预备热处理；为了使工件满足使用条件下的性能要求而进行的热处理称为最终热处理。退火与正火工艺常用作预备热处理。

一、退火

退火是指将钢加热到适当温度，保持一定时间，然后缓慢冷却的热处理工艺。其目的是消除残留应力，稳定工件尺寸并防止其变形与开裂；降低硬度，提高塑性，改善切削加工性能；细化晶粒，改善组织，为最终热处理作准备。根据钢的化学成分和退火目的不同，退火方法可分为完全退火、球化退火、等温退火、均匀化退火、去应力退火等。

1. 完全退火

完全退火是指将钢完全奥氏体化，随后缓慢冷却，获得接近平衡状态组织的退火工艺。完全退火主要用于亚共析成分的铸件、锻件、热轧型材及焊接件等。目的是细化晶粒，消除残留应力与组织缺陷，降低硬度，提高塑性，为切削加工和最终热处理作准备。

完全退火的加热温度为 Ac_3 点以上 $30\sim 50℃$。保持时间与钢的化学成分、原始组织及加热条件等因素有关，可通过试验确定。冷却速度为 $30\sim 120℃/h$，一般随炉冷却即可。

2. 球化退火

为使钢中碳化物球化而进行的退火工艺称为球化退火。球化退火主要用于共析或过共析成分的工件。目的是球化渗碳体，降低硬度，改善切削加工性能并为淬火作准备。

球化退火的加热温度为 Ac_1 点以上 $20\sim 30℃$，保持一定时间，随炉缓慢冷却。球化退火后的组织为铁素体基体上均匀分布球状（粒状）渗碳体，即球状珠光体，如图 6-20 所示。

3. 等温退火

等温退火是指将钢加热到 Ac_3 点以上 $30\sim 50℃$（亚共析钢）或 Ac_1 点以上 $20\sim 30℃$（共析钢和过共析钢），保持一定时间后以较快速度冷却到珠光体温度区间内的某一温度，经等温保持使

图 6-20 球状珠光体显微组织

奥氏体转变为珠光体型组织，然后出炉空冷的退火工艺，如图 6-21 所示。其目的与完全退火或球化退火相同。但等温退火后组织粗细均匀，性能一致，生产周期短，生产率高。主要

用于高碳钢、高合金钢及合金工具钢等。

4. 均匀化退火

均匀化退火是指将合金钢的铸锭或铸件加热到 Ac_3 点以上 150～200℃，保持 10～15h 后随炉冷却的退火工艺。其目的是消除铸造结晶过程中产生的枝晶偏析，使成分和组织均匀化。由于加热温度高、保持时间长，奥氏体晶粒严重粗化，因此，均匀化退火后还需进行一次完全退火或正火。

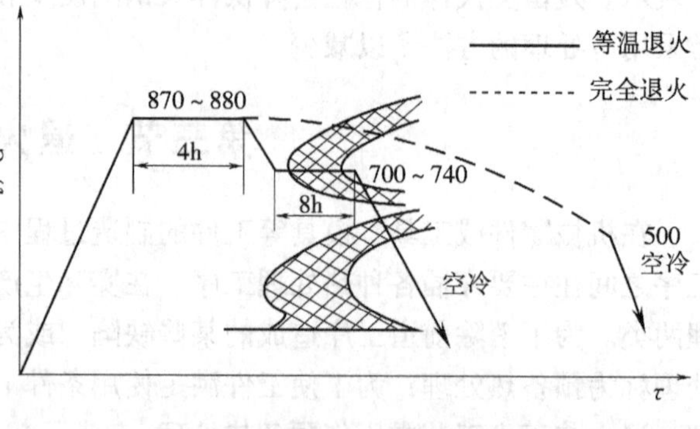

图 6-21 高速钢等温退火与普通退火比较

5. 去应力退火

去应力退火是指为去除由于塑性变形加工、焊接等造成的以及铸件内存在的残留应力而进行的退火工艺。其目的是去除残留应力，稳定工件尺寸并防止其变形与开裂。主要用于消除铸件、锻件、焊接件、冲压件及机械加工件中的残留应力。

去应力退火的加热温度为 Ac_1 点以下 100～200℃，保持一定时间后，随炉缓慢冷却到 200℃以下出炉空冷。工件在去应力退火过程中没有相变发生，残留应力是在保温的过程中去除的。

二、正火

将钢加热到 Ac_3 或 Ac_{cm} 点以上 30～50℃，保持一定时间后在静止的空气中冷却的热处理工艺，称为正火。

正火与退火的主要区别在于正火的冷却速度较快，过冷度较大，所以正火后所获得的组织比较细小，组织中珠光体的数量较多，因而强度、硬度及韧性比退火后的高，见表 6-3。

表 6-3 45 钢退火、正火状态的力学性能比较

状　态	抗拉强度/MPa	伸长率 δ_5(%)	冲击韧度/(J·cm^{-2})	硬　　度
退火	650～700	15～20	40～60	180HBW
正火	700～800	15～20	50～80	160～220HBW

正火与退火相比，操作简单，生产周期短，能量耗费少，正火后钢的力学性能高，故在可能的条件下，应优先考虑正火处理。正火主要用于以下几个方面：

1. 改善低碳钢的切削加工性能

低碳钢退火后组织中铁素体数量较多，硬度偏低，切削加工时有"粘刀"现象，加工后工件表面粗糙度数值较大。正火能提高低碳钢的硬度，改善切削加工性能。

2. 消除网状二次渗碳体

正火加热时可以使网状二次渗碳体充分溶入奥氏体中，在空气中冷却时，由于过冷度较大，二次渗碳体来不及析出，因而消除了网状二次渗碳体，为球化退火作好了组织准备。

3. 作为重要零件的预备热处理

正火可以消除由于热加工造成的组织缺陷，细化晶粒，改善切削加工性能，减小工件在

淬火时的变形与开裂倾向，所以正火常作为重要工件的预备热处理。

4. 作为普通结构零件的最终热处理

正火组织的力学性能较高，能满足普通结构零件的使用性能要求。另外，对于大型或复杂零件，淬火时有开裂的危险，也可用正火来代替淬火、回火处理，而作为这类零件的最终热处理。

各种退火与正火工艺的加热温度范围及工艺曲线如图6-22所示。

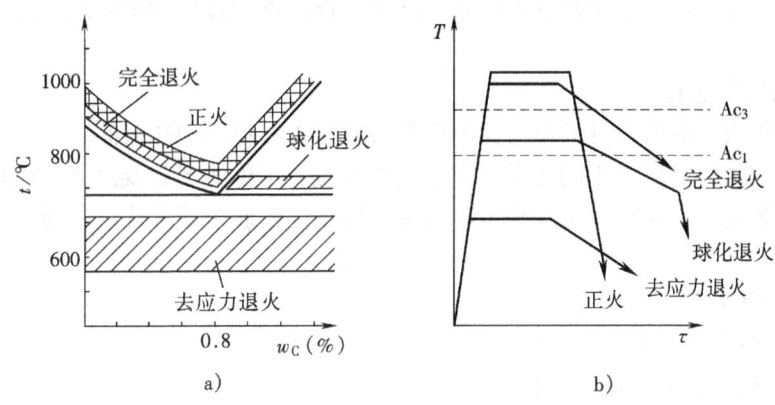

图6-22 各种退火与正火工艺示意图
a）加热温度范围 b）热处理工艺曲线

第四节 淬 火

淬火是指将钢加热到Ac_3或Ac_1点以上某一温度，保持一定时间，然后以适当速度冷却获得马氏体和（或）贝氏体组织的热处理工艺。淬火的目的是为了得到马氏体（或贝氏体）组织，提高钢的强度、硬度及耐磨性，再经适当回火后使工件获得良好使用性能，更好地发挥钢材的潜力。因此，重要的结构零件及各种工具等都要进行淬火处理。

一、淬火工艺

1. 淬火加热温度的选择

不同的钢其淬火加热温度也不同。碳钢的淬火加热温度可由$Fe-Fe_3C$相图来确定，如图6-23所示。

亚共析碳钢的淬火加热温度一般为Ac_3点以上30~50℃，在此温度范围内，可获得全部细小的奥氏体晶粒，淬火后得到细小均匀的马氏体组织。若加热温度过高，则会引起奥氏体晶粒粗大，淬火后钢的性能变差，而且温度过高还容易引起钢的氧化与脱碳现象；若加热温度过低，淬火组织中将出现铁素体，使淬火后

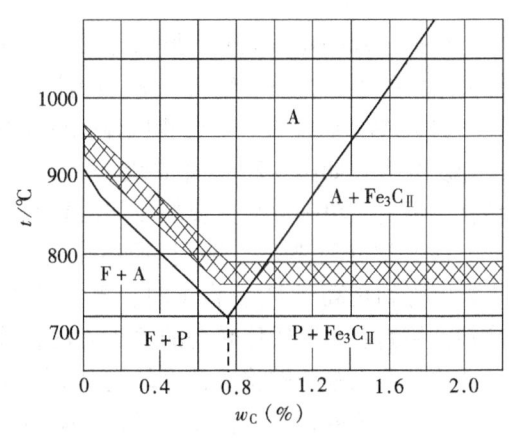

图6-23 碳钢的淬火加热温度范围

钢的硬度及耐磨性下降。

共析碳钢和过共析碳钢的淬火加热温度一般为 Ac_1 点以上 30～50℃，此时的组织为奥氏体和粒状渗碳体，淬火后获得细小马氏体和粒状渗碳体组织，能保证达到高硬度和高耐磨性的要求。若加热温度超过 Ac_{cm} 点，将导致渗碳体消失，奥氏体晶粒粗化，淬火后得到粗大片状马氏体，残留奥氏体量增多，硬度及耐磨性下降，脆性增加，而且钢的氧化与脱碳现象严重；若淬火加热温度过低，可能得到非马氏体组织，达不到淬火的目的。

在实际生产中，应综合考虑各种因素，结合具体条件通过试验来确定合适的淬火加热温度。

2. 加热时间的选择

通常工件淬火加热时，其升温与保温所需时间的总和称为加热时间。

工件淬火的加热时间与钢的化学成分、原始组织、工件的形状及尺寸、加热介质、加热温度等许多因素有关。生产中常根据工件的有效厚度由经验公式来确定，即

$$\tau = \alpha \times D$$

式中　τ——加热时间，单位为 min；

　　　α——加热系数，单位为 min/mm；

　　　D——工件的有效厚度，单位为 mm。

工件的有效厚度是指工件加热时，在最快传热方向上的截面厚度。加热系数是指工件单位有效厚度所需的加热时间，其值与钢的化学成分、工件尺寸及加热介质有关。有效厚度的取值方法和加热系数可查有关热处理手册确定。

3. 淬火介质

为保证奥氏体向马氏体转变以获得全部马氏体组织，淬火冷却速度应大于临界冷却速度 v_K，但冷却速度过大可导致淬火内应力增大，容易引起工件的变形与开裂。因此，理想的淬火冷却速度如图 6-24 所示。

目前，生产中常用的淬火介质主要有水、油、盐浴、盐或碱的水溶液等。其中水的冷却能力较强，淬火时易使工件发生变形或开裂，适合作为形状简单或奥氏体稳定性较低的碳钢工件的淬火介质；油的冷却能力较弱，有利于减少工件的变形或开裂倾向，适合作为奥氏体稳定性较高的合金钢的淬火介质。

4. 淬火方法

根据工件的化学成分、形状与尺寸、技术要求等，结合各种淬火介质的特性，应选择简便而经济的淬火方法。生产中常用的淬火方法如图 6-25 所示。

（1）单介质淬火　将已奥氏体化的工件在单一淬火介质中连续冷却的淬火方法，称为单介质淬火，如图 6-25 冷却曲线①所示。这种方法的特点是操作简便，易实现机械化和自动化，但由于单一淬火介质的冷却性能不理想，故单介质淬火仅适用于形状简单的工件。

（2）双介质淬火　将已奥氏体化的工件先浸入一种冷却能力较强的淬火介质中冷却，当温度降到稍高于 M_s 点温度时，再立即将工件转入另一种冷却能力较弱的淬火介质中继续冷却，使其发生马氏体转变的淬火方法，称为双介质淬火，如图 6-25 冷却曲线②所示。这种方法的特点是能够将两种冷却能力不同的淬火介质的长处结合起来，克服了单介质淬火的缺点，既保证获得了马氏体组织，又减小了淬火内应力，有效地防止工件的变形或开裂。双介质淬火法可适用于形状较复杂及尺寸较大的工件。

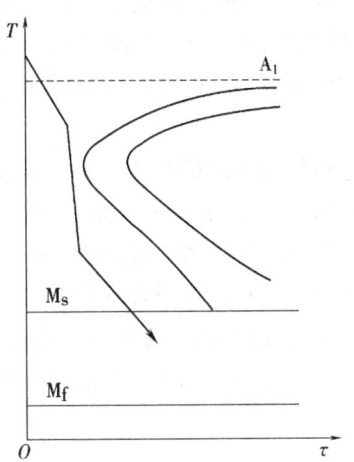

图 6-24 钢的理想淬火冷却速度

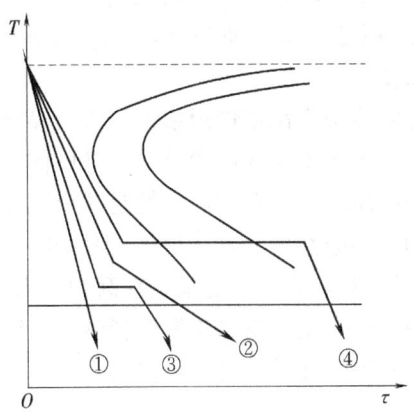

图 6-25 常用淬火方法示意图

（3）马氏体分级淬火 将已奥氏体化的工件浸入温度在 M_s 点附近的盐浴或碱浴中，保持适当时间，在工件内外温差消除后取出空冷以获得马氏体组织的淬火方法，称为马氏体分级淬火，如图 6-25 冷却曲线③所示。马氏体分级淬火可有效减小淬火内应力，防止工件变形或开裂，适用于尺寸较小且形状复杂的工件。

（4）贝氏体等温淬火 将已奥氏体化的工件快速冷却到贝氏体转变温度区间等温保持，使奥氏体转变为贝氏体的淬火方法，称为贝氏体等温淬火，如图 6-25 冷却曲线④所示。贝氏体等温淬火后工件的淬火内应力和变形小，具有较高的塑性、韧性和耐磨性，适用于截面尺寸小、形状复杂、尺寸精度及综合力学性能要求较高的工件。

5. 冷处理

冷处理是指工件淬火冷却到室温后，继续在低于室温的介质中冷却的工艺方法。其目的是减少或消除残留奥氏体，稳定工件尺寸，提高硬度及耐磨性。

二、钢的淬透性与淬硬性

淬透性是评定钢淬火质量的一个重要参数，它对于钢材的选用及热处理工艺的制订具有重要意义。淬透性是指在规定条件下决定钢材淬硬深度和硬度分布的特性，即钢在淬火时获得马氏体组织的能力，获得马氏体组织能力强的，淬透性好，这主要取决于钢的临界冷却速度 v_K。因此，凡是能增加过冷奥氏体稳定性的因素，或凡是使钢的奥氏体等温转变图位置右移，减小临界冷却速度 v_K 的因素，都是提高淬透性的因素。

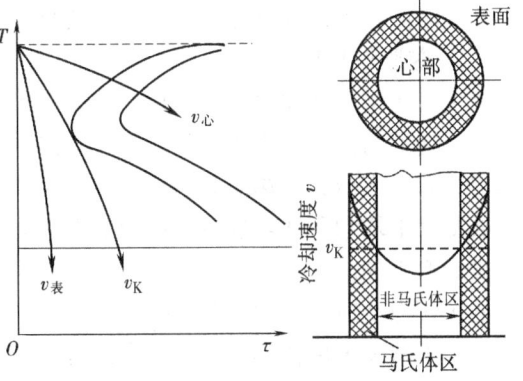

图 6-26 工件淬透层与淬火冷却速度的关系

淬透性一般用淬火时所能得到的淬透层深度（或淬硬层深度）来表示。淬火时，工件截面上各处的冷却速度是不同的，表面的冷却速度最大，越到中心冷却速度越小。如果工件表面及中心的冷却速度都大于钢的临界冷却

速度 v_K，则淬火后沿工件的整个截面均能获得马氏体组织，即钢被淬透了；如果中心的冷却速度小于钢的临界冷却速度 v_K，则工件的表层获得马氏体组织，而心部得到非马氏体组织，即钢未被淬透，如图 6-26 所示。其中工件表层马氏体区的深度即为淬透层深度（或淬硬层深度）。

淬硬性是指钢在理想条件下进行淬火硬化时所能达到最高硬度的能力。钢的淬硬性主要取决于马氏体中碳的质量分数。马氏体中碳的质量分数越高，钢的淬硬性越好，淬火后钢的硬度值越高。淬透性与淬硬性是两个完全不同的概念，淬透性好的钢，淬硬性不一定高。

钢的淬透性表示方法很多，其中临界淬透直径是一种很直观的衡量淬透性的方法。临界淬透直径用 D_0 表示，是指钢在某种淬火介质中冷却时，其心部能够淬透的最大直径。一般，在同一淬火介质中临界淬透直径越大，钢的淬透性越好；而同一种钢在冷却能力强的淬火介质中所获得的临界淬透直径要大。

三、淬火缺陷

1. 氧化与脱碳

氧化是指工件在加热时，加热介质中的氧、二氧化碳和水等与工件表层的铁原子发生反应形成氧化物的过程。其结果是在工件表面形成一层松脆的氧化铁皮，造成材料损耗，降低工件的承载能力和表面质量。

脱碳是指加热时，气体介质与工件表层的碳原子相互作用，造成工件表层碳的质量分数降低的现象。其结果是使工件表层的性能下降，表面质量降低。

为了防止氧化和脱碳，对于重要零件，通常可在盐浴炉内进行加热，要求更高时，可在工件表面涂覆保护涂料或在保护气氛及真空中加热。

2. 过热与过烧

工件在热处理加热时，由于加热温度偏高而使奥氏体晶粒粗化，造成力学性能显著下降的现象称为过热。工件过热后所形成的粗大奥氏体晶粒可通过退火或正火来消除。

如果加热温度过高，造成奥氏体晶界氧化和部分熔化的现象称为过烧。过烧后的工件无法补救，只能报废。

为了防止工件的过热与过烧，必须合理制订加热规范，严格控制加热温度和加热时间。

3. 变形与开裂

变形是指工件在淬火后出现形状或尺寸改变的现象。开裂是指工件在淬火时出现裂纹的现象。变形与开裂是由于工件在淬火时其内部产生较大淬火内应力造成的。淬火内应力包括热应力和相变应力。热应力是指工件在加热或冷却时，由于不同部位存在温度差异而导致热胀或冷缩不均匀所产生的应力；相变应力是指在热处理过程中，因工件不同部位组织转变不同步而产生的应力。当淬火内应力大于钢的屈服点时，工件就会产生变形；淬火内应力超过钢的抗拉强度时，工件就会产生裂纹。

为了减少工件在淬火时的变形，防止开裂，应制订合理的淬火工艺规范，采用适当的淬火方法，并且在淬火后及时进行回火处理。

4. 硬度不足

工件在淬火后硬度未达到技术要求，称为硬度不足。产生的原因是加热温度偏低、保温时间过短、淬火介质的冷却能力不够、工件表面氧化或脱碳等。如果工件淬火后，其表面存在硬度偏低的局部区域，则称为软点。一般情况下，可在退火或正火后，重新进行正确的淬火予以消除。

第五节 回　　火

回火是指工件淬硬后，再加热到 Ac_1 点以下某一温度，保持一定时间，然后冷却到室温的热处理工艺。回火是紧接淬火的一道热处理工序，其目的是获得工件所需组织，以改善性能；消除残留奥氏体，稳定工件尺寸；消除淬火内应力，防止工件变形与开裂。

一、淬火钢在回火时组织和性能的变化

淬火钢中的马氏体和残留奥氏体都是不稳定组织，它们在回火过程中都会向稳定的铁素体和渗碳体两相组织转变，其回火过程一般可分为以下四个阶段。

1. 马氏体分解

淬火钢在100℃以下回火时，其组织和性能基本保持不变。当回火温度超过100℃以后，马氏体开始分解，马氏体中过饱和碳原子以一种极细小的碳化物形式析出，使马氏体中碳的质量分数降低，过饱和程度下降，正方度减小。但由于这一阶段温度较低，马氏体中仅析出了一部分过饱和碳原子，所以它仍是碳在 $\alpha-Fe$ 中的过饱和固溶体。所析出的细小碳化物均匀地分布在马氏体基体上。这种过饱和 α 固溶体和细小碳化物所组成的混合组织称为回火马氏体。

由于回火马氏体中的碳化物极为细小，呈弥散分布，且 α 固溶体仍是过饱和状态，所以在回火第一阶段淬火钢的硬度并不降低。但由于碳化物的析出，使晶格畸变程度降低，淬火内应力有所减小。

2. 残留奥氏体的转变

当回火温度在 200~300℃ 范围内时，残留奥氏体发生转变。残留奥氏体的转变与过冷奥氏体等温转变时的性质相同，所以在这一温度区间残留奥氏体转变为下贝氏体。

由于回火第一阶段马氏体的分解尚未结束，所以在回火第二阶段，残留奥氏体转变为下贝氏体的同时，马氏体继续分解。虽然马氏体的继续分解会使淬火钢的硬度下降，但由于残留奥氏体转变，淬火钢的硬度并没有明显的降低，淬火内应力却进一步减小了。

3. 碳化物的转变

回火温度在 250~400℃ 范围内时，由于原子的活动能力增强，碳原子继续从过饱和的 α 固溶体中析出，同时，所析出的细小碳化物也逐渐转变为细小颗粒状渗碳体。经第三阶段回火后，钢的组织是由铁素体和细小颗粒状渗碳体组成的，称为回火托氏体。此时淬火钢的硬度降低，淬火内应力基本消除。

4. 渗碳体的聚集长大与铁素体再结晶

当回火温度在 400℃ 以上时，渗碳体颗粒将聚集长大。渗碳体颗粒的聚集长大是通过小颗粒渗碳体不断溶入铁素体中，而铁素体中的碳原子借助于扩散不断地向大颗粒渗碳体上沉积来实现的。回火温度越高，渗碳体颗粒越粗大，钢的强度、硬度越低。

回火第三阶段结束后，钢的组织虽然已是铁素体和颗粒状渗碳体，但铁素体仍然保持着原来马氏体的片状或板条状形态，当回火温度升高到 500~600℃ 范围内时，铁素体逐渐发

生再结晶,失去原来片状或板条状形态,而成为多边形晶粒。此时钢的组织为铁素体基体上分布颗粒状渗碳体,这种组织称为回火索氏体。

淬火钢在回火过程中,由于组织发生了变化,钢的性能也随之发生改变。一般随回火温度升高,强度、硬度降低,而塑性、韧性升高,如图 6-27 所示。

二、回火方法及其应用

回火是最终热处理,回火温度是决定钢的组织和性能的主要因素。回火温度可根据工件的力学性能要求来选择。按回火温度的不同,回火可分为以下三种:

1. 低温回火

低温回火的温度范围是 250℃ 以下,所得组织为回火马氏体。目的是使工件保持淬火组织的高硬度和高耐磨性,降低淬火内应力和脆性。低温回火后的硬度一般为 58~64HRC,主要用于各种切削刃具、量具、冷冲模具、滚动轴承以及渗碳件等。

2. 中温回火

中温回火的温度范围是 350~500℃,所得组织为回火托氏体。目的是使工件获得高的弹性极限、屈服强度和韧性。中温回火后

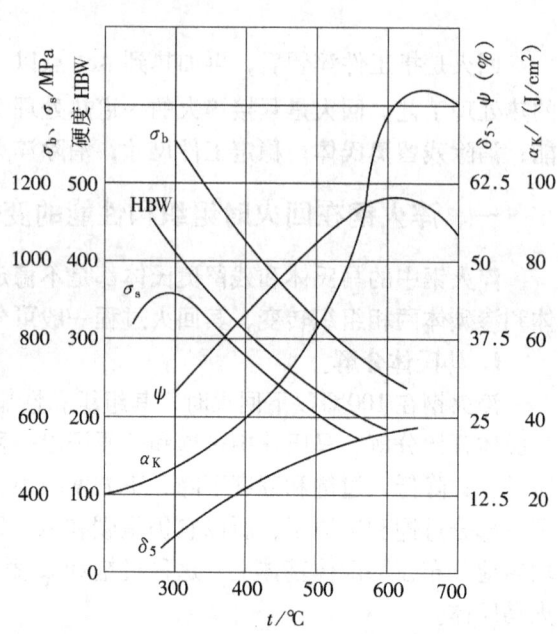

图 6-27 40 钢力学性能与回火温度的关系

的硬度一般为 35~50HRC,主要用于各种弹簧及模具的热处理。

3. 高温回火

高温回火的温度范围是 500~650℃,所得组织为回火索氏体。习惯上将淬火与高温回火相结合的热处理方法称为调质处理。其目的是获得强度、硬度、塑性与韧性都好的综合力学性能。高温回火后的硬度一般为 200~300HBW,主要用于重要零件的热处理,如汽车、拖拉机、机床中的连杆、螺栓、齿轮及轴类零件等。

应当指出,钢经调质后和正火后的硬度是相近的,但重要的结构零件一般都进行调质处理而不采用正火。这主要是由于调质后的组织为回火索氏体,其中的渗碳体呈颗粒状;而正火后的组织为索氏体,渗碳体呈片状。因此,调质处理后,工件不仅强度高,而且塑性和韧性也显著超过了正火状态,见表 6-4。

表 6-4 45 钢经调质和正火后的性能比较

状 态	抗拉强度/MPa	伸长率 δ_5(%)	冲击韧度/(J·cm^{-2})	硬 度
调质	750~850	20~25	80~120	210~250HBW
正火	700~800	15~20	50~80	160~220HBW

调质处理一般可作为最终热处理,但由于调质处理后钢的硬度不高,适于切削加工,并能获得较低的表面粗糙度值,所以也可以作为表面淬火和化学热处理的预备热处理。

三、回火脆性

通常,淬火钢在回火时,随回火温度的升高,其强度与硬度降低,塑性与韧性升高。但在某些温度范围内回火时,淬火钢的韧性不但没有升高,反而显著降低,这种现象称为回火脆性。

淬火钢在 250~350℃ 温度范围内回火时要发生回火脆性,称为不可逆回火脆性(第一类回火脆性)。产生不可逆回火脆性的原因是由于碳化物以断续的薄片沿马氏体片或马氏体条的界面析出造成的,它降低了马氏体晶界处的强度,使钢的韧性下降。某些淬火钢在 450~550℃ 温度范围内回火或在更高温度回火后缓慢冷却时产生的脆性,称为可逆回火脆性(第二类回火脆性)。产生可逆回火脆性的原因是由于杂质及某些合金元素在晶界上偏聚造成的。可逆回火脆性可在回火后通过快速冷却来消除。

第六节 表面淬火与化学热处理

实际生产中有许多零件,如齿轮、凸轮、曲轴等是在弯曲、扭转等循环载荷、冲击载荷以及摩擦条件下工作的。这时零件表面所承受的应力比心部要高,而且表面还要不断被磨损,因此,这种零件的表面必须得到强化。表面淬火与化学热处理即可满足要求。

一、表面淬火

表面淬火是指仅对工件表层进行淬火的工艺,是一种不改变钢的表层化学成分,只改变表层组织与性能的局部热处理方法。它是通过快速加热使工件表层奥氏体化,在热量未传到中心之前,立即予以快速冷却,结果使工件的表层获得了硬而耐磨的马氏体组织,心部仍保持着原来塑性、韧性较好的退火、正火或调质状态的组织。目前,生产中常用的有感应淬火和火焰淬火两种方法。

1. 感应淬火

感应淬火是指利用电磁感应原理产生感应电流,使工件表面、局部或整体加热并进行快速冷却的淬火工艺,如图 6-28 所示。当一定频率的电流通过空心铜管制成的感应器时,在感应器的内部及周围便产生一个交变磁场,于是,在工件内部产生了同频率的感应电流,由于工件内的感应电流自成回路,因此称为涡流。涡流在工件内的分布是不均匀的,表面电流密度大,心部电流密度小,通过感应器的电流频率越高,涡流就越集中于工件的表面,这种现象称为集肤效应。依靠感应电流的热效应,可将工件表层迅速加热到淬火温度,而此时心部温度还很低,淬火介质通过感应器内侧的小孔及时喷射到工件上,形成淬硬层。

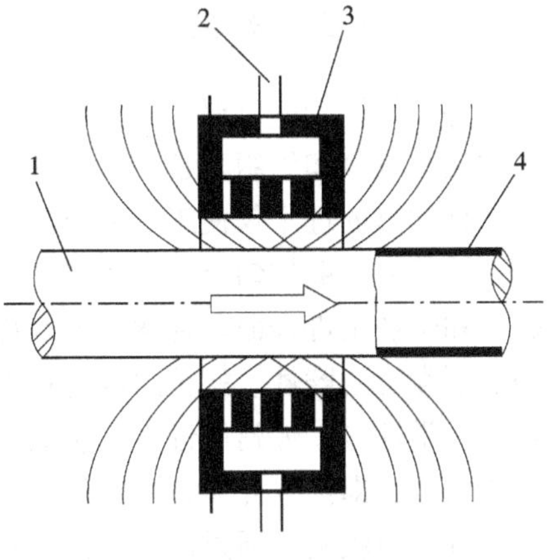

图 6-28 感应淬火示意图
1—工件 2—进水口
3—感应器 4—淬硬层

感应淬火的特点是加热速度极快,加热时间极短;感应淬火后,工件表层残存压应力,提高了工件的疲劳强度,而且工件变形小,不易氧化和脱碳；生产率高，易实现机械化和自动化，适于成批生产。

感应淬火一般用于中碳钢或中碳合金钢，如45、40Cr、40MnB等。在某些条件下，也可用于高碳工具钢或铸铁等工件。感应淬火的淬硬层深度主要取决于感应器中通过的电流频率，生产上通过选择不同的电流频率来达到不同要求的淬硬层深度。感应淬火电流频率的选择见表6-5。

表6-5 感应淬火的应用

类 别	频率范围	淬硬层深度/mm	应用举例
高频感应加热	200~300kHz	0.5~2	小型轴、套类零件，小模数齿轮等
中频感应加热	0.5~10kHz	2~8	尺寸较大的轴类零件，大模数齿轮等
工频感应加热	50Hz	10~15	大型零件或棒料的穿透加热

感应淬火后应进行低温回火，但回火温度应比普通低温回火的温度低，其目的是消除淬火内应力。生产中有时采用自回火法，即当工件淬火冷却到200℃时，停止喷射冷却介质，利用工件中的余热对淬火表面"自行"加热，以达到回火的目的。

2. 火焰淬火

火焰淬火是一种以高温火焰为热源对工件表层进行快速加热，随即快速冷却的淬火工艺，如图6-29所示。

火焰淬火的淬硬层深度一般为2~6mm，适用于中碳钢、中碳合金钢及铸铁制成的大型工件。其特点是方法简便，不需要特殊设备，适于单件或小批量生产。但加热温度不易控制，工件表面易过热，淬火质量不稳定。

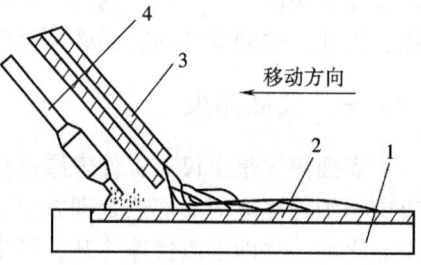

图6-29 火焰淬火示意图
1—工件 2—淬硬层 3—喷水管 4—火焰喷嘴

二、化学热处理

将工件置于一定温度的活性介质中保温，使一种或几种元素渗入其表层，以改变工件表层的化学成分和组织，达到所要求的性能，这种热处理工艺称为化学热处理。

化学热处理不仅使工件表层的组织产生了改变，化学成分也发生了变化，而且渗层可按工件的外表轮廓均匀分布，不受工件形状的限制。化学热处理的作用有两个方面：强化工件表面和保护工件表面。强化工件表面是指通过化学热处理来提高其表层的某些力学性能，如表面硬度、耐磨性、疲劳强度等；保护工件表面是指通过化学热处理来提高其表层的某些物理、化学性能，如耐腐蚀性、抗氧化性等。化学热处理的基本过程由分解、吸收和扩散三个阶段组成，即渗入介质在一定温度下发生化学反应，分解出渗入元素的活性原子，活性原子被工件表面吸附，通过原子扩散形成一定深度的渗层。化学热处理的方法有许多种，生产上常用的有渗碳、渗氮、碳氮共渗等。

1. 渗碳

渗碳是指为了提高工件表层碳的质量分数并在其中形成一定的碳浓度梯度，将工件在渗碳介质中加热并保温，使碳原子渗入其表层的化学热处理工艺。

渗碳所用的介质通常称为渗碳剂，根据渗碳剂物理状态不同，渗碳可分为固体渗碳、液体渗碳和气体渗碳三种。气体渗碳法的渗碳过程容易控制，渗碳质量好，生产率高，易实现机械化和自动化，所以生产中应用广泛。

气体渗碳法是将工件置于密封的加热炉中，加热到900~950℃，向炉内滴入煤油、丙酮或甲醇等有机液体，这些液体在高温下分解出活性碳原子。活性碳原子被工件表面吸附，并向内部扩散，最后形成一定深度的渗碳层，如图6-30所示。

气体渗碳的渗层深度主要取决于保温时间，一般按0.2~0.25mm/h的速度进行估算。

渗碳的目的是为了使工件表面获得高硬度、高耐磨性和高的疲劳强度，心部具有一定的强度和良好的韧性，因此，渗碳零件一般用碳的质量分数在0.10%~0.25%范围内的低碳钢或低碳合金钢制造，如15、20、20Cr、20CrMnTi钢等。

工件渗碳后，其表层碳的质量分数可达0.85%~1.05%，且从表层到心部碳的质量分数逐渐减少，心部仍保持原来低碳钢碳的质量分数。在缓慢冷却的条件下，表层为过共析钢组织，往里是共析钢组织、亚共析钢组织，中心为原始组织，如图6-31所示。

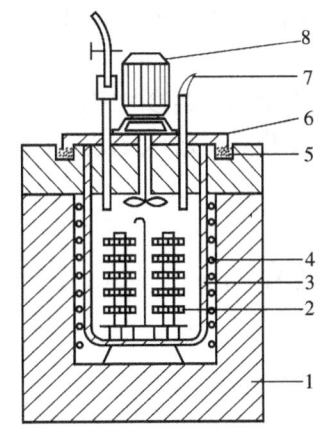

图6-30 气体渗碳示意图
1—炉体 2—工件 3—耐热罐 4—电阻丝
5—砂封 6—炉盖 7—废气火焰 8—风扇电动机

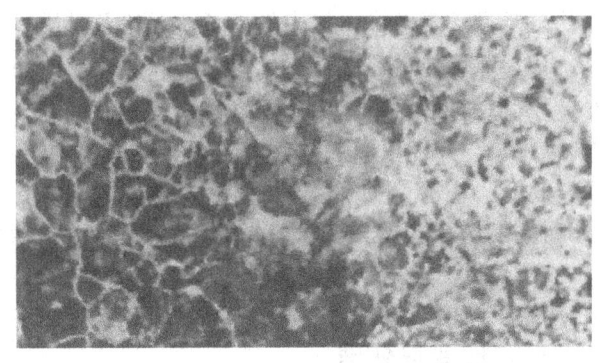

图6-31 低碳钢渗碳并缓冷后的组织

渗碳只是改变了工件表层的化学成分，要使渗碳件达到表面具有高硬度、高耐磨性，心部具有一定强度和良好韧性的使用要求，还必须进行淬火和低温回火处理。渗碳件经渗碳、淬火和低温回火后，其表层组织为回火马氏体、粒状渗碳体和少量残留奥氏体，硬度可达58~64HRC；心部组织为铁素体和珠光体（某些低碳合金钢的心部组织为低碳回火马氏体和铁素体），具有较高的韧性和一定的强度。

2. 渗氮

渗氮是指在一定温度下（一般在Ac_1点以下）使活性氮原子渗入工件表面的化学热处理工艺。生产上常用的渗氮方法有气体渗氮、液体渗氮、离子渗氮等，其中气体渗氮应用比较广泛。

气体渗氮通常是在井式电阻炉内进行。将工件置于渗氮罐中加热，不断向罐中通入气体渗氮介质氨气（NH_3），在550~570℃保温。氨气在加热和保温过程中分解产生活性氮原子，活性氮原子被工件表面吸附，通过扩散形成一定深度的渗氮层。一般渗氮层深度为

0.40~0.60mm，渗氮时间为40~70h。

工件经渗氮后其表面形成一层极硬的合金氮化物，如CrN、MoN、AlN等，硬度可达1000~1200HV，且渗氮层具有较高的热硬性。由于渗氮层体积膨胀，造成工件表面残存压应力，使疲劳强度提高。渗氮层的致密性和化学稳定性很高，因此渗氮工件具有良好的耐蚀性。同时，由于渗氮温度低，渗氮后不再进行其他热处理，所以工件变形小。

渗氮用钢一般采用碳的质量分数为0.15%~0.45%的合金结构钢，其中主要合金元素为铝、钼、铬、钒等，38CrMoAlA是典型的渗氮钢。为了提高渗氮件心部的综合力学性能，渗氮前一般要进行调质处理。

渗氮主要用于要求耐磨和精度要求较高的零件，如精密齿轮、磨床主轴、高速柴油机的曲轴、阀门等。

3. 碳氮共渗

在奥氏体状态下同时将碳、氮原子渗入工件表层，并以渗碳为主的化学热处理工艺，称为碳氮共渗。共渗层的力学性能兼有渗碳层和渗氮层的优点，具有高的耐磨性、耐蚀性和疲劳强度。碳氮共渗的速度明显大于单独渗碳或渗氮的速度，因而可缩短生产周期。气体碳氮共渗广泛用于汽车和机床中的齿轮、蜗轮及轴类零件等。

以渗氮为主的氮碳共渗，也称为软氮化。其特点是加热温度低，共渗时间短，工件变形小，不受钢种限制，渗层韧性好但硬度较低。软氮化一般用于模具、量具及高速工具钢刀具等。

第七节　热处理新工艺简介

一、形变热处理

形变热处理是将塑性变形与热处理有机结合在一起的新工艺方法。它能同时获得形变强化和相变强化的综合效果。形变热处理可分为高温形变热处理和低温形变热处理两种。

高温形变热处理是将钢加热到奥氏体化温度以上，保持一定时间后进行塑性变形（锻、轧等），然后立即进行淬火、回火的综合工艺方法。高温形变热处理不仅能提高材料的强度和硬度，还能显著提高其韧性。这种工艺主要用于加工余量较小的锻件或轧件，如利用锻造余热淬火工艺来处理曲轴、连杆等零件，在提高零件强度、硬度的同时，还提高了零件的塑性、韧性及疲劳强度，降低了回火脆性和缺口敏感性，并且简化了工序，降低了成本。

低温形变热处理是将钢加热到奥氏体化温度以上，保持一定时间后迅速冷却至500~600℃之间进行塑性变形，随后进行淬火、回火的综合工艺方法。低温形变热处理是在保证塑性、韧性不降低的条件下，提高零件的强度和耐磨性。这种工艺因变形温度低，要求变形速度快，所以强化效果好，主要用于高速工具钢刀具、模具等。

二、真空热处理

真空热处理是指将工件置于有一定真空度的加热炉内进行的热处理。真空炉的真空度一般为 1.3~0.013Pa（10^{-2}~10^{-4}mmHg）。真空热处理包括真空退火、真空淬火、真空回火及真空化学热处理等，其特点是：

1）工件在真空中进行热处理，没有氧化、脱碳现象产生，工件表面质量好。
2）真空中无对流传热，工件升温速度缓慢且均匀，热处理变形小。
3）工件表面的氧化物、油污等在真空中加热时分解，被真空泵排除，从而净化工件表面，提高疲劳强度，改善韧性。
4）节省能源，减少污染，劳动条件好，但成本较高。

三、可控气氛热处理

工件在炉气成分可以控制的加热炉内进行的热处理称为可控气氛热处理。其主要目的是减少和防止工件在热处理时的氧化和脱碳现象，提高工件的表面质量和尺寸精度，节约金属材料；能够控制渗碳时渗碳层的碳浓度，并且可使脱碳工件重新复碳。

可控气氛热处理设备一般由可控气氛发生器和热处理炉两部分组成。用于热处理的可控气氛类型很多，常用的主要有放热式气氛、吸热式气氛及滴注式气氛等。其中滴注式气氛是利用有机液体（如甲醇、乙醇、丙酮等）混合滴入加热到一定温度、密封良好的炉内，在炉内裂解形成的气氛，该气氛容易获得，不需要增加专用设备，只需在原有加热炉的基础上加以改进即可。

四、激光热处理

激光热处理是利用激光束的高能量快速加热工件表面，然后依靠工件自身的导热性冷却而使其淬火强化的热处理工艺方法。激光热处理的特点是加热速度极快，不用淬火介质；可对各种形状复杂零件的局部进行表面淬火，不影响其他部位的组织和表面质量，可控性好；能显著提高工件表面的硬度和耐磨性；工件激光淬火后几乎无变形，表面质量好，且无污染，易实现自动化，但成本较高，安全性较低。

五、电子束表面淬火

电子束表面淬火是利用电子枪发射的电子束轰击工件表面快速加热，然后依靠工件自身的导热性冷却而使其淬火强化的热处理工艺方法。电子束的能量比激光大很多，能量利用率比激光高。电子束表面淬火质量好，工件基体的性能几乎不受影响，是一种高效率的热处理新技术。

第八节　热处理工艺的应用

热处理是改善机械零件和工具使用性能的主要方法之一。在机械制造过程中，大多数零件和工具都要进行热处理。另外，在零件设计、选材及制订加工工艺路线时，也要考虑热处理问题。因此，合理选材，正确运用热处理方法，妥善安排工艺路线对机械制造工程人员是非常重要的。

一、零件和工具的失效形式及选材的一般原则

1. 零件或工具的失效形式

失效是指零件或工具在使用过程中,由于尺寸、形状或材料的组织与性能发生变化而失去原设计的效能。一般零件或工具在三种情况下认为已经失效:①零件或工具完全不能工作。②零件或工具虽然能工作,但已不具备指定的功能。③零件或工具有严重损伤而不能再继续安全使用。零件或工具的失效是必然的,有在达到预定使用寿命后的失效,也有在未达到预定使用寿命时的不正常的早期失效,不论哪一种失效,都是由于外力等因素所造成的损害。正常的失效是比较安全的,早期失效则会带来经济损失,甚至会造成人身和设备事故。

常见零件或工具的失效形式有变形失效,如过量的弹性变形或塑性变形、高温蠕变等;断裂失效,如静载荷或冲击载荷作用下的断裂、疲劳断裂及应力腐蚀破坏等;磨损失效,如过量磨损、表面龟裂、麻点剥落等。对于结构件,因腐蚀而影响使用也属于失效。

造成失效的原因很多,涉及零件或工具的结构设计、材料的选择与使用、加工制造、使用保养等许多方面。就零件或工具的失效形式而言,则与零件或工具的工作条件有关,如载荷的性质、应力情况、温度、环境以及摩擦条件等。表 6-6 为几种常用零件或工具的工作条件、失效形式及所要求的力学性能。

表 6-6　几种常用零件或工具的工作条件、失效形式及要求的力学性能

零件或工具	工作条件		常见的失效形式	要求的主要力学性能
	载荷性质	应力状态		
螺栓	静载荷	拉、切应力	过量变形、断裂	强度、塑性
传动轴	循环、冲击载荷	弯曲、扭转应力	过量变形、疲劳断裂、磨损	综合力学性能
传动齿轮	循环、冲击载荷	压、弯曲应力	磨损、疲劳断裂	表面硬度及疲劳强度,心部强度及韧性
弹簧	循环、冲击载荷	弯曲、扭转应力	变形、疲劳断裂	强度、疲劳强度
冷作模具	循环、冲击载荷	复杂应力	磨损、断裂	硬度、强度及韧性

2. 选用材料的一般原则

金属材料的选用应考虑材料的使用性能、工艺性能和经济性的要求,只有同时满足这三个方面的要求,才能使材料发挥最佳的社会效益。

使用性能是零件或工具完成指定功能的必要条件,包括力学性能、物理性能和化学性能。力学性能要求是在全面分析零件或工具的工作条件及失效形式的基础上提出的,见表 6-6。另外,有时还要考虑物理性能的要求,如导电性、导热性、磁性、热膨胀性等。由于采用不同的强化方法,可以显著提高材料的性能,所以选用材料时,要综合考虑强化方法对材料性能的影响。

在满足使用性能要求的情况下,考虑材料的工艺性能。工艺性能是指将材料加工成零件或工具的难易程度,它直接影响零件或工具的质量、生产效率和加工成本。金属材料的加工比较复杂,若采用铸造成形的方法,应选用铸造性能好的共晶或接近共晶成分的合金;若采用锻造成形的方法,则应选用高温塑性好的合金;若采用焊接成形的方法,则应选用低碳钢

或低碳合金钢；为了便于切削加工，一般应选用硬度在170～260HBW范围内的材料；金属材料的使用性能在很大程度上取决于热处理，不同材料的热处理工艺性能是不同的，如碳钢的淬透性较差，强度较低，加热时易过热，淬火时易变形甚至开裂，因此在制造截面尺寸较大、形状较复杂、强度要求较高的零件时，应选用合金钢。

当材料的工艺性能与力学性能要求相矛盾时，工艺性能便成为选用材料优先考虑的因素。例如在大批量生产时，切削加工常采用自动切削机床，为保证材料的切削加工性能，提高生产率，可选用易切削钢。

选用材料时，除满足使用性能和工艺性能要求外，还应考虑材料的经济性。经济性是指产品的总成本，包括材料本身的价格、加工费用及其他费用，甚至包括运输和安装费用。一般来说，在满足要求的情况下，应尽量选用价格低廉、加工性能好的铸铁或碳钢，必要时选用合金钢或非铁金属材料，而且要充分考虑我国的资源条件，尽量选用含我国富有元素的合金材料。

二、热处理的技术条件

设计人员在设计零件或工具时，首先应根据零件或工具的工作条件及环境，提出使用性能要求，选择材料，确定热处理方法和相关的技术条件，并在零件或工具的图样上标出热处理方法的名称和应达到的力学性能指标。对于一般零件或工具，仅标出应达到的硬度值即可，对于重要零件或工具，还应标出强度、塑性、韧性指标以及显微组织要求。对于化学热处理零件，应标出硬度值、渗层部位和渗层深度。

标注热处理技术条件时，应采用国家标准中规定的《金属热处理工艺分类及代号》，并标明应达到的力学性能指标及其他要求，可用文字在图样标题栏上方作简要说明。热处理工艺代号的标注方法如图6-32所示。

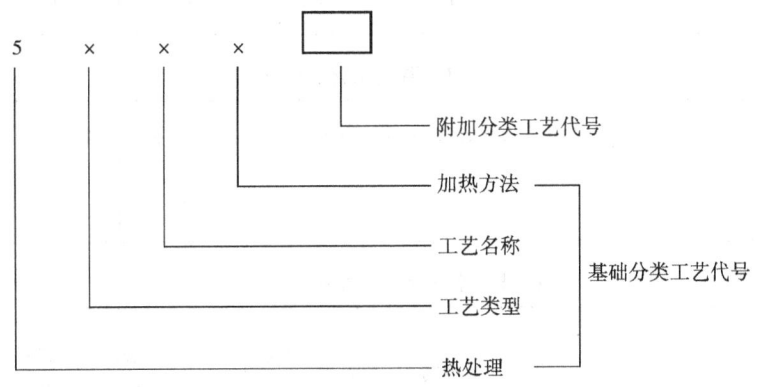

图6-32 热处理工艺代号

热处理工艺代号由基础分类工艺代号和附加分类工艺代号组成，在基础分类工艺代号中根据工艺类型、工艺名称和实现工艺的加热方法，将热处理工艺按三个层次进行分类，见表6-7；附加分类是对基础分类中某些工艺的具体条件进一步细化分类，包括各种热处理加热介质、退火工艺方法、淬火介质或冷却方法、渗碳和碳氮共渗的后续冷却工艺等，见表6-8～表6-11。

表 6-7 热处理工艺分类及代号

工艺总称	代号	工艺类型	代号	工艺名称	代号	加热方法	代号
热处理	5	整体热处理	1	退火	1	加热炉	1
				正火	2		
				淬火	3		
				淬火和回火	4		
				调质	5		
				稳定化处理	6	感应	2
				固溶处理、水韧处理	7		
				固溶处理+时效	8	火焰	3
		表面热处理	2	表面淬火和回火	1		
				物理气相沉积	2	电阻	4
				化学气相沉积	3		
				等离子体增强化学气相沉积	4	激光	5
				离子注入	5		
		化学热处理	3	渗碳	1	电子束	6
				碳氮共渗	2		
				渗氮	3	等离子体	7
				氮碳共渗	4		
				渗其他非金属	5	其他	8
				渗金属	6		
				多元共渗	7		
				熔渗	8		

表 6-8 加热介质及代号

加热介质	固体	液体	气体	真空	保护气氛	可控气氛	流态床
代号	S	L	G	V	P	C	F

表 6-9 退火工艺及代号

退火工艺	去应力退火	均匀化退火	再结晶退火	石墨化退火	去氢退火	球化退火	等温退火
代号	St	H	R	G	D	Sp	I

表 6-10 淬火介质和冷却方法及代号

冷却介质和方法	空气	油	水	盐水	有机聚合物水溶液	盐浴	加压淬火	双液淬火	分级淬火	等温淬火	形变淬火	冷处理
代号	A	O	W	B	Po	S	Pr	I	M	At	Af	C

表 6-11 渗碳、碳氮共渗后冷却方法及代号

冷却方法	直接淬火	一次加热淬火	二次加热淬火	表面淬火
代号	g	r	t	h

例如，图 6-33 中 5154 表示采用电阻加热方式对螺钉进行整体调质处理，硬度应达到 230～250HBW；5213 表示螺钉尾部进行火焰加热表面淬火和回火，热处理后表面硬度应达到 42～48HRC。

三、热处理的工序位置

热处理是机械制造过程中的重要工序，正确使用热处理方法，合理安排热处理工序在零件或工具加工工艺路线中的位置，对于改善钢的切削加工性能，保证零件或工具的质量，满足使用性能的要求，具有重要意义。

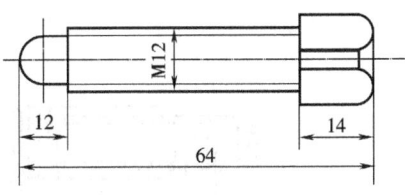

1. 材料：45 钢
2. 热处理技术条件：5154，230～250HBW；尾部 5213，42～48HRC

图 6-33 热处理技术条件标注

预备热处理包括退火、正火、调质处理等，退火与正火通常安排在零件或工具毛坯生产之后，切削加工之前，其目的是消除残留应力、调整组织，改善切削加工性能，为最终热处理作准备。调质处理一般安排在粗加工之后，精加工之前，目的是获得良好的综合力学性能，并为最终热处理作准备。粗加工之前一般不进行调质处理，以免粗加工时将表层大部分调质组织切除而失去调质处理的作用。对于使用性能要求不高的零件，退火、正火、调质处理也可作为最终热处理使用。

最终热处理包括淬火、回火、表面热处理及化学热处理等，其目的是获得零件或工具所需的使用性能。零件或工具经最终热处理后，硬度较高，因此除磨削加工外，一般不进行其他形式的切削加工，故最终热处理通常安排在精加工之后。

下面介绍几种典型零件或工具的选材及热处理工序位置安排。

1. 齿轮

车床变速箱的传动齿轮是传递力矩和调节速度的重要零件，工作中承受一定程度的弯曲、扭转载荷及周期性冲击力的作用，齿表面承受一定程度的磨损，运转较平稳，速度中等。一般选用 45 钢或 40Cr 钢制造，其热处理技术条件为：5154，230～280HBW；齿表面，5212，50～54HRC。

工艺路线：下料→锻造→正火→粗加工→调质→精加工→高频感应淬火和低温回火→精磨。

正火的目的是细化晶粒、消除残留应力，改善切削加工性能；调质处理的目的是使零件的心部具有足够的强度和韧性，以承受弯曲、扭转及冲击载荷的作用，并为表面热处理作准备；高频感应加热表面淬火的目的是提高齿表面的硬度、耐磨性和疲劳强度，以抵抗齿表面的磨损和疲劳破坏；低温回火的目的是在保持齿表面高硬度和高耐磨性的条件下消除淬火内应力，防止磨削加工时产生裂纹。

2. 轴

普通车床变速箱的主轴，如图 6-34 所示。该主轴由滚动轴承支承工作，承受中等循环载荷及一定冲击载荷作用，转速中等，有装配精度要求。一般选用 45 钢制造，其热处理技术条件为：5151，220～250HBW，组织为回火索氏体；内锥孔及外圆锥面，5141L，45～48HRC，组织为回火托氏体和少量回火马氏体；花键部位，5212，48～52HRC，组织为回火托氏体和回火马氏体。

工艺路线：下料→锻造→正火→粗加工→调质→精加工（花键除外）→内锥孔及外圆

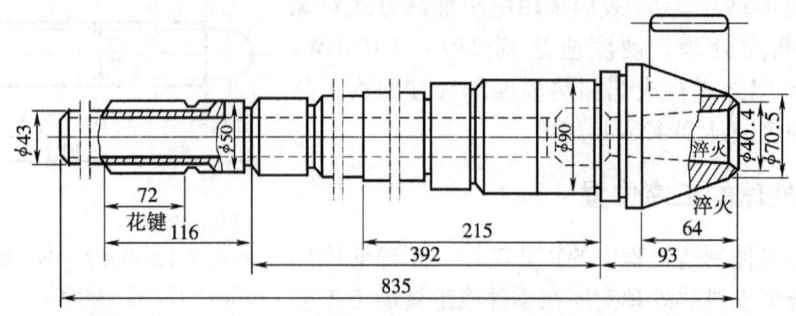

图6-34 普通车床变速箱主轴

锥面局部淬火、低温回火→粗磨（外圆、内锥孔及外圆锥面）→铣花键→花键感应加热表面淬火、低温回火→精磨。

正火的目的是消除残留应力，改善切削加工性能，并为调质处理作准备；调质处理是为了获得良好的综合力学性能；内锥孔及外圆锥面采用盐浴局部淬火和低温回火，以获得高硬度和高耐磨性；花键部位采用感应淬火和220~240℃低温回火，以提高其表面的硬度和耐磨性，消除残留应力，保证装配精度。

为了减少变形，圆锥部分的淬火应与花键的淬火分开进行。圆锥部分淬火及低温回火后用粗磨纠正淬火变形；然后再进行花键部分的加工与表面热处理，最后用精磨来消除总的变形，从而保证主轴的装配质量。

3. 模具

冲制硅钢片的凹模是用来加工厚度为0.30mm硅钢片的模具，形状复杂，工作时承受一定冲击载荷作用，要求高强度、高硬度、一定的韧性及较小的淬火变形。一般选用Cr12MoV钢制造，其热处理技术条件为：5144，58~62HRC。

工艺路线：下料→锻造→球化退火→粗加工→去应力退火→精加工→淬火和低温回火→磨削及电火花加工成形。

球化退火的目的是为了降低硬度，改善切削加工性能；去应力退火的目的是消除机械加工中产生的残留应力，减少变形；淬火和回火一般采用较低的淬火加热温度和较低的回火温度，即一次硬化法，目的是获得高强度、高硬度和高耐磨性，减少变形，另外，在淬火加热时应在500~550℃进行预热。

四、热处理零件的结构工艺性

零件的结构工艺性是指所设计的零件在满足使用要求的条件下，实施制造的可行性和经济性，即加工零件的难易程度。它是评定零件结构好坏的指标之一。

设计需要热处理的零件时，必须考虑热处理工艺对零件结构的要求。例如，图6-35a所示零件由于

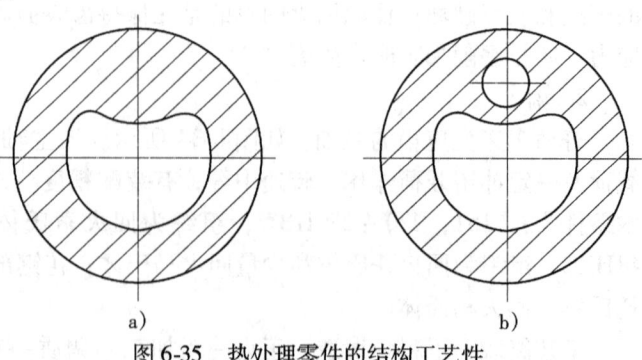

图6-35 热处理零件的结构工艺性

截面尺寸不均，淬火时容易产生变形；若改成图 6-35b 所示结构，将明显减少热处理变形。因此，在进行零件结构设计时应注意以下几个方面的要求：

1) 避免截面薄厚悬殊，必要时可安排工艺孔或工艺槽。
2) 避免尖角和棱角结构，尽量采用圆角结构。
3) 合理采用封闭或对称结构。
4) 合理采用组合结构。

第九节　碳钢的热处理实验

一、实验目的

掌握整体热处理的基本操作方法；了解碳的质量分数及冷却速度对碳钢热处理后性能的影响；了解回火温度对淬火钢性能的影响。

二、实验设备及材料

1) RJX—4—10 箱式电阻炉。
2) 热电偶高温计。
3) 金相显微镜。
4) 布氏硬度计和洛氏硬度计。
5) 淬火水槽和油槽、夹钳等。
6) 20、45 和 T12 钢试样。

箱式电阻炉是一种周期作业式加热炉，可用于整体热处理的加热，其构造如图 6-36 所示。加热室由高强度耐火材料制成，其壁中有许多纵向通孔，用于放置加热元件（如电阻丝等）。加热室的开口用炉门封闭，炉门上开有一个小孔，用于观察炉内加热情况。炉门下部有一挡铁，用于控制电源开关，炉门打开时切断电源，关闭时接通电源，从而保证操作安全。加热室周围用保温材料填充，以减少热量的散失。加热室后侧开有一个小圆孔，用于插入热电偶测量炉内温度。整个加热炉的表面由钢板制成，并用支架支撑。

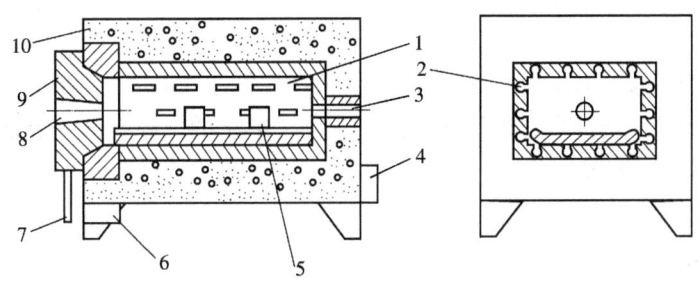

图 6-36　箱式电阻炉构造示意图
1—加热室　2—电阻丝孔　3—热电偶插孔　4—接线盒　5—试样
6—控制开关　7—挡铁　8—观察孔　9—炉门　10—保温层

热电偶高温计由热电偶、温度指示调节仪和连接导线组成。热电偶由两根金属丝组成，测量1000℃以下炉温时，这两根金属丝分别为镍铬合金丝和镍铝合金丝。两根金属丝的一端焊接在一起，另一端用连接导线与温度指示调节仪相连。热电偶的焊接端用陶瓷套管和金属套管保护后插入加热炉内，焊接端的温度与炉内温度一致。与温度指示调节仪相连的一端则保持室温不变。随炉内温度变化，热电偶两根金属丝组成的回路中产生电动势并随之变化，这种变化由温度指示调节仪检测并转化为温度值显示出来，如图6-37所示。

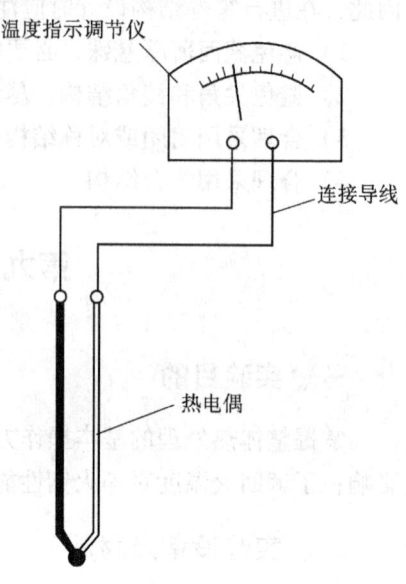

图6-37 热电偶高温计线路示意图

温度指示调节仪的调节控制部分由温度给定针、检测线圈及控制继电器等组成。当加热炉工作时，根据热处理工艺的要求，通过转动旋钮使温度给定针处于预定位置。炉温升高时，温度指示针转动，当与温度给定针重合时，检测线圈检测到测温仪表中电参数的变化，通过继电器切断加热炉电源。温度降低使温度指示针离开给定针时，测温仪表中的电参数恢复原来数值，继电器动作使加热炉电源接通，炉内温度升高，达到自动控温的目的。

三、热处理工艺

进行热处理实验时，最重要的是确定加热温度、保持时间及冷却方式。正确选择热处理工艺规范，是保证热处理质量的关键。

1. 加热温度的选择

（1）退火加热温度 亚共析钢为 Ac_3 点以上 30~50℃；共析钢和过共析钢为 Ac_1 点以上 20~30℃。

（2）正火加热温度 亚共析钢为 Ac_3 点以上 30~50℃；过共析钢为 Ac_{cm} 点以上 30~50℃。

（3）淬火加热温度 亚共析钢为 Ac_3 点以上 30~50℃；共析钢和过共析钢为 Ac_1 点以上 30~50℃。

（4）回火加热温度 淬火后工件的最终组织和性能主要取决于回火温度，生产上一般根据零件的使用要求来选择合适的回火温度。为了了解钢的性能与回火温度之间的关系，将回火温度分别选择在 200℃、400℃、600℃。

各种常用钢的相变点见附录C。

2. 保持时间的选择

碳钢热处理时的保持时间可根据试样的有效厚度按 1min/mm 计算。

3. 冷却方式

退火采用随炉冷却；正火采用空气冷却；淬火采用水冷和油冷；回火一般采用空气冷却。

四、实验步骤

1）取 20、45、T12 钢试样，作好标记并用细铁丝捆好。
2）确定各种试样的加热温度、保持时间和冷却方式。
3）按照操作规程对各试样进行预定的热处理。
4）对热处理后的试样进行硬度测试，并记录数据。
5）观察热处理后各试样的显微组织。

五、实验注意事项

1）实验前应先了解实验设备、仪表及各种工具的使用方法。
2）实验时必须注意安全，在装取试样时必须切断电源；操作时必须戴上防护手套，以免烫伤。
3）装取试样时，开、关炉门应迅速，打开时间不要过长，以免损害加热室材料及影响电阻丝的使用寿命。
4）试样应放置在加热室中热电偶附近处，以保证试样的加热温度与指示温度一致。
5）淬火操作时，夹钳应预热，夹住试样上的细铁丝，迅速置入水或油中冷却。试样在冷却介质中应不断晃动（实际生产中应根据零件的具体形状选择合适的晃动方式，否则会使零件产生变形），以保证均匀快速冷却。
6）测试硬度前应将试样表面擦干并用砂纸除去氧化皮和油污。
7）实验过程中应注意观察炉温变化，并认真记录保持时间。

六、实验报告

1）写出实验目的、实验设备及材料。
2）将实验结果填入表 6-12～表 6-14 中。

表 6-12　碳的质量分数对钢热处理后性能的影响

序　号	材料	试样尺寸/mm	加热温度/℃	加热时间/min	冷却介质	硬度	备　注
1	20				水		
2	45				水		
3	T12				水		

表 6-13　冷却速度对钢热处理后性能的影响

序　号	材料	试样尺寸/mm	加热温度/℃	加热时间/min	冷却介质	硬度	备　注
1	45				空气		
2	45				油		
3	45				水		

表 6-14 回火温度对钢热处理后性能的影响

序 号	材料	试样尺寸/mm	淬火硬度	回火温度/℃	回火硬度	备 注
1	45			200		
2	45			400		
3	45			600		

3) 根据实验结果，分析碳的质量分数、冷却速度和回火温度对碳钢热处理后性能的影响，并画出其关系曲线。

思 考 题

1. 什么是热处理？热处理的作用是什么？热处理如何分类？
2. 如何确定热处理加热温度，才能改变钢的组织？
3. 共析碳钢在热处理加热时是如何进行奥氏体化的？
4. 什么是过冷奥氏体？过冷奥氏体等温转变产物有哪些？其性能如何？
5. 共析碳钢加热奥氏体化后炉冷、空冷、油冷、水冷各得到什么组织和性能？
6. 什么是临界冷却速度？影响临界冷却速度的因素有哪些？
7. 什么是马氏体？马氏体的性能特点是什么？马氏体转变的特点有哪些？
8. 退火处理的目的是什么？生产上常用的退火方法有哪几种？说明其应用范围。
9. 什么是正火？正火的应用范围有哪几个方面？
10. 什么是淬火？淬火的目的是什么？
11. 淬火的加热温度如何选择？为什么？
12. 常用的淬火方法有哪几种？其特点是什么？试用等温转变图表示。
13. 什么是淬透性与淬硬性？两者有何区别？影响因素各有哪些？
14. 常见的淬火缺陷有哪些？如何防止？
15. 什么是回火？回火的目的是什么？
16. 常用的回火方法有哪几种？各种回火方法回火后的组织与性能如何？用途是什么？
17. 什么是调质处理？调质处理与正火处理相比，在组织和性能上有什么区别？
18. 什么样的零件需要进行表面淬火处理？常用表面淬火方法有哪几种？
19. 什么是化学热处理？化学热处理有哪几种？
20. 渗碳处理的目的是什么？什么样的零件需要进行渗碳处理？
21. 渗氮处理的目的是什么？与渗碳相比有什么特点？
22. 零件或工具常见的失效形式有哪些？
23. 选用材料的一般原则是什么？
24. 热处理的技术条件如何标注？
25. 举例说明热处理工序位置如何安排？
26. 热处理工艺性对零件结构有哪些要求？

练 习 题

1. 现有三个尺寸相同、退火状态的45钢试样，分别加热到650℃、750℃、850℃，保持一定时间，试说明经水冷后三个试样的组织。
2. 试说明下列四种现象产生的原因：
   1) 退火使淬火组织软化。

2) 正火使淬火组织正常化。

3) 淬火使退火组织硬化。

4) 回火使淬火组织实用化。

3. 试比较 45 钢经退火、正火、淬火与回火后的组织和性能。

4. 试根据工作条件选择齿轮制作材料，确定热处理工艺及大致工艺路线。汽车齿轮与机床齿轮在选用材料和热处理工艺方面有什么区别？

5. 刀具、量具、冷冲模具及滚动轴承等工件为什么要进行淬火 + 低温回火处理？

6. 自行车坐垫弹簧为什么要进行淬火 + 中温回火处理？

7. 曲轴、连杆等零件为什么要进行调质处理？正火处理也能达到同样硬度要求，为什么这类零件不采用正火处理？

8. 机床主轴及齿轮等零件为什么要进行感应加热表面淬火处理？

9. T8 钢的等温转变图如图 6-38 所示。该钢加热奥氏体化以后，在 630℃ 进行等温，经不同时间保持后，按图中所示曲线冷却至室温，试说明各得到什么组织？若再经低温回火又各获得什么组织？

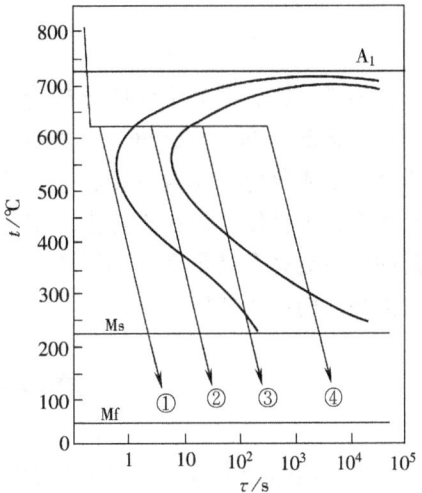

图 6-38 T8 钢冷却曲线示意图

10. 现有 15 钢和 45 钢制造的齿轮各一只，为了达到使用性能的要求，各应采用什么样的热处理工艺？热处理后它们在组织和性能上有什么区别？

11. 图 6-39 为 T8 钢的热处理工艺曲线，试说明①、②、③、④、⑤处的组织。

12. 有一批 45 钢制成的螺钉，其头部硬度要求在热处理后达到 35～40HRC。现材料中混入了一些 T12 钢，若仍按 45 钢进行淬火和回火处理，问能否达到要求？为什么？

13. 45 钢经调质处理后硬度为 240HBW，若再进行 180℃ 回火，能否使其硬度提高？为什么？如果 45 钢经淬火和低温回火后硬度为 57HRC，若再进行 650℃ 回火，能否使其硬度降低？为什么？

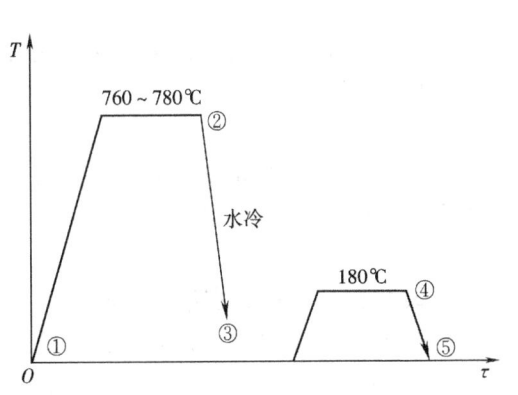

图 6-39 T8 钢热处理工艺曲线

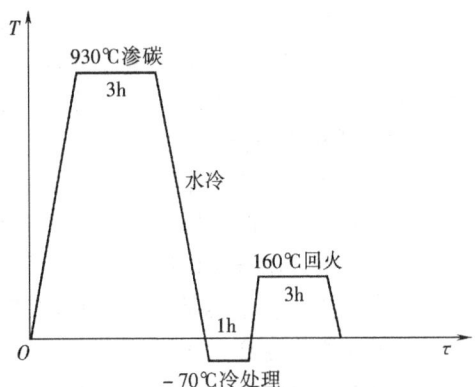

图 6-40 塞规热处理工艺曲线

14. 用 20 钢制造塞规，其热处理工艺曲线如图 6-40 所示。试问淬火后塞规的表层与心部各是什么组织？冷处理的目的是什么？160℃ 回火 3h 有什么作用？

15. 钢锉用 T12 钢制造，硬度要求为 60～64HRC，其工艺路线为：热轧钢板下料→正火→球化退火→机械加工→淬火、低温回火→校直。试问工艺路线中各热处理工序的目的和热处理后的组织是什么？

第七章 碳素钢与合金钢

钢是以铁、碳为主要成分的合金，其碳的质量分数一般小于2.11%，按化学成分可以分为碳素钢（简称为碳钢）与合金钢两大类。碳钢是由生铁冶炼而获得的合金，除铁、碳两个主要成分外，还含有锰、硅、硫、磷等杂质元素。碳钢具有一定的力学性能和良好的工艺性能，价格便宜，在工业生产中有广泛的应用。但随着现代工业和科学技术的迅速发展，碳钢已不能完全满足生产的需要，于是便出现了合金钢。与碳钢相比，合金钢的性能有显著的提高，用途更加广泛。

第一节 钢的分类与编号

由于钢的种类繁多，为了便于生产、管理、选用与研究，必须对钢材加以适当的分类与编号。

一、钢的分类

1. 按用途分类

（1）**结构钢** 包括建筑及工程用结构钢和机械制造用结构钢两类。建筑及工程用结构钢是指用于建筑、桥梁、船舶、锅炉或其他工程上制造金属结构的钢，如碳素结构钢、低合金高强度结构钢等；机械制造用结构钢是指用于制造机械设备中结构零件的钢，包括渗碳钢、调质钢、弹簧钢、滚动轴承钢等。

（2）**工具钢** 工具钢是指用于制造各种工具的钢，按工具用途不同，可分为刃具钢、模具钢和量具钢。

（3）**特殊性能钢** 特殊性能钢是指用特殊方法生产，具有特殊物理、化学性能或力学性能的钢，如不锈钢、耐热钢、耐磨钢、磁钢、超高强度钢等。

2. 按化学成分分类

（1）**碳素钢** 碳素钢是指碳的质量分数小于2.11%，并含有少量锰、硅、硫、磷等杂质元素的铁碳合金。按碳的质量分数可分为低碳钢（$w_C < 0.25\%$）、中碳钢（$w_C = 0.25\% \sim 0.6\%$）、高碳钢（$w_C > 0.6\%$）。

（2）**合金钢** 合金钢是指在碳钢的基础上，为了改善钢的性能，在冶炼时有目的地加入一些元素（称为合金元素）而获得的多元合金。按合金元素总的质量分数可分为低合金钢（$w_{Me} < 5\%$）、中合金钢（$w_{Me} = 5\% \sim 10\%$）、高合金钢（$w_{Me} > 10\%$）。另外，根据钢中主要合金元素种类不同，还可将合金钢分为锰钢、铬钢、铬镍钢、铬锰钛钢等。

3. 按质量分类

根据钢中有害杂质硫、磷的质量分数多少可分为普通质量钢（$w_S = 0.035\% \sim 0.050\%$，$w_P = 0.035\% \sim 0.045\%$）、优质钢（$w_S \leqslant 0.035\%$，$w_P \leqslant 0.035\%$）、高级优质钢（$w_S = 0.020\% \sim 0.030\%$，$w_P = 0.025\% \sim 0.030\%$）、特级优质钢（$w_S \leqslant 0.015\%$，$w_P \leqslant 0.025\%$）。

4. 按冶炼时脱氧程度和浇注制度分类

（1）沸腾钢　沸腾钢是指脱氧不完全的钢，浇注时在钢锭模里产生沸腾现象，因而得名。其特点是材料利用率高，成本低，组织不致密，力学性能较低。

（2）镇静钢　镇静钢是指脱氧完全的钢，浇注时钢液镇静，没有沸腾现象，故称为镇静钢。其特点是组织致密，力学性能较高，质量均匀，但成本较高，材料利用率较低。

（3）半镇静钢　半镇静钢是脱氧程度介于沸腾钢和镇静钢之间的钢，浇注时沸腾现象较沸腾钢弱。其质量、成本、材料利用率均介于沸腾钢与镇静钢之间，生产过程较难控制，故使用量不大。

（4）特殊镇静钢　特殊镇静钢是指采用特殊脱氧工艺冶炼的脱氧完全的钢，其脱氧程度、质量及性能比镇静钢高。

二、钢的编号

钢牌号的命名采用汉语拼音字母、化学元素符号和阿拉伯数字结合的表示方法。稀土元素用 RE 表示。

1. 碳素结构钢

碳素结构钢的牌号由"屈"字汉语拼音的字首 Q、屈服点数值、质量等级符号（A、B、C、D）和脱氧方法符号（F、b、Z、TZ）四个部分按顺序组成。例如，Q235—A·F 表示屈服点为 235MPa、A 级质量的沸腾钢。F、b、Z、TZ 依次表示沸腾钢、半镇静钢、镇静钢、特殊镇静钢，一般 Z 和 TZ 在牌号表示中可省略。

2. 优质碳素结构钢

优质碳素结构钢的牌号用两位数字表示，两位数字表示钢中平均碳的质量分数的万分数。例如，45 表示平均碳的质量分数为 0.45% 的优质碳素结构钢。优质碳素结构钢按锰的质量分数不同，分为普通锰结构钢（w_{Mn} = 0.25% ~ 0.80%）和较高锰结构钢（w_{Mn} = 0.70% ~ 1.20%）两组。较高锰的优质碳素结构钢在两位数字后面再加符号 Mn，如 65Mn。如果是沸腾钢，则在两位数字后面加符号 F，如 08F。专用优质碳素结构钢在牌号尾部加用途符号，如锅炉用钢表示为 20g。

3. 碳素工具钢

碳素工具钢的牌号由"碳"字汉语拼音的字首 T 与数字组成，数字表示钢中平均碳的质量分数的千分数。例如，T8 表示平均碳的质量分数为 0.8% 的优质碳素工具钢。如果是高级优质钢则在数字后面加符号 A，如 T8A。较高锰（w_{Mn} = 0.40% ~ 0.60%）的碳素工具钢则在数字后面加符号 Mn，如 T8Mn、T8MnA。

4. 铸造碳钢

铸造碳钢的牌号由"铸"、"钢"二字汉语拼音的字首 ZG 与两组数字组成，第一组数字表示屈服点的数值（单位为 MPa），第二组数字表示抗拉强度（单位为 MPa）。例如，ZG200—400 表示最低屈服点为 200MPa、最低抗拉强度为 400MPa 的铸造碳钢。

5. 低合金高强度结构钢

低合金高强度结构钢的牌号由"屈"字汉语拼音的字首 Q、屈服点数值、质量等级符号（A、B、C、D、E）和脱氧方法符号（F、b、Z、TZ）四个部分按顺序组成。例如，Q390A 表示屈服点为 390MPa、A 级质量的低合金高强度结构钢。一般 Z 和 TZ 在牌号表示中可省略。

6. 合金结构钢与合金弹簧钢

合金结构钢与合金弹簧钢的牌号由两位数字、元素符号与数字组成，前面两位数字表示钢中平均碳的质量分数的万分数，元素符号表示钢中所含合金元素，元素符号后面的数字则表示该元素平均质量分数的百分数。当合金元素的平均质量分数<1.5%时，一般只标明元素符号而不标含量；当平均质量分数≥1.5%，≥2.5%，≥3.5%，…时，则在合金元素符号后面分别用数字2，3，4，…表示其平均质量分数。例如，40Cr表示平均碳的质量分数为0.4%，平均铬的质量分数小于1.5%的合金结构钢。如果是高级优质钢，则在牌号的后面加符号A，如38CrMoAlA。

7. 滚动轴承钢

滚动轴承钢的牌号由"滚"字汉语拼音的字首G、元素符号Cr和数字组成，数字表示钢中平均铬的质量分数的千分数。例如，GCr15表示平均铬的质量分数为1.5%的滚动轴承钢。在滚动轴承钢的牌号中不表示碳的质量分数。若含有其他合金元素时，这些合金元素的表示方法与合金结构钢的相同，如GCr15SiMn。由于滚动轴承钢都是高级优质钢，所以在牌号后面就不用再加符号A了。

8. 合金工具钢

合金工具钢的牌号也是由数字、元素符号与数字组成的，前面的数字表示平均碳的质量分数的千分数。但当碳的质量分数≥1%时，则不予标出。合金元素及其质量分数的表示方法与合金结构钢的相同。例如，9SiCr表示平均碳的质量分数为0.9%，平均硅、铬的质量分数均小于1.5%的合金工具钢。

对于高速工具钢，无论其碳的质量分数是多少，在牌号中均不予表示，如W18Cr4V。

合金工具钢与高速工具钢都是高级优质钢，在牌号后面也不必再标符号A。

9. 不锈钢与耐热钢

不锈钢与耐热钢的牌号表示方法与合金工具钢的基本相同，只是当碳的质量分数≤0.08%及0.03%时，在牌号前分别冠以"0"及"00"，如0Cr21Ni5Ti、00Cr30Mo2等。

第二节　常存杂质对钢的影响

钢中常存杂质主要有锰、硅、硫、磷及非金属夹杂物等，这些杂质的存在对钢的性能有一定的影响。

一、锰

锰在钢中作为杂质存在时，其质量分数一般在0.8%以下，它主要来源于炼钢的原料生铁及脱氧剂锰铁合金。锰有很好的脱氧能力，能将钢中的FeO还原成铁，改善钢的质量；锰还能与硫优先形成MnS，从而减轻硫的有害作用，降低钢的脆性，改善钢的热加工性能；在室温下，大部分锰溶于铁素体中，起固溶强化作用。锰是一种有益杂质。

二、硅

硅在钢中作为杂质存在时，其质量分数一般在0.4%以下，它主要来源于生铁及脱氧剂硅铁合金。硅有较强的脱氧能力，能消除 FeO 对钢的不良影响；在室温下，硅能溶入铁素体中，起固溶强化作用。硅也是一种有益杂质。

三、硫

硫是由生铁及燃料带入到钢中的杂质。固态下硫在铁中的溶解度极小，一般是以 FeS 形式存在于钢中。由于 FeS 塑性很差，故硫的质量分数较多的钢脆性较大；FeS 与 Fe 能形成低熔点（985℃）的共晶体，分布于奥氏体晶界上，当钢加热到约 1200℃ 进行热加工时，晶界上的共晶体熔化，使钢材在热加工过程中沿晶界开裂，这种现象称为热脆。为了消除硫的有害作用，必须增加钢中锰的质量分数。化合物 MnS 的熔点高（1620℃），并呈颗粒状分布，高温下具有一定的塑性，可避免热脆现象的产生。

硫化物是非金属夹杂物，它的存在会降低钢的力学性能，并在轧制过程中形成热加工纤维组织。

通常情况下，硫是有害杂质，在钢中的质量分数必须严格控制。但锰、硫的质量分数较多的钢，能形成较多的 MnS 颗粒，在切削过程中起断屑作用，可改善钢的切削加工性能。

四、磷

磷主要来源于生铁。一般情况下，钢中的磷能全部溶入铁素体中，有强烈的固溶强化现象，使钢的强度、硬度有所升高，但塑性、韧性显著降低，这种脆化现象在低温时更为严重，故称为冷脆。

磷能提高韧脆转变温度，这对于在高寒地带或其他低温条件下工作的结构件有严重的危害性。另外，磷的存在容易引起偏析现象，使钢在热轧后出现带状组织。

因此，磷也是一种有害杂质，在钢中的质量分数也要严格限制。但磷的质量分数较多时，使钢的脆性增大，在炮弹用钢及改善切削加工性能方面是有利的。

五、非金属夹杂物

在炼钢过程中，少量炉渣、耐火材料、冶炼过程中的一些反应物都可能进入钢中，形成非金属夹杂物，如氧化物、硫化物、硅酸盐及氮化物等。它们的存在会降低钢的性能，特别是降低钢的塑性、韧性和疲劳极限，严重时还会使钢在热加工与热处理过程中产生裂纹，或在使用时发生突然断裂。非金属夹杂物也会促使钢在热加工过程中形成流线和带状组织，造成钢材性能具有方向性。因此，对于重要用途的钢（如滚动轴承钢）要检查非金属夹杂物的数量、大小、形状与分布情况。

另外，钢在冶炼过程中会溶入一些气体，如氧气、氢气、氮气等，它们对钢的性能也有一定的影响。

第三节　合金元素在钢中的作用

钢在冶炼时，为满足某种要求而加入的一些元素称为合金元素。能够影响钢的质量而又无法完全去除的元素称为杂质元素。合金元素的存在对钢的相变、组织及性能有很大影响，通过合金化，可以提高或改善钢的性能。

一、合金元素在钢中的存在形式

1. 形成合金铁素体

大多数合金元素都可或多或少地溶入铁素体中,形成合金铁素体。溶入铁素体中的合金元素,由于它们的晶格类型及原子直径与铁不同,因此必然引起铁素体的晶格畸变,产生固溶强化现象,使铁素体的强度、硬度提高,如图7-1所示。当合金元素的质量分数超过一定数值后,铁素体的塑性、韧性将显著下降,如图7-2所示。

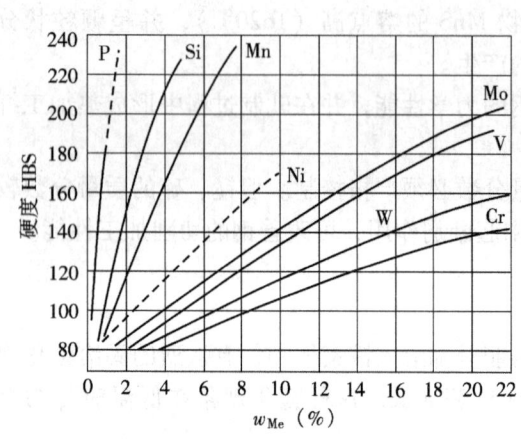

图7-1 合金元素对铁素体硬度的影响

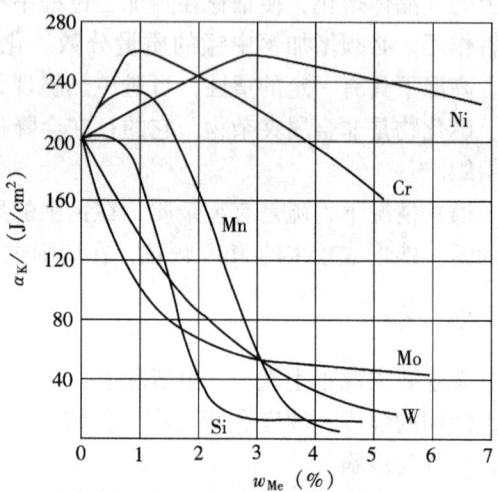

图7-2 合金元素对铁素体韧性的影响

可见,与铁素体有相同晶格类型的合金元素,如铬、钼、钨、钒等强化铁素体的作用较弱。而晶格类型与铁素体不同的合金元素,如硅、锰、镍等强化铁素体的作用较强。另外,有些合金元素如硅、锰、铬、镍等,当它们在钢中的质量分数适当时,不仅能强化铁素体,还能提高或改善铁素体的韧性。

2. 形成合金碳化物

合金元素可分为碳化物形成元素和非碳化物形成元素两类。碳化物形成元素,按它们与碳原子结合的能力又分为弱碳化物形成元素,如锰等;中强碳化物形成元素,如铬、钼、钨等;强碳化物形成元素,如钒、铌、钛、锆等。

钢中合金碳化物的类型主要有合金渗碳体和特殊碳化物两种。合金渗碳体是合金元素溶入渗碳体中所形成的碳化物,它仍具有渗碳体的复杂晶格。一般地,弱碳化物形成元素倾向于形成合金渗碳体,如(Fe、Mn)$_3$C等。而中强碳化物形成元素在钢中的质量分数不多(0.5%~3%)时,也倾向于形成合金渗碳体,如(Fe、Cr)$_3$C、(Fe、Mo)$_3$C、(Fe、W)$_3$C等。合金渗碳体的稳定性及硬度比渗碳体高,是一般低合金钢中碳化物的主要存在形式。

特殊碳化物是一种与渗碳体晶格类型完全不同的合金碳化物,通常是由中强或强碳化物形成元素所构成的碳化物。强碳化物形成元素,在钢中即使质量分数很少,但只要有足够的碳,就倾向于形成特殊碳化物,如WC、VC、TiC、Mo$_2$C等;中强碳化物形成元素,只有在钢中的质量分数较多(>5%)时,才倾向于形成特殊碳化物,如Cr$_{23}$C$_6$、Cr$_7$C$_3$、Fe$_4$W$_2$C等。特殊碳化物(特别是晶体结构简单的特殊碳化物),具有比合金渗碳体更高的熔点、硬度和耐磨性，并且更稳定，不易分解。

合金碳化物的种类、性能、数量及在钢中的分布将直接影响钢的性能和热处理时的相变。

应当指出，合金元素在钢中的存在形式，与合金元素的种类、质量分数、碳的质量分数、热处理条件等因素有关；所有的合金元素都能在热处理加热时溶入奥氏体中，形成合金奥氏体，并在淬火后形成合金马氏体。

二、合金元素对铁碳相图的影响

当合金元素加入到铁碳合金中时，铁的同素异构转变温度和奥氏体相区的大小都将发生改变。

合金元素铬、钨、钼、钒、钛、铝、硅等，将使奥氏体相区缩小，A_3 和 A_1 温度升高，S 和 E 点向左上方移动，如图 7-3 所示。随着这类合金元素在钢中的质量分数增多，奥氏体相区逐渐缩小并消失，此时，钢在室温下的平衡组织就是单相的铁素体，这种钢称为铁素体钢。

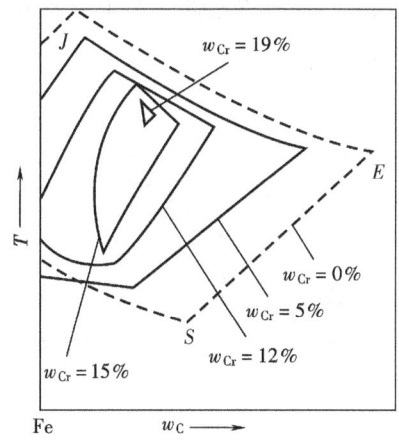 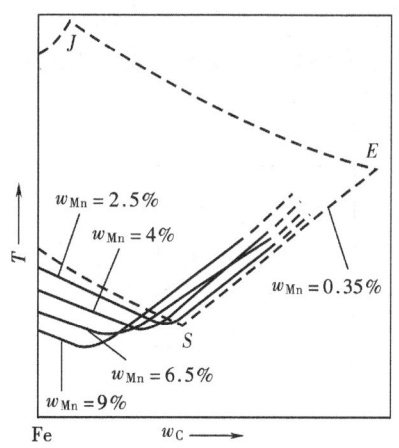

图 7-3 铬对铁碳相图中奥氏体
相区的影响（缩小）

图 7-4 锰对铁碳相图中奥氏体
相区的影响（扩大）

合金元素镍、锰、氮、钴等，将使奥氏体相区扩大，A_3 和 A_1 温度下降，S 和 E 点向左下方移动，如图 7-4 所示。随着这类合金元素在钢中的质量分数增多，奥氏体相区逐渐扩大并一直延展到室温以下，此时，钢在室温下的平衡组织就是稳定的单相奥氏体，这种钢称为奥氏体钢。

由于合金元素使 S、E 点向左移动，因此，碳的质量分数相同的碳钢与合金钢将具有不同的显微组织。例如，碳的质量分数为 0.4% 的碳钢具有亚共析钢的组织；而碳的质量分数为 0.4%、铬的质量分数为 14% 的合金钢则具有过共析钢的组织。又如，碳的质量分数为 0.7%~0.8% 的高速钢，由于合金元素的质量分数超过了 10%，使 E 点显著左移，结果，尽管高速钢中碳的质量分数远低于 2.11%，但其铸态组织中却出现了莱氏体，这种钢也称为莱氏体钢。

合金元素影响了 A_3 和 A_1 的温度，故合金钢在热处理加热或冷却时的相变点就不能直接由铁碳相图来确定。

三、合金元素对钢的热处理的影响

1. 合金元素对钢加热转变的影响

合金钢的奥氏体化过程与碳钢的基本相同,但大多数合金元素(除镍、钴外)均减缓奥氏体化过程,并且合金元素(除锰外)都能阻止奥氏体晶粒的长大。故合金钢,特别是含有强碳化物形成元素的合金钢,在热处理时为了得到比较均匀且含有足够数量合金元素的奥氏体,充分发挥合金元素的有益作用,需要更高的加热温度与较长的保温时间,而不易过热。这有利于提高钢的淬透性;有利于在淬火后获得细小马氏体,提高钢的力学性能;有利于减小淬火时的变形与开裂倾向。

2. 合金元素对钢冷却转变的影响

合金元素(除钴外)在溶入奥氏体中后,能降低原子的扩散速度,使奥氏体的稳定性增加,从而使 C 曲线的位置向右移动,特别是碳化物形成元素不仅使 C 曲线的位置右移,还改变了 C 曲线的形状,如图 7-5 所示。由于合金元素使 C 曲线位置右移,故降低了钢的临界冷却速度,提高了钢的淬透性。多种合金元素同时加入对提高淬透性的作用更为明显。合金钢的淬透性好,这在实际生产中具有很大意义。

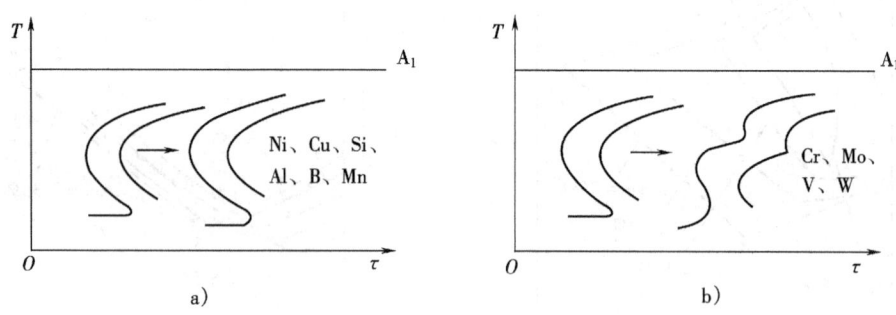

图 7-5 合金元素对 C 曲线的影响

由于合金元素(除钴、铝外)在溶入奥氏体中后,会使 M_s、M_f 点降低,增加淬火后钢中残留奥氏体的量,所以合金钢在淬火后,组织中残留奥氏体的量比碳钢的多,这对钢的硬度、淬火变形及尺寸稳定性都有较大的影响。

3. 合金元素对淬火钢回火转变的影响

合金钢在淬火后,由于马氏体中含有合金元素,使原子的扩散速度减慢,因而在回火过程中,马氏体不易分解,碳化物不易析出,析出后的碳化物聚集长大困难,所以合金钢在相同温度回火后强度、硬度的下降比碳钢少。这种淬火钢在回火时抵抗软化的能力,称为耐回火性(或回火稳定性)。合金钢的耐回火性高,在实际生产中是有利的。

有些合金元素如钨、钼、钒、钛等,使淬火钢

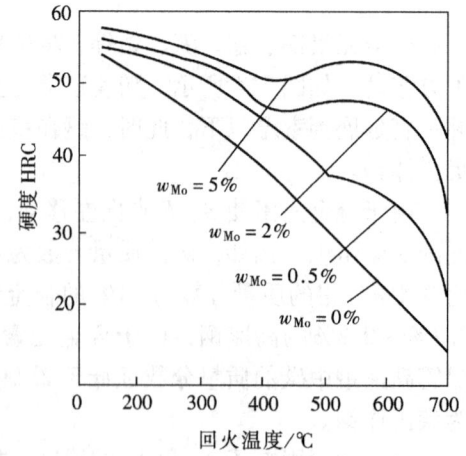

图 7-6 钼对淬火钢回火硬度的影响

在回火时出现硬度回升的现象,称为二次硬化,如图7-6所示。这主要是由于含有强碳化物形成元素的钢淬火后,在回火时会从马氏体中析出高硬度的特殊碳化物造成的。二次硬化现象对需要高热硬性的工具钢具有重要意义。

综上所述,由于合金元素能强化铁素体,能形成高硬度、高耐磨性的合金碳化物,能细化晶粒,能提高钢的淬透性和耐回火性,所以合金钢的力学性能比碳钢好。但是,合金元素的有益作用只有通过适当的热处理才能发挥出来。

第四节 结 构 钢

工业上,凡用于制造各种工程结构及各种机械零件的钢都称为结构钢。工程结构用结构钢主要用于各种工程结构和建筑结构,它们大多是碳素结构钢和低合金高强度结构钢,冶炼工艺简单,价格较便宜,使用时一般不进行热处理;机械零件用结构钢大多是优质结构钢和高级优质结构钢,包括优质碳素结构钢、合金结构钢、合金弹簧钢及滚动轴承钢等,使用时一般都要进行热处理。

一、工程结构用结构钢

1. 碳素结构钢

碳素结构钢中的杂质和非金属夹杂物较多,但由于冶炼容易,工艺性能好,价格便宜,能满足一般工程结构和普通零件的性能要求,因而应用普遍。碳素结构钢通常轧制成钢板或各种型材供应使用,有时根据需要可在使用前对其进行热加工或热处理。这类钢的牌号、力学性能及用途举例见表7-1。

碳素结构钢一般以热轧空冷状态供应,其中Q195和Q275钢在出厂时同时保证力学性能和化学成分,且不分质量等级。Q215、Q235和Q255钢,当质量等级为A、B时,只保证力学性能,化学成分可根据用户的要求予以调整;Q235钢的质量等级为C、D时,则同时保证力学性能和化学成分。

Q195钢为低碳钢,强度、硬度较低,塑性好,一般用于制造铁钉、铁丝及各种薄板,如黑铁皮、白铁皮和马口铁等,有时也用于制造冲压件和焊接结构件。

Q275钢为中碳钢,强度较高,一般可代替30钢和40钢用于制造较重要的零件,以降低成本。

表7-1 碳素结构钢的牌号、力学性能及用途

牌号	质量等级	脱氧方法	σ_s/MPa	σ_b/MPa	δ_5(%)	特点及用途举例
Q195	—	F、b、Z	195	315~430	33	具有一定的强度、硬度和良好的塑性,用于制造受力不大的零件,如螺钉、螺母、垫圈等,也可用于冲压件、焊接件及建筑结构件
Q215	A、B		215	335~450	31	
Q235	A、B	F、b、Z	235	375~500	26	
Q235	C、D	Z、TZ	235	375~500	26	
Q255	A、B	Z	255	410~550	24	具有较高的强度,用于制造承受中等载荷作用的零件,如农机具零件、销钉、小型轴类零件等
Q275	—		275	490~630	20	

A级质量的Q215、Q235和Q255钢，一般用于制造不需要热加工或热处理的工程结构件及普通零件；B级质量的Q215、Q235和Q255钢用于制造较重要的机器零件及船用钢板。

2. 低合金高强度结构钢

低合金高强度结构钢是在碳素结构钢的基础上加入少量合金元素形成的，产品既保证力学性能，又保证化学成分，以适应工程上承载能力强、自重轻的要求。

低合金高强度结构钢中碳的质量分数一般在0.16%~0.20%范围内，所含合金元素主要有锰、硅、钒、钛、铌、磷、铜等，其作用是强化铁素体、细化晶粒。同碳素结构钢相比，低合金高强度结构钢具有较高的强度，良好的塑性、韧性和焊接性能，有一定的耐腐蚀性。

低合金高强度结构钢大多是在热轧退火或正火状态下使用，其中Q345钢使用最广泛。我国的南京长江大桥、内燃机车、万吨巨轮、压力容器及汽车大梁等工程结构中都大量使用了Q345钢。常用低合金高强度结构钢的牌号、力学性能及用途举例见表7-2。

表7-2 低合金高强度结构钢的牌号、力学性能及用途

牌号	σ_s/MPa	σ_b/MPa	δ_5(%)	特点及用途举例
Q295	295	390~570	23	具有良好的塑性、韧性和加工成形性能，用于制造低压锅炉、容器、油罐、桥梁、车辆及金属结构等
Q345	345	470~630	21	具有良好的综合力学性能和焊接性能，用于制造船舶、桥梁、车辆、大型容器、大型钢结构等
Q390	390	490~650	19	具有良好的综合力学性能和焊接性能，冲击韧度较高，用于制造建筑结构、船舶、化工容器、电站设备等
Q420	420	520~680	18	具有良好的综合力学性能和焊接性能，加工成形性能和低温韧性好，用于制造桥梁、高压容器、电站设备、大型船舶及其他大型焊接结构件等
Q460	460	550~720	17	

3. 低合金耐候钢

耐候钢是指耐大气腐蚀的钢，它是在低碳钢的基础上加入少量铜、磷、铬、镍、钼、钛、钒等合金元素形成的，在钢材的表面能形成一层保护膜，以提高其耐腐蚀性。

目前，我国使用的耐候钢又分为焊接结构用耐候钢和高耐候性结构钢两类。焊接结构用耐候钢具有良好的焊接性能，适于桥梁、建筑及其他要求耐候性的工程结构；高耐候性结构钢的耐候性好，适于车辆、建筑、塔架和其他要求高耐候性的工程结构。常用低合金耐候钢的牌号和力学性能见表7-3和表7-4。

表7-3 焊接结构用耐候钢的牌号和力学性能

牌号	σ_s/MPa	σ_b/MPa	δ_5(%)
Q235NH	235	360~490	25
Q295NH	295	420~560	24
Q355NH	355	490~630	22
Q460NH	460	550~710	22

表7-4 高耐候性结构钢的牌号和力学性能

牌 号	状 态	σ_s/MPa	σ_b/MPa	$\delta_5(\%)$
Q345GNHL	热轧	345	480	22
Q295GNHL	热轧	295	430	24
Q295GNH	热轧	295	390	24
Q345GNHL	冷轧	320	450	26
Q295GNHL	冷轧	260	390	27
Q295GNH	冷轧	260	390	27

4. 低合金专业用钢

为了适应某些专业的特殊需要，在低合金高强度结构钢的基础上，通过调整化学成分和工艺方法，形成了一些低合金专业用钢，如汽车用低合金钢、低合金钢筋钢、铁道用低合金钢、矿用低合金钢等。低合金专业用钢的牌号与合金结构钢牌号的表示方法相同，但增加了表示用途的符号。常用结构钢中表示用途的符号见表7-5。

表7-5 常用结构钢中表示用途的符号

名 称	汉字	符号	位置	名 称	汉字	符号	位置
易切削结构钢	易	Y	牌号头	压力容器用钢	容	R	牌号尾
耐候钢	耐候	NH	牌号尾	焊接用钢	焊	H	牌号头
钢轨钢	轨	U	牌号头	桥梁用钢	桥	q	牌号尾
铆螺钢	铆螺	ML	牌号头	锅炉用钢	锅	g	牌号尾
汽车大梁用钢	梁	L	牌号尾	矿用钢	矿	K	牌号尾

二、机械零件用结构钢

1. 优质碳素结构钢

优质碳素结构钢在出厂时，既保证力学性能，又保证化学成分，含杂质与非金属夹杂物的数量少，一般都在热处理后使用。优质碳素结构钢的牌号、力学性能及用途举例见表7-6。

表7-6 优质碳素结构钢的牌号、力学性能及用途

牌 号	σ_s/MPa	σ_b/MPa	$\delta_5(\%)$	$\psi(\%)$	A_{KU}/J	用 途 举 例
08F	175	295	35	60	—	用于制造受力不大但要求高韧性的冲压件、焊接件、紧固件，如螺栓、螺母、垫圈等
10F	185	315	33	55	—	
15F	205	355	29	55	—	
08	195	325	33	60	—	
10	205	335	31	55	—	渗碳淬火后可制造要求强度不高的耐磨零件，如凸轮、滑块、活塞销等
15	225	375	27	55	—	
20	245	410	25	55	—	
25	275	450	23	50	71	

(续)

牌号	σ_s/MPa	σ_b/MPa	δ_5(%)	ψ(%)	A_{KU}/J	用途举例
30	295	490	21	50	63	用于制造承受载荷较大的零件，如连杆、曲轴、主轴、活塞销、表面淬火齿轮、凸轮等
35	315	530	20	45	55	
40	335	570	19	45	47	
45	355	600	16	40	39	
50	375	630	14	40	31	
55	380	645	13	35	—	
60	400	675	12	35	—	用于制造要求弹性极限或强度较高的零件，如轧辊、弹簧、钢丝绳、偏心轮等
65	410	695	10	30	—	
70	420	715	9	30	—	
75	880	1080	7	30	—	
80	930	1080	6	30	—	
85	980	1130	6	30	—	
15Mn	245	410	26	55	—	应用范围与普通含锰量的优质碳素结构钢相同
20Mn	275	450	24	50	—	
25Mn	295	490	22	50	71	
30Mn	315	540	20	45	63	
35Mn	335	560	18	45	55	
40Mn	355	590	17	45	47	
45Mn	375	620	15	40	39	
50Mn	390	645	13	40	31	
60Mn	410	695	11	35	—	
65Mn	430	735	9	30	—	
70Mn	450	785	8	30	—	

08、10钢碳的质量分数低，塑性好，焊接性能好，主要是制作薄板，用于制造冷冲压件和焊接件，属于冷冲压钢。

15、20、25钢属于渗碳钢，强度较低，但塑性、韧性较高，冷冲压性能和焊接性能良好，可以制造各种受力不大但要求高韧性的零件，如螺钉、垫圈、活塞销等，也可用于制造冷冲压件和焊接件。这类钢经渗碳、淬火和低温回火后，表面硬度可达60HRC以上，具有很高的耐磨性，而心部则具有良好的强度和韧性，可用于制造表面要求高硬度、高耐磨性并承受冲击载荷作用的零件，如齿轮、小轴等。

30~55钢属于调质钢，经淬火和高温回火后，具有较高的综合力学性能，主要用于制造要求高强度、高塑性、高韧性的重要零件，如齿轮、轴类零件等。其中45钢在机械制造中应用最广泛。

60~85钢属于弹簧钢，经淬火和中温回火后，具有较高的弹性极限、疲劳极限和韧性，主要用于制造尺寸较小的弹簧、弹性零件或耐磨零件。

较高锰的优质碳素结构钢，其性能和用途与对应的普通锰优质碳素结构钢相同，但淬透性较高。

2. 合金结构钢

合金结构钢是在优质碳素结构钢的基础上加入合金元素形成的，主要用于制造重要的机械零件。按其用途和热处理特点可分为合金渗碳钢、合金调质钢和合金弹簧钢等。

（1）合金渗碳钢　合金渗碳钢主要用于制造性能要求较高或截面尺寸较大，且在循环载荷、冲击载荷及摩擦条件下工作的零件，如汽车中的变速齿轮、内燃机中的凸轮等。碳素渗碳钢由于淬透性较差，仅能在表层获得高硬度，而心部得不到强化，故只适用于制造受力较小的渗碳零件。凡是要求表面具有高硬度和高耐磨性，心部具有较高强度和足够韧性的零件，均应采用合金渗碳钢制造。

合金渗碳钢中碳的质量分数一般在 0.10%～0.25% 范围内，以保证心部有足够的韧性。加入铬、锰、镍、硼等合金元素以提高钢的淬透性，并在保持良好韧性的条件下提高其强度；加入钼、钨、钒、钛等合金元素以细化晶粒，提高渗碳层的耐磨性。

渗碳钢按其淬透性可分为低淬透性、中淬透性和高淬透性三类。常用渗碳钢的牌号、热处理、力学性能及用途举例见表 7-7。

表 7-7　常用渗碳钢的牌号、热处理、力学性能及用途

类别	牌号	热处理/℃ 渗碳	热处理/℃ 第一次淬火	热处理/℃ 第二次淬火	热处理/℃ 回火	力学性能 σ_s/MPa	力学性能 σ_b/MPa	力学性能 $\delta_5(\%)$	力学性能 $\psi(\%)$	力学性能 A_{KU}/J	用途举例
低淬透性	15	930	890 空	785 水	200	225	375	27	55	—	活塞销等
低淬透性	20Mn2	930	850 水/油	—	200	590	785	10	40	47	代替 20Cr
低淬透性	20Cr	930	880 水/油	800 水/油	200	540	835	10	40	47	小齿轮、小轴、凸轮、活塞销等
低淬透性	20MnV	930	880 水/油	—	200	590	785	10	40	55	锅炉、高压容器等，可代替 20Cr
中淬透性	20CrMn	930	850 油	—	200	735	930	10	45	47	齿轮、轴、摩擦轮、蜗杆等
中淬透性	20CrMnTi	930	880 油	870 油	200	835	1080	10	45	55	汽车、拖拉机变速箱齿轮等
中淬透性	20MnVB	930	860 油	—	200	885	1080	10	45	55	
高淬透性	20Cr2Ni4	930	880 油	780 油	200	1080	1180	10	45	63	大型齿轮和轴等
高淬透性	18Cr2Ni4WA	930	950 空	850 空	200	835	1180	10	45	78	大型齿轮和轴等

对于低、中淬透性渗碳钢，一般以正火作为预备热处理，来改善其切削加工性能；而高淬透性渗碳钢，一般在锻造后空冷，再经 650℃ 的高温回火，以形成回火索氏体来改善切削加工性能。渗碳钢的最终热处理通常是渗碳、淬火和低温（180～200℃）回火，表面硬度可达 58～64HRC。

（2）合金调质钢　合金调质钢主要用于制造受力复杂的重要零件，如机床的主轴、柴油机的连杆等。这些零件均在多种载荷作用下工作，既要求有很高的强度，又要求有很好的塑性和韧性，即要求具有良好的综合力学性能。

合金调质钢中碳的质量分数一般在 0.25%～0.50% 范围内，碳的质量分数过低，强度

与硬度不足；碳的质量分数过高，则韧性不足。加入锰、硅、铬、镍、硼等合金元素以提高钢的淬透性，并强化铁素体，改善韧性；加入钼、钨、钒、钛等合金元素以细化晶粒，提高耐回火性并进一步改善钢的性能。

碳素调质钢的综合力学性能比合金调质钢低，只适于制造截面尺寸不大、强度要求不高的零件。调质钢通常可按淬透性大小分为三类。常用调质钢的牌号、热处理、力学性能及用途举例见表7-8。

表7-8 常用调质钢的牌号、热处理、力学性能及用途

类别	牌号	热处理/℃		力学性能					用途举例
		淬火	回火	σ_s/MPa	σ_b/MPa	δ_5(%)	ψ(%)	A_{KU}/J	
低淬透性	40	840 水	510 空	270	540	17	36	24	齿轮、心轴、杆、轴等
	45	840 水	510 空	290	580	15	35	20	轧辊、齿轮、轴、曲轴、螺栓、螺母等
	40Cr	850 油	520 水/油	785	980	9	45	47	轴、齿轮、连杆、螺栓等
	40MnB	850 油	500 水/油	785	980	10	45	47	代替40Cr制造转向节、半轴、花键轴等
	40MnVB	850 油	520 水/油	785	980	10	45	47	
中淬透性	42CrMo	850 油	560 水/油	930	1080	12	45	63	连杆、大齿轮、摇臂等
	30CrMnSi	880 油	520 水/油	885	1080	10	45	39	砂轮轴、联轴器、离合器等
	38CrMoAlA	940 油	640 水/油	835	980	14	50	71	镗床镗杆、蜗杆、高压阀门、主轴等
高淬透性	40CrNiMoA	850 油	600 水/油	835	980	12	55	78	锻床偏心轴、压力机曲轴、耐磨齿轮等
	40CrMnMo	850 油	600 水/油	785	980	10	45	63	高强度耐磨齿轮、主轴等
	25Cr2Ni4WA	850 油	550 水/油	930	1080	11	45	71	汽轮机主轴、叶轮等

对于碳及合金元素质量分数较低的调质钢，一般以正火或退火作为预备热处理，来改善组织和切削加工性能；而合金元素质量分数较高的调质钢，则采用空冷淬火和高温回火作为预备热处理，来改善切削加工性能。调质钢的最终热处理一般是调质处理，有特殊要求时，还可再进行表面淬火或渗氮处理。

(3) 合金弹簧钢 弹簧在工作时依靠其产生大量的弹性变形，在各种机械中起缓和冲击、吸收振动和贮存能量的作用。因此，制造弹簧的材料应具有高的弹性极限和疲劳极限、高的屈强比及一定的塑性与韧性。弹簧钢主要用于制造各种弹簧或弹性元件，如汽车的板弹

簧、螺旋弹簧、钟表的发条等。

碳素弹簧钢中碳的质量分数一般在 0.6% ~ 0.9% 范围内，而合金弹簧钢中碳的质量分数一般在 0.45% ~ 0.7% 范围内，以保证得到高的弹性极限和疲劳极限。加入锰、硅、铬等合金元素以提高钢的淬透性、屈强比、耐回火性及强化铁素体；加入钼、钨、钒等合金元素以细化晶粒，防止过热并进一步改善钢的性能。常用弹簧钢的牌号、热处理、力学性能及用途举例见表 7-9。

表 7-9 常用弹簧钢的牌号、热处理、力学性能及用途

牌 号	热处理/℃		力 学 性 能					用途举例
	淬火	回火	σ_s/MPa	σ_b/MPa	δ_5(%)	ψ(%)	A_{KU}/J	
65	840 油	500	785	980	9	35	—	截面小于 15mm 的小弹簧等
65Mn	830 油	540	785	980	8	30	—	截面小于 20mm 的弹簧、阀簧等
60Si2Mn	870 油	480	1175	1275	5	25	20	截面为 25 ~ 30mm 的弹簧，如机车板弹簧、测力弹簧等
60Si2CrVA	850 油	410	1665	1865	6 (δ_5)	20	24	截面小于 50mm 的弹簧，如重型板簧等
50CrVA	850 油	500	1130	1275	10 (δ_5)	40	24	截面为 30 ~ 50mm 的弹簧及耐热弹簧等

弹簧尺寸不同，成形和热处理方法也不同。对于弹簧丝直径或弹簧钢板厚度大于 10 ~ 15mm 的螺旋弹簧或板弹簧，一般在热态下成形，成形后利用余热进行淬火，然后进行中温（350 ~ 520℃）回火，得到回火托氏体，硬度一般为 42 ~ 48HRC。热处理后的弹簧往往还要进行喷丸处理，使其表面强化，并产生残留压应力，以提高其疲劳极限。

对于弹簧丝直径小于 10mm 的弹簧，常用冷拉弹簧钢丝冷绕而成，一般属于小型螺旋弹簧。由于弹簧钢丝在生产过程中经过铅浴淬火处理及冷拉加工，已经具备了很好的性能，所以冷绕成形后，不再进行淬火处理，只需进行 200 ~ 300℃ 的去应力退火，以消除残留应力并使弹簧定形。

3. 滚动轴承钢

滚动轴承钢主要用于制造各种滚动轴承的内外套圈及滚动体，也可用于制造各种工具和耐磨零件。

滚动轴承在工作时，其内外套圈和滚动体受循环载荷作用，同时在滚动体和套圈之间还会产生强烈的摩擦。因此，滚动轴承钢应具有高的抗压强度、疲劳极限、硬度、耐磨性及一定的韧性。

应用最广的滚动轴承钢是高碳铬钢，其碳的质量分数在 0.95% ~ 1.15% 范围内，属于过共析钢，以保证高强度和高硬度，并能形成足够数量的合金碳化物以提高其耐磨性。合金

元素铬的质量分数一般在 0.40%～1.65% 范围内,其目的是提高淬透性,并在热处理后形成细小均匀分布的合金渗碳体（Fe、Cr)$_3$C,以提高钢的硬度、疲劳极限和耐磨性。在制造大型滚动轴承时,为了进一步提高淬透性,还可加入硅、锰等合金元素。

滚动轴承钢对硫、磷等杂质元素的质量分数限制极高,一般规定硫的质量分数应在 0.020% 以下,磷的质量分数在 0.027% 以下。故滚动轴承钢是一种高级优质钢,但在牌号后不加符号 A。

常用滚动轴承钢的牌号、热处理及用途举例见表 7-10。我国目前应用最多的是 GCr15 和 GCr15SiMn。前者用于制造中、小型滚动轴承,后者用于制造较大型滚动轴承。对于承受很大冲击或特大型滚动轴承常用合金渗碳钢制造,而要求耐腐蚀的滚动轴承常用不锈钢制造。

表 7-10　常用滚动轴承钢的牌号、热处理及用途

牌　　号	热处理/℃		回火后硬度 HRC	用　途　举　例
	淬火	回火		
GCr6	800～820 水/油	150～170	62～64	直径小于10mm 的滚珠、滚柱及滚针
GCr9	810～830 水/油	150～170	62～66	直径小于20mm 的滚珠、滚柱及滚针
GCr9SiMn	810～830 水/油	150～160	62～64	直径为 25～50mm 的滚珠、小于22mm 的滚柱,壁厚小于 12mm、外径小于 250mm 的套圈
GCr15	820～840 油	150～160	62～66	
GCr15SiMn	820～840 油	150～200	61～65	直径大于 50mm 的滚珠或大于22mm 的滚柱,壁厚大于 12mm、外径大于 250mm 的套圈
GSiMnMoV（RE）	780～820 油	160～180	62～64	代替 GCr15SiMn 制造汽车、拖拉机、轧钢机上的大型轴承

滚动轴承钢的预备热处理为球化退火,目的是获得球状珠光体组织,降低硬度,改善切削加工性能,为淬火作准备;最终热处理为淬火和低温回火,目的是获得极细的回火马氏体和细小均匀分布的合金碳化物组织,硬度可达 61～65HRC。

对于精密轴承,为保证尺寸稳定性,可在淬火后进行冷处理（-60～-80℃),以减少残留奥氏体量,然后再进行低温回火和磨削加工,最后进行时效处理（120～130℃保温 10～20h),以消除磨削应力,进一步稳定尺寸。

三、其他结构钢

1. 易切削结构钢

易切削结构钢是在优质碳素结构钢的基础上加入一种或几种能改善切削加工性能的合金元素而形成的。这类钢具有良好的切削加工性能,适合在自动机床上进行高速切削来制造机械零件。它不仅在高速切削条件下对刀具的磨损小,而且切削后零件的表面粗糙

度值较低。

目前，在易切削结构钢中加入的合金元素主要有硫、锰、铅、磷等。硫与锰配合加入可在钢中形成大量 MnS 夹杂物微粒，它能中断基体的连续性，在切削时起断屑作用，减少切屑与刀具的接触面积，降低切削力和切削热，减少刀具磨损，降低工件表面粗糙度值并延长刀具的使用寿命。铅在钢中呈孤立的细小颗粒状均匀分布，既中断了基体的连续性，又有润滑作用，从而减少摩擦和切削力，有利于切削加工。加入磷可以使铁素体脆化，使切屑易断并易于排除。

易切削结构钢主要用于制造受力较小，不太重要且生产批量较大的标准件，如螺钉、螺母、垫圈、缝纫机零件等。易切削结构钢一般不进行预备热处理，以免降低其切削加工性能，但可以进行最终热处理。

易切削结构钢的牌号由"易"字汉语拼音的字首 Y 和数字组成，数字表示钢中平均碳的质量分数的万分数。例如，Y12 表示平均碳的质量分数为 0.12% 的易切削结构钢。锰的质量分数较高时，在牌号后加符号 Mn，如 Y40Mn 等。若钢中含有铅、钙等合金元素，也应在牌号后标出相应的元素符号。常用易切削结构钢的牌号、力学性能及用途举例见表 7-11。

表 7-11 常用易切削结构钢的牌号、力学性能及用途

牌 号	力学性能（热轧状态）				用 途 举 例
	σ_b/MPa	δ_5(%)	ψ(%)	HBW	
Y12	390~540	22	36	170	用于制造一般标准紧固件，如螺栓、螺母、销等，Y15 具有更好的切削加工性能
Y15	390~540	22	36	170	
Y12Pb	390~540	22	36	170	用于制造表面粗糙度值要求较小的机械零件，如精密仪表中的零件、轴、销等
Y15Pb	390~540	22	36	170	
Y20	450~600	20	30	175	用于制造强度要求较高、形状复杂的零件，如纺织机械和计算机中的零件、各种紧固标准件等
Y30	510~655	15	25	187	
Y35	510~655	14	22	187	
Y40Mn	590~735	14	20	207	用于制造表面粗糙度值要求小及受较大载荷作用的零件，如机床中的丝杠、光杠、螺栓、自行车和缝纫机零件等
Y45Ca	600~745	12	26	241	用于制造力学性能要求较高的零件，如齿轮、轴等

2. 铸造碳钢

在生产中有许多形状复杂的大型零件，如水压机的横梁、轧钢机的机架、大型齿轮、锻锤砧座等，用锻压加工方法成形很困难，用铸铁制造又无法满足力学性能要求，此时可采用铸造碳钢以铸造成形的方法来获得，称为铸钢件。

铸造碳钢中碳的质量分数一般在 0.20%~0.60% 范围内。碳的质量分数过高，则塑性差，铸造时易产生裂纹。一般工程用铸造碳钢的牌号、力学性能及用途举例见表 7-12。

表7-12　一般工程用铸造碳钢的牌号、力学性能及用途

牌　号	力　学　性　能					特点及用途举例
	$\sigma_s(\sigma_{0.2})$/MPa	σ_b/MPa	$\delta(\%)$	$\psi(\%)$	A_{KU}/J	
ZG200—400	200	400	25	40	30	具有良好的塑性、韧性和焊接性能。用于制造受力不大，要求韧性高的零件，如机座、变速箱箱体等
ZG230—450	230	450	22	32	25	具有一定的强度和较好的塑性、韧性，焊接性能良好，切削加工性能一般。用于制造承受载荷不大，要求韧性较高的零件，如砧座、轴承盖、阀体等
ZG270—500	270	500	18	25	22	具有较高的强度和较好的塑性，铸造性能和切削加工性能良好，焊接性能较好。用于制造轧钢机机架、轴承座、箱体、缸体等
ZG310—570	310	570	15	21	15	具有良好的强度和切削加工性能，塑性与韧性较低。用于制造受力较大的零件，如大齿轮、制动轮等
ZG340—640	340	640	10	18	10	具有高的强度、硬度和耐磨性，切削加工性能中等，焊接性能较差，铸造性能良好，但冷却时易产生裂纹。用于制造齿轮、棘轮等

3. 超高强度钢

超高强度钢是指抗拉强度在1500MPa以上的合金结构钢，它是在合金调质钢的基础上，加入多种合金元素进行复合强化形成的，主要用于航空和航天工业。如35Si2MnMoVA钢，其抗拉强度可达1700MPa，用于制造飞机的起落架、框架、发动机曲轴等；40SiMnCrWMoRE钢在300~500℃时仍能保持高强度和良好的抗氧化性与耐热疲劳性能，用于制造飞机的机体构件。

第五节　工　具　钢

制造各种刃具、模具、量具的钢称为工具钢，相应地称为刃具钢、模具钢、量具钢。

工具钢与结构钢的主要区别在于，工具钢（除热作模具钢外）大多属于过共析钢；所含合金元素除为了提高淬透性外，主要是为了提高钢的硬度和耐磨性，故常采用碳化物形成元素；工具钢的最终热处理一般多采用淬火和低温回火，以保证高硬度与高耐磨性。另外，由于工具钢中碳的质量分数较高，性能较脆，为了改善其塑性和减少淬火变形、开裂倾向，工具钢的质量要求比结构钢更严。

一、刃具钢

刃具在工作时，要受到复杂切削力的作用，刃部与切屑之间产生强烈摩擦，使刃部温度升高并磨损。切削量越大，刃部的温度越高，严重时会使刃部硬度降低，导致丧失

切削功能。同时，刃具在工作时还要受到冲击与振动。因此，要求刃具钢应具有高的硬度、耐磨性、热硬性及足够的强度与韧性，其中热硬性是指钢在高温下保持高硬度的能力。

制造刃具的刃具钢有碳素工具钢、低合金刃具钢和高速工具钢三类。

1. 碳素工具钢

碳素工具钢是碳的质量分数在 0.65% ~ 1.35% 范围内的优质或高级优质高碳钢。碳的质量分数高可以保证碳素工具钢在淬火后有足够高的硬度，但会使钢的脆性增大，淬透性下降且淬火开裂倾向增加。因此，对杂质元素的质量分数限制较严，一般 $w_{Si} \leqslant 0.35\%$，$w_{Mn} \leqslant 0.40\%$（较高锰的碳素工具钢除外）。在优质碳素工具钢中，$w_S \leqslant 0.030\%$，$w_P \leqslant 0.035\%$；而在高级优质碳素工具钢中，$w_S \leqslant 0.020\%$，$w_P \leqslant 0.030\%$。

表 7-13 列出了常用碳素工具钢的牌号及用途。可以看出，各类碳素工具钢淬火后的硬度相近，但随碳的质量分数增加，钢中未溶渗碳体数量增多，耐磨性提高，而韧性降低；高级优质碳素工具钢比相应的优质碳素工具钢有较小的淬火开裂倾向，适于制造形状稍复杂的刃具。

碳素工具钢的预备热处理为球化退火，目的是改善切削加工性能，并为淬火作准备；最终热处理是淬火和低温回火，组织为回火马氏体、粒状碳化物及少量残留奥氏体，硬度可达 60 ~ 65HRC。

表 7-13 碳素工具钢的牌号及用途

牌　　号	硬度（退火状态）HBW	硬度（淬火状态）HRC	用　途　举　例
T7 T7A	187	800 ~ 820℃水 62	用于制造承受冲击、要求韧性较好、硬度适当的工具，如扁铲、手钳、大锤、旋凿、木工工具等
T8 T8A	187	780 ~ 800℃水 62	用于制造承受冲击、要求硬度较高的工具，如冲头、压缩空气工具、木工工具等，T8Mn 和 T8MnA 淬透性较好，可用于制造截面尺寸较大的工具
T8Mn T8MnA	187	780 ~ 800℃水 62	
T9 T9A	192	760 ~ 780℃水 62	用于制造硬度要求高、韧性适中的工具，如冲头、木工工具、凿岩工具等
T10 T10A	197	760 ~ 780℃水 62	用于制造不受剧烈冲击、硬度和耐磨性要求高的工具，如车刀、刨刀、冲头、丝锥、钻头、手锯条、小型冷冲模具等
T11 T11A	207	760 ~ 780℃水 62	
T12 T12A	207	760 ~ 780℃水 62	用于制造不受冲击，要求高硬度和高耐磨性的工具，如锉刀、刮刀、精车刀、丝锥、量具等，T13 和 T13A 可用于制造耐磨性要求更高的工具，如刮刀、剃刀等
T13 T13A	217	760 ~ 780℃水 62	

2. 低合金刃具钢

低合金刃具钢是在碳素工具钢的基础上加入少量合金元素形成的，主要用于制造切削量不大但形状复杂的刃具，也可用于制造冷作模具或量具。

低合金刃具钢中碳的质量分数在 0.75% ~ 1.45% 范围内，以保证钢在淬火后具有高硬度，并能形成适当数量的合金碳化物，以增加耐磨性。加入的合金元素主要有铬、锰、硅、钨、钒等，其作用是提高淬透性、耐回火性，细化晶粒，提高硬度、耐磨性及热硬性。常用低合金刃具钢的牌号、热处理及用途举例见表7-14。

表7-14 常用低合金刃具钢的牌号、热处理及用途

牌 号	热处理及热处理后的硬度				用 途 举 例
	淬火/℃	硬度 HRC	回火/℃	硬度 HRC	
Cr2	830～860 油	62	130～150	62～65	用于制造车刀、插刀、铰刀、冷轧辊、样板、量规等
9SiCr	820～860 油	62	180～200	60～62	用于制造耐磨性要求高、切削不剧烈的刀具，如板牙、丝锥、钻头、铰刀、齿轮铣刀、拉刀等，还可用于制造冷冲模具、冷轧辊等
CrWMn	800～830 油	62	140～160	62～65	用于制造要求淬火变形小、形状复杂的刀具，如拉刀、长丝锥等，还可用于制造量规、冷冲模具、精密丝杠等
9Mn2V	780～810 油	62	150～200	60～62	用于制造小型冷作模具及要求变形小、耐磨性高的量具、样板、精密丝杠、磨床主轴等，也可用于制造丝锥、板牙、铰刀等
8MnSi	800～820 油	60	180～200	58～60	一般用于制造木工工具或其他工具，如凿子、锯条等

低合金刃具钢的热处理与碳素工具钢的基本相同，预备热处理为球化退火，最终热处理为淬火和低温回火。

3. 高速工具钢

高速工具钢是一种热硬性、耐磨性很高的高合金工具钢，其热硬性可达600℃，切削时能长期保持刃口锋利，故俗称"锋钢"。

高速工具钢中碳的质量分数一般在0.70%～1.65%范围内，加入的合金元素主要有钨、钼、铬、钒等，合金元素的质量分数在10%以上。碳的质量分数高是为了保证形成足够数量的合金碳化物，以提高钢的硬度和耐磨性；钨、钼是提高耐回火性、耐磨性和热硬性的主要元素；铬能明显提高淬透性，使高速工具钢在空冷条件下也能形成马氏体组织；钒能细化晶粒，并提高钢的硬度、耐磨性及热硬性。

由于高速工具钢中含有大量合金元素，使铁碳相图中的 E 点显著左移，故其铸态组织中出现了低温莱氏体。低温莱氏体中的共晶碳化物呈鱼骨状分布，如图7-7所示。高速工具钢中碳化物分布不均匀，会使刃具的性能降低，在使用过程中容易磨损和崩刃。因此，高速工具钢在出厂时，应按有关标准对碳化物的分布情况进行检验，粗大而分布不均匀的碳化物是不能用热处理的方法予以消除的，必须通过反复锻造，将其击碎并使其呈小块状均匀分布。高速工具钢锻造后一般进行等温退火处理，以消除残留应力，改善切削加工性能，并为淬火作准备。

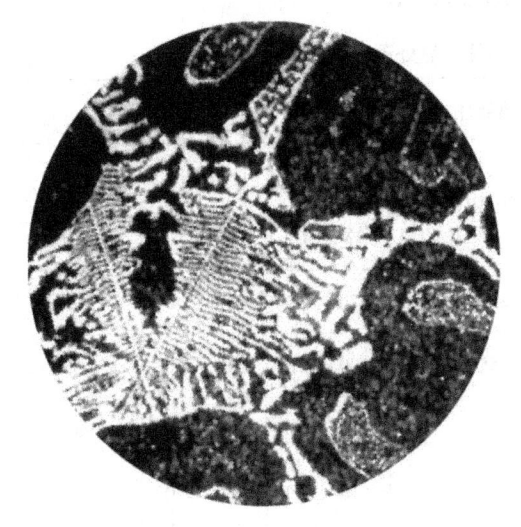 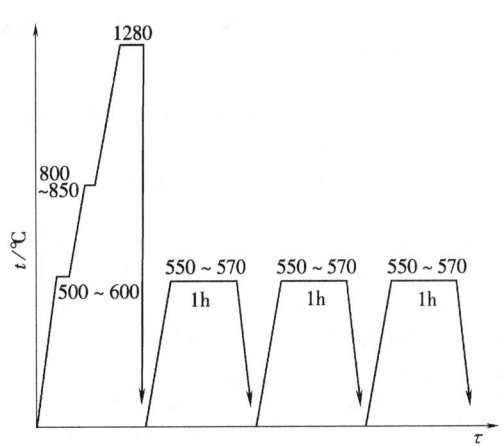

图 7-7 高速工具钢铸态组织　　图 7-8 W18Cr4V 钢的热处理工艺曲线

高速工具钢只有经过适当的热处理才能获得良好的组织与性能。图 7-8 是高速工具钢的热处理工艺曲线。高速工具钢属于高合金钢,塑性差,导热性差。为了减小热应力,防止变形与开裂,在淬火加热时必须进行预热（800～850℃）,对截面尺寸较大、形状复杂的刃具可进行两次预热（500～600℃,800～850℃）。高速工具钢中的钨、钼、铬、钒等碳化物形成元素,只有在1200℃以上才能大量溶入奥氏体中,发挥有益作用,所以高速工具钢的淬火加热温度很高,一般为1220～1280℃。淬火冷却一般采用油冷或在盐浴中进行马氏体分级淬火。淬火后的组织为马氏体、粒状碳化物和残留奥氏体,残留奥氏体的数量可达20%～25%。

为了消除淬火内应力,减少残留奥氏体的数量,稳定组织,达到所要求的性能,高速工具钢淬火后必须及时进行回火。回火温度一般在560℃左右,此时,可从马氏体中析出特殊碳化物,产生二次硬化,使钢的硬度显著提高,甚至超过淬火后的硬度。由于残留奥氏体的数量较多,一次回火难以全部消除,只有经过三次回火,残留奥氏体才减至最低量,同时钢的强度和塑性最好,淬火内应力消除最彻底。高速工具钢正常淬火、回火后的组织为极细的回火马氏体、粒状碳化物和少量残留奥氏体,硬度可达63～66HRC。

为进一步提高高速工具钢刃具的切削性能和使用寿命,可在淬火、回火后再进行某些化学热处理,如渗氮、碳氮共渗等。

常用高速工具钢的牌号、热处理及性能见表 7-15。其中,W18Cr4V 钢的热硬性较高,过热敏感性较小,磨削性能好,但热塑性较差,热加工废品率较高,故适于制造一般的切削刃具,不适合制造薄刃刃具；W6Mo5Cr4V2 钢中的碳化物细小均匀,热塑性好,便于压力加工,并且热处理后的韧性与耐磨性较高,但热硬性稍差,加热时易脱碳和过热,故适于制造耐磨性与韧性需要较好配合的刃具,更适宜制造通过扭制、轧制等热加工成形的薄刃刃具,如齿轮铣刀、插齿刀、麻花钻等；高生产率型高速工具钢是用于制造加工高硬度、高强度金属的刃具材料,它是在通用型高速工具钢的基础上加入质量分数为5%～10%的钴,形成的含钴高速工具钢,如 W18Cr4V2Co8,硬度可达68～70HRC,热硬性可达670℃,但脆性大,价格贵,一般用于制造特殊刃具。我国根据资源情况,形成了一种价格便宜、性能与含钴高速工具钢相近的高生产率型高速工具钢,即 W6Mo5Cr4V2Al。

表 7-15 常用高速工具钢的牌号、热处理及性能

类别	牌 号	热处理及热处理后的硬度				
		退火/℃	硬度 HBW	淬火与回火		
				淬火/℃	回火/℃	硬度 HRC
通用型	W18Cr4V	850~870	255	1270~1285	550~570	63
	CW6Mo5Cr4V2	840~860	255	1190~1210	540~560	65
	W6Mo5Cr4V2	840~860	255	1210~1230	540~560	63
	W9Mo3Cr4V	840~880	255	1210~1230	540~560	64
高生产率型	W6Mo5Cr4V3	840~860	255	1190~1210	540~560	64
	W18Cr4V2Co8	850~870	285	1270~1290	540~560	≥63
	W6Mo5Cr4V2Al	840~860	269	1230~1240	540~560	≥65

二、模具钢

根据工作条件的不同,模具钢又分为冷作模具钢和热作模具钢两类。

1. 冷作模具钢

冷作模具钢主要用于制造使金属在冷态下成形的模具,如冲裁模、弯曲模、拉深模、冷挤压模等。冷作模具工作时,金属要在模具中产生塑性变形,因而受到很大压力、摩擦或冲击,其正常的失效形式一般是磨损过度,有时也可能因脆断、崩刃而提前报废。因此,冷作模具钢应具有高硬度、高耐磨性及足够的强度与韧性,同时应具有高的淬透性和低的淬火变形倾向。

对于形状简单、尺寸较小、工作载荷不大的冷作模具,可用碳素工具钢制造,如 T8A、T10A、T12A 等;而形状较复杂、尺寸较大、工作载荷较重、精度要求较高的冷作模具一般用低合金刃具钢来制造,如 9Mn2V、9SiCr、CrWMn、Cr2 等;对于工作载荷重、耐磨性要求高、淬火变形要求小的冷作模具,一般用 Cr12 型合金工具钢制造,如 Cr12、Cr12MoV 等。

Cr12 型合金工具钢中碳的质量分数一般在 1.45%~2.30% 范围内,铬的质量分数在 11%~13% 范围内。这类钢经淬火、回火后的组织为回火马氏体、大量粒状合金碳化物及少量残留奥氏体,因而具有很高的强度、硬度和耐磨性。由于淬火加热时奥氏体中溶入了大量的铬,使 Cr12 型合金工具钢具有良好的淬透性,但淬火后残留奥氏体的量较多,减小了淬火变形,故属于微变形钢。常用 Cr12 型合金工具钢的牌号、热处理及用途举例见表 7-16。

第七章 碳素钢与合金钢

表7-16 常用Cr12型合金工具钢的牌号、热处理及用途

牌 号	热处理及热处理后的硬度					用 途 举 例
	退火/℃	硬度HBW	淬火与回火			
			淬火/℃	回火/℃	硬度HRC	
Cr12	850~870	217~269	950~1000 油	200	62~64	用于制造小型硅钢片冲裁模、精冲模、小型拉深模、钢管冷拔模等
Cr12MoV	850~870	207~255	950~1000 油	200	58~62	用于制造重载冲裁模、穿孔冲头、拉深模、弯曲模、滚丝模、冷挤压模、冷镦模等
Cr12Mo1V1	850~870	255	1000~1100 空	200	58~62	用于制造加工不锈钢、耐热钢的拉深模等

Cr12型合金工具钢与高速工具钢相似,属于莱氏体钢,铸态下有网状共晶碳化物存在。在制造模具时,特别是精度要求高、形状复杂的模具,必须通过合理的锻造消除碳化物分布的不均匀性。锻造后应缓慢冷却,然后再进行等温球化退火处理。

生产上提高Cr12型合金工具钢硬度的方法有两种:一种是采用较低的淬火温度和进行低温回火,可获得高硬度和高耐磨性,且淬火变形小,大多数Cr12型合金工具钢制造的冷作模具均采用此法;另一种是采用较高的淬火温度和进行多次回火,通过二次硬化达到高硬度、高耐磨性的目的,这种方法可以获得较高的热硬性,适于制造在400~500℃条件下工作的模具或还需进行低温气体氮碳共渗的模具。

另外,滚动轴承钢、高速工具钢、高碳中铬型工具钢及基体钢也可用于制造冷作模具。

2. 热作模具钢

热作模具钢主要用于制造使金属在热态下成形的模具。使加热的固态金属在压力下成形的模具称为热锻模具(包括热挤压模具);使液态金属在压力下成形的模具称为压铸模具。热作模具在工作时,与高温金属周期性接触,反复受热和冷却,在模具的型腔表面容易产生网状裂纹,这种现象称为热疲劳。热锻模具和热挤压模具,还要受到强烈的磨损与冲击。因此,热作模具钢应具有足够的高温强度和韧性、足够的耐磨性、一定的硬度、良好的耐热疲劳性能及高的淬透性,还应具有良好的导热性与抗氧化性。

热作模具一般采用中碳合金工具钢制造,其碳的质量分数为0.3%~0.6%,以保证获得较高的强度与韧性。加入的合金元素主要有铬、镍、锰、硅等,其目的是提高淬透性,强化铁素体,改善韧性,提高耐回火性和耐热疲劳性能。常用热作模具钢的牌号、热处理及用途举例见表7-17。

表7-17 常用热作模具钢的牌号、热处理及用途

牌 号	热处理及热处理后的硬度					用 途 举 例
	退火/℃	硬度HBW	淬火与回火			
			淬火/℃	回火/℃	硬度HRC	
5CrMnMo	760~780	197~241	820~850	460~490	42~47	用于制造中、小型形状简单的锤锻模、切边模等
5CrNiMo	760~780	197~241	830~860	450~500	43~45	用于制造大型或形状复杂的锤锻模、热挤压模等

(续)

牌 号	热处理及热处理后的硬度					用 途 举 例
	退火/℃	硬度 HBW	淬火与回火			
			淬火/℃	回火/℃	硬度 HRC	
3Cr2W8V	840~860	207~255	1075~1125	560~580	44~48	用于制造热挤压模、压铸模等
5Cr4Mo3SiMnVAl	860	229	1090~1120	580~600	53~55	用于制造压力机热压冲头及凹模等，也可用于制造冷作模具
4CrMnSiMoV	850~870	197~241	870~930	550	44~49	用于制造大型锤锻模及热挤压模等，可以代替5CrNiMo
4Cr5MoSiV 4Cr5MoSiV1	860~890	229	1000~1100	550	56~58	用于制造小型热锻模、热挤压模、高速精锻模、压力机模具等

5CrNiMo 和 5CrMnMo 是最常用的热锻模具钢。5CrNiMo 钢具有较高的高温强度和韧性，耐磨性高，淬透性十分良好，适于制造大型热锻模具；5CrMnMo 钢的淬透性和韧性稍低，但价格便宜，适于制造中、小型热锻模具。

热挤压模具和压铸模具因与高温金属接触时间更长，应具有更高的高温性能和耐热疲劳性能，因此常用 3Cr2W8V 钢制造。3Cr2W8V 钢具有良好的高温性能，相变点高（Ac_1 点 820~830℃），耐热疲劳性能好，淬透性好。

热作模具钢的最终热处理一般为调质处理或淬火与中温回火，以保证足够的韧性。有些热作模具还可以采用渗氮、碳氮共渗等化学热处理来提高其耐磨性和使用寿命。

三、量具钢

量具钢是指用于制造游标卡尺、千分尺、塞规、量块等测量工件尺寸的工具用钢。量具在使用过程中，经常与工件接触，受到磨损与碰撞。因此，量具钢应具有高硬度、高耐磨性、高的尺寸稳定性及良好的磨削加工性能，形状复杂的量具还要求淬火变形小。

制造量具没有专用钢材。一般形状简单、尺寸较小、精度要求不高的量具可用碳素工具钢或渗碳钢制造；高精度、形状复杂的量具可用微变形合金工具钢制造；精密量具可用滚动轴承钢制造；要求耐腐蚀的量具可用不锈钢制造。常见的量具用钢与热处理见表7-18。

表7-18 量具用钢与热处理

量 具 名 称	材 料	热 处 理
平样板、卡规、大型量具	15、20、20Cr	渗碳，淬火 + 低温回火
	50、55、60、65	调质，表面淬火 + 低温回火
要求耐腐蚀的量具	3Cr13、4Cr13	淬火 + 低温回火
一般量规、量块及卡尺	T10A、T12A、9SiCr	淬火 + 低温回火
高精度量规、块规及形状复杂的样板	GCr15、CrWMn、9Mn2V	

量具钢的热处理与刃具钢基本相同,预备热处理为球化退火,最终热处理为淬火和低温回火。为了获得高硬度与高耐磨性,其回火温度还可低些。对于高精度的量具,为保证其尺寸稳定性,可在淬火后立即进行冷处理(-70~-80℃),然后再进行低温(150~160℃)回火;低温回火后还需进行时效处理(120~130℃,保温24~36h),以消除残留应力,进一步稳定组织;并在精磨后再进行一次时效处理(120℃,保温2~3h),以消除磨削应力。

另外,量具淬火时一般不采用贝氏体等温淬火或马氏体分级淬火,淬火加热温度也尽可能低一些,以免增加残留奥氏体量,降低尺寸稳定性。

第六节 特殊性能钢

特殊性能钢是指具有特殊物理、化学性能的钢。这类钢的化学成分、显微组织和热处理都与一般钢不同,常用的特殊性能钢有不锈钢、耐热钢和耐磨钢等。

一、不锈钢

在腐蚀性介质中具有抵抗腐蚀能力的钢,一般称为不锈钢。

1. 金属的腐蚀

金属表面受周围介质作用而引起损坏的过程称为金属的腐蚀或锈蚀。腐蚀通常分为电化学腐蚀和化学腐蚀两种类型。金属在电解质溶液中的腐蚀,称为电化学腐蚀,如金属在酸、碱、盐的水溶液及海水中的腐蚀,在潮湿空气中的腐蚀等;而金属与周围介质发生化学反应所形成的腐蚀称为化学腐蚀,如金属与干燥空气接触,其表面生成氧化物、硫化物、氯化物等造成的腐蚀。

大部分金属的腐蚀都属于电化学腐蚀。电化学腐蚀实际上是电池作用,如图7-9所示。铁和铜在电解质 H_2SO_4 溶液中形成了一个电池。其中铁的电极电位低,易失去电子,故铁板上的电子向铜板移动形成电流。铁原子失去电子后变成正离子而进入溶液,于是铁板不断被溶解破坏。

在同一金属材料中,不同的相或组织电极电位不同,当有电解质溶液存在时,也会形成微电池,从而产生电化学腐蚀。例如,碳钢是由铁素体和渗碳体两相组成的,铁素体的电极电位低,渗碳体的电极电位高,在潮湿的空气中,钢表面蒙上一层电解质溶液膜,形成微电池,因而铁素体被腐蚀。

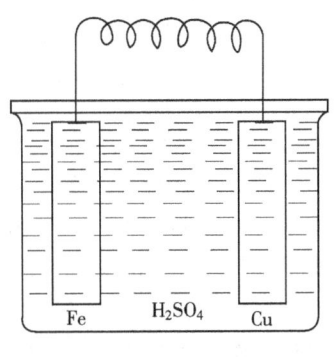

图7-9 Fe-Cu电池示意图

根据金属腐蚀的机理,提高钢耐腐蚀性的途径主要有:①在钢中加入铬、镍、硅等合金元素,以提高其基体相的电极电位,阻止基体的腐蚀;②在钢中加入大量扩大或缩小奥氏体相区的合金元素,使钢在室温下呈单相奥氏体或单相铁素体组织,以阻止微电池的形成,提高钢的耐腐蚀性;③在钢中加入大量铬,使其表面形成一层致密的氧化膜,隔绝与周围介质的接触,提高耐腐蚀能力。

2. 常用不锈钢

生产上常用的不锈钢,按其组织状态可分为马氏体不锈钢、铁素体不锈钢和奥氏体不锈钢三类,其牌号、热处理、力学性能及用途举例见表7-19。

表 7-19 常用不锈钢的牌号、热处理、力学性能及用途

类别	牌号	热处理方法	力学性能 σ_b/MPa	力学性能 δ_5(%)	力学性能 ψ(%)	力学性能 HBW	用途举例
奥氏体型	1Cr18Ni9	固溶处理：1010~1150℃ 快冷	520	40	60	187	用于制造建筑用装饰部件、酸槽、管道、吸收塔等
奥氏体型	0Cr18Ni9		520	40	60	187	用于制造食品及原子能工业用设备等
奥氏体型	1Cr18Ni9Ti	固溶处理：920~1150℃ 快冷	520	40	50	187	用于制造医疗器械、耐酸容器、设备衬里及输送管道等
铁素体型	1Cr17	退火：780~850℃ 空冷或缓冷	450	22	50	183	用于制造重油燃烧部件、家用电器部件及建筑内装饰品等
铁素体型	1Cr17Mo		450	22	60	183	用于汽车外装饰材料等
铁素体型	00Cr30Mo2	退火：900~1050℃ 快冷	450	20	45	228	用于制造有机酸设备、苛性碱设备等
马氏体型	1Cr13	淬火：950~1000℃ 油冷 回火：700~750℃ 快冷	540	25	55	159	用于制造汽轮机叶片、内燃机车水泵轴、阀门、刃具等
马氏体型	2Cr13	淬火：920~980℃ 油冷 回火：600~750℃ 快冷	637	20	50	192	用于制造汽轮机叶片等
马氏体型	3Cr13		735	12	40	217	用于制造阀门、阀座、喷嘴、刃具等
马氏体型	7Cr13	淬火：1010~1070℃ 油冷 回火：100~180℃ 快冷	—	—	—	54HRC	用于制造刃具、量具、轴承、手术刀片等
马氏体型	3Cr13Mo	淬火：1025~1075℃ 油冷 回火：200~300℃ 油、水、空冷	—	—	—	50HRC	用于制造阀门轴承、热油泵轴、医疗器械零件等

（1）马氏体不锈钢　马氏体不锈钢中碳的质量分数一般在0.1%~0.4%范围内，铬的质量分数在11.50%~14.00%范围内，属于铬不锈钢，通常称为Cr13型不锈钢，因淬火后能得到马氏体，故又称马氏体不锈钢。其中1Cr13和2Cr13钢中碳的质量分数较低，塑性、韧性好，并有良好的抵抗大气、海水、蒸汽等介质腐蚀的能力，适于制造在腐蚀条件下受冲击载荷作用的结构零件，如汽轮机叶片、水压机阀等，这两种钢的最终热处理一般为调质处理；而3Cr13和7Cr13钢中碳的质量分数较高，经淬火和低温回火后，其硬度可达50HRC，适于制造医疗手术工具、量具、弹簧及滚动轴承等。

（2）铁素体不锈钢　铁素体不锈钢中碳的质量分数一般在0.12%以下，铬的质量分数在12%~30%范围内，也属于铬不锈钢。这类钢具有单相铁素体组织，其耐腐蚀性、塑性及焊接性能均高于马氏体不锈钢，有较强的抗氧化能力，但强度较低。主要用于制造化学工业中要求耐腐蚀的零件。

（3）奥氏体不锈钢　奥氏体不锈钢中铬的质量分数在17%~19%范围内，镍的质量分数在8%~11%范围内，属于铬镍不锈钢，通常称为18—8型不锈钢。这类钢碳的质量分数

低，铬、镍的质量分数高，经热处理后，呈单相奥氏体组织，无磁性，其塑性、韧性和耐腐蚀性均高于马氏体不锈钢，有较高的化学稳定性，焊接性能良好。主要用于制造在强腐蚀性介质中工作的零件，经冷变形强化后也可用作某些结构材料。

二、耐热钢

耐热钢是指在高温下具有高的抗氧化性能和较高强度的钢。钢的耐热性能包括高温抗氧化性和高温强度两个方面。

高温抗氧化性是指在高温下迅速氧化后形成一层致密的氧化膜，覆盖于钢的表面，以阻止其继续氧化的能力。碳钢易被氧化，主要是由于高温下其表面氧化后形成的是一层 FeO，它松脆多孔，与基体结合力差而易剥落，氧原子通过表面氧化层向内部扩散，使钢继续氧化。在钢中加入铬、铝、硅等合金元素后，由于这些元素与氧的亲合力大，优先被氧化，形成一层致密的、完整的、高熔点的氧化膜（Cr_2O_3、Fe_2SiO_4、Al_2O_3），牢固覆盖于钢的表面，隔绝与高温氧化性气体的接触，从而阻止其进一步的氧化。

在再结晶温度以上，承受载荷作用的金属会发生缓慢的塑性变形，塑性变形量随时间增长而增大，这种现象称为蠕变。同时，随温度升高，原子间的结合力减弱，也会引起钢的强度下降。加入铬、钨、钼、锰、铌、钛、钒等合金元素，以提高原子间结合力，延缓再结晶过程，形成特殊碳化物，提高钢的高温强度。另外，粗晶粒钢的高温强度比细晶粒钢高。

常用耐热钢的牌号、热处理、力学性能及用途举例见表 7-20。

表 7-20 常用耐热钢的牌号、热处理、力学性能及用途

类别	牌号	热处理方法	力学性能				用途举例
			σ_b/MPa	δ_5(%)	ψ(%)	HBW	
奥氏体型	0Cr18Ni9	固溶处理：1010~1150℃快冷	520	40	60	187	工作温度低于 870℃的通用耐氧化钢
	0Cr18Ni10Ti	固溶处理：920~1150℃快冷	520	40	50	187	用于制造 400~900℃腐蚀条件下使用的零件、高温焊接件等
	4Cr14Ni14W2Mo	固溶处理：820~850℃快冷	705	20	35	248	用于制造 500~600℃下锅炉和汽轮机零件、内燃机重载荷排气阀等
珠光体型	15CrMo	淬火：900℃空冷 回火：650℃空冷	440	22	60	179	用于制造 530℃以下的高温锅炉受热管道、中高压蒸汽导管等
	12CrMoV	淬火：970℃空冷 回火：750℃空冷	440	22	50	241	用于制造 540℃以下汽轮机主汽管道、各种过热器管道等
	35CrMoV	淬火：900℃油冷 回火：630℃水、油冷	1080	10	50	241	用于制造 500~520℃下工作的汽轮机叶轮等

(续)

类别	牌号	热处理方法	力学性能				用途举例
			σ_b/MPa	δ_5(%)	ψ(%)	HBW	
马氏体型	1Cr13	淬火：950~1000℃油冷 回火：700~750℃快冷	540	25	55	159	用于制造480℃以下的汽轮机叶片、800℃以下的耐氧化零件等
	1Cr13Mo	淬火：970~1020℃油冷 回火：650~750℃快冷	685	20	60	192	用于制造500℃以下的汽轮机叶片、800℃以下的耐氧化零件、高温高压蒸汽用零件等
	1Cr11MoV	淬火：1050~1100℃空冷 回火：720~740℃空冷	685	16	55	—	用于制造540℃以下工作的透平叶片、导向叶片等
	1Cr12WMoV	淬火：1000~1050℃油冷 回火：680~700℃空冷	735	15	45	—	用于制造500~580℃下工作的汽轮机轮盘、叶片、紧固件等
	4Cr9Si2	淬火：1020~1040℃油冷 回火：700~780℃油冷	885	19	50	—	用于制造700℃以下工作的汽车发动机、柴油机排气阀等
	4Cr10Si2Mo	淬火：1010~1040℃油冷 回火：120~160℃空冷	885	10	35	—	用于制造750℃以下中、高载荷汽车发动机、柴油机排气阀等

按正火状态下的组织不同，耐热钢一般分为珠光体钢、马氏体钢和奥氏体钢三类。

(1) 珠光体钢 珠光体钢中碳的质量分数较低，合金元素总的质量分数为3%~5%时，这类钢可在450~600℃的条件下工作，一般用于制造受力不大的耐热零件，如锅炉中的管道、蒸汽导管等。而碳的质量分数较高的珠光体钢，主要用于制造受力较大的耐热零件，如紧固螺栓、汽轮机叶片等。

(2) 马氏体钢 马氏体钢有两种类型：一类是铬的质量分数为12%左右的马氏体耐热钢，多用于工作温度在450~620℃范围内、受力较大的零件；另一类是铬的质量分数较低而另加入硅、钼等合金元素的马氏体耐热钢，工作温度可达700~750℃，常用于制造内燃机的气阀。

(3) 奥氏体钢 奥氏体钢中镍、锰、氮等合金元素的质量分数较高，组织稳定，有较高的高温强度，工作温度可达600~700℃，主要用于制造气轮机叶片、发动机气阀等零件。

当零件的工作温度超过700℃时，应选用镍基、铁基、钼基或陶瓷等耐热材料；对于工作温度低于350℃的零件，选用一般的合金结构钢即可。

三、耐磨钢

坦克与拖拉机的履带板、挖掘机的斗齿、铁路道叉、防弹钢板等一类零件是在巨大压力及冲击载荷条件下工作的，要求其心部具有良好的塑性和韧性，表层具有高的硬度和耐磨性。为此，生产上出现了耐磨钢。

耐磨钢中碳的质量分数一般在0.9%~1.3%范围内，以保证高硬度和高耐磨性；主要加入的合金元素是锰,其质量分数在 11.0% ~ 14.0% 范围内,以保证获得塑性与韧性良好的单相奥氏体组织。

耐磨钢的热处理一般采用水韧处理,即将钢加热到 1060 ~ 1100℃,保持一定时间,使碳化物全部溶入奥氏体中,然后在水中迅速冷却,获得单相奥氏体组织。耐磨钢经水韧处理后,强度、硬度不高,塑性、韧性良好。但受到强烈冲击、巨大压力和摩擦后,其表面因塑性变形而明显强化,同时诱发奥氏体向马氏体转变,因此,表面硬度显著提高,心部却保持塑性与韧性良好的奥氏体状态。

耐磨钢因锰的质量分数很高而称为高锰钢,由于冷变形强化效果明显,所以切削加工很困难,一般多采用铸造的方法成形。

耐磨钢的牌号由"铸"、"钢"二字汉语拼音的字首 ZG、锰元素符号及其平均质量分数的百分数加顺序号组成。例如,ZGMn13—2 表示锰的平均质量分数为 13% 的 2 号耐磨钢。耐磨钢的牌号、热处理、力学性能及用途举例见表 7-21。

表 7-21 耐磨钢的牌号、热处理、力学性能及用途

牌 号	热处理 (水韧处理)	力学性能				用 途 举 例
		σ_b/MPa	δ_5(%)	α_{KU}/ (J·cm^{-2})	HBW	
ZGMn13—1	1060 ~ 1100℃ 水冷	635	20	—	—	用于制造结构简单、要求以耐磨性为主的低冲击铸件,如衬板、齿板、辊套、铲齿、铁路道岔等
ZGMn13—2		685	25	147	300	
ZGMn13—3		735	30	147	300	用于制造结构复杂、要求以韧性为主的高冲击铸件,如履带板、碎石机颚板等
ZGMn13—4		735	20	—	300	

思 考 题

1. 钢的分类方法有哪几种?
2. 优质碳素结构钢、合金结构钢及合金工具钢的编号原则是什么?
3. 试叙述常存杂质对钢的影响。
4. 为什么在碳钢中要严格控制硫、磷元素的含量,而在易切削结构钢中又要适当提高其含量?
5. 什么是合金钢?试说明合金元素在钢中的存在形式及作用。
6. 合金元素为什么能提高钢的淬透性?它们在实际生产中的意义是什么?
7. 合金元素为什么能提高钢的耐回火性?耐回火性高的钢有什么优点?
8. 合金元素对铁碳相图有什么影响?它们在实际生产中的意义是什么?
9. 试比较碳素结构钢与低合金高强度结构钢的牌号、性能及用途。
10. 合金结构钢按其用途和热处理特点分为哪几类?它们的成分和性能各有什么特点?
11. 滚动轴承为什么选用铬钢制造?滚动轴承钢的质量为什么要求特别严格?
12. 工具钢与结构钢的主要区别是什么?
13. 碳素工具钢中碳的质量分数对其力学性能与应用有什么影响?
14. 试比较碳素工具钢与低合金刃具钢的成分、性能及用途。
15. 高速工具钢的成分、性能和热处理特点各是什么?

16. 冷作模具钢与刃具钢的性能要求有什么不同？
17. 为什么热作模具一般选用中碳合金工具钢制造？
18. 量具钢的性能要求是什么？如何进行最终热处理？
19. 金属腐蚀的机理是什么？如何提高金属的耐腐蚀性？
20. 各类不锈钢的成分与性能特点是什么？如何选用不锈钢？
21. 什么是耐热钢？如何提高钢的耐热性能？
22. 各类耐热钢的特点是什么？如何选用耐热钢？
23. 耐磨钢为什么耐磨且又有很好的韧性？

练 习 题

1. 试比较合金铁素体与铁素体、合金奥氏体与奥氏体、合金渗碳体和特殊碳化物与渗碳体的结构及性能。
2. 为什么形状复杂或大型工件常选用合金钢制造？合金钢的性能为什么比碳钢好？
3. 为什么合金钢热处理时加热温度一般比碳钢高，却不易过热？
4. 桥梁、汽车变速齿轮、机床主轴、汽车板弹簧、小型滚动轴承、丝锥、麻花钻头、冲制硅钢片的模具、大型热锻模具、铝合金压铸模具、游标卡尺、医疗手术工具、汽车发动机的排气阀、拖拉机的履带板等各选用何种钢制造？为什么？
5. 高速工具钢经铸造后为什么要反复锻造？锻造后切削加工前为什么必须进行退火处理？淬火温度为什么选在高温（1220～1280℃）？淬火后为什么要进行三次回火处理？它在560℃回火是否属于调质处理？回火三次工艺时间太长，如何改进？
6. 钳工用锯条（T10A）和锯料机用锯条（W18Cr4V）烧红后置于空气中冷却，为什么钳工用锯条变软，而锯料机用锯条的硬度仍然很高？
7. 影响量具尺寸稳定性的因素和提高量具尺寸稳定性的措施有哪些？
8. 为什么尺寸较大、载荷较重、要求耐磨性高和热处理变形小的冷冲模具常选用 Cr12 型合金工具钢制造？提高 Cr12 型合金工具钢硬度的方法有哪几种？
9. 耐磨钢的热处理与一般钢的淬火处理有什么不同？
10. 根据所学知识，试说明成分、组织、实验方法、工艺方法与金属性能的关系。
11. 根据所学知识，试说明通过改变成分、改变加工方法、改变热处理方法，形成不同性能金属材料的原理。

第八章 铸 铁

第一节 铸铁概述

铸铁是指碳的质量分数在 2.11% 以上的铁碳合金。工业上常用的铸铁，其碳的质量分数一般在 2.5% ~4.0% 范围内，它是以铁、碳、硅为主要组成元素并含有较多锰、硫、磷等杂质元素的多元合金。有时为了提高铸铁的使用性能，还可以在铸铁中加入一些合金元素，从而形成合金铸铁。

铸铁同钢相比，强度、塑性及韧性较低，不能采用压力加工的方法成形。但是，铸铁具有良好的铸造性能、减摩性能、减振性能、切削加工性能及较低的缺口敏感性，而且生产工艺简单，成本低廉，经合金化后还可具有良好的耐热性能和耐腐蚀性能等，所以在生产中获得了广泛的应用。

一、铸铁的种类

铸铁的种类很多，根据碳在铸铁中的存在形式及石墨的形态不同，可分为以下几种：

(1) 白口铸铁　碳主要以渗碳体的形式存在，其断口呈银白色，所以称为白口铸铁。这类铸铁的性能硬而脆，切削加工困难，很少直接用于制造机器零件。

(2) 灰铸铁　碳主要以片状石墨的形式存在，其断口呈灰色，所以称为灰铸铁。这类铸铁是目前生产中应用最广泛的铸铁。

(3) 可锻铸铁　碳主要以团絮状石墨的形式存在，因其韧性较高，故称为可锻铸铁。

(4) 球墨铸铁　碳主要以球状石墨的形式存在，这类铸铁的力学性能最好。

(5) 蠕墨铸铁　碳主要以蠕虫状石墨的形式存在，石墨形态介于片状和球状之间。

(6) 麻口铸铁　碳一部分以渗碳体的形式存在，一部分以石墨的形式存在，其断口呈灰白色相间，所以又称为麻口铸铁，这类铸铁脆性较大，工业上很少使用。

二、铸铁的石墨化过程

碳在铸铁中的存在形式有渗碳体和石墨两种。石墨用符号 G 表示，其晶格类型为简单六方晶格，如图 8-1 所示。原子呈层状排列，同一层的原子间距较小，为 0.142nm，结合力较强；层与层之间的原子间距较大，为 0.340nm，结合力较弱，容易滑移，因此，石墨的强度、塑性、韧性极低，几乎为零，硬度仅为 3HBW。由于石墨中碳原子是依靠弱的金属键结合的，所以石墨具有不太明显的金属特性，如弱的导电性。

由于渗碳体在高温下可以发生分解，即

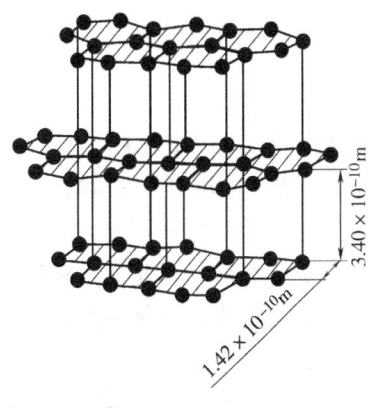

图 8-1　石墨的晶体结构

$$Fe_3C \longrightarrow 3Fe + G$$

因此，石墨是稳定相，而渗碳体是亚稳定相。前述 Fe-Fe₃C 相图只说明了亚稳定相渗碳体的析出规律，要说明稳定相石墨的析出规律，必须使用 Fe-G 相图。为了便于比较和应用，通常将这两个相图画在一起，称为铁碳双重相图，如图 8-2 所示。图中实线表示 Fe-Fe₃C 相图，虚线表示 Fe-G 相图，凡虚线与实线重合的相界线都用实线表示，说明这些相界线与渗碳体或石墨的存在状态无关。

由图 8-2 可见，虚线一般位于实线的上方或左上方，这表明 Fe-G 相图比 Fe-Fe₃C 相图稳定。同时，与渗碳体相比，石墨在奥氏体和铁素体中的溶解度较小。

铸铁组织中石墨的形成过程称为石墨化。铸铁的石墨化有两种方式：一种是液态铁碳合金按 Fe-G 相图进行结晶，从液态和

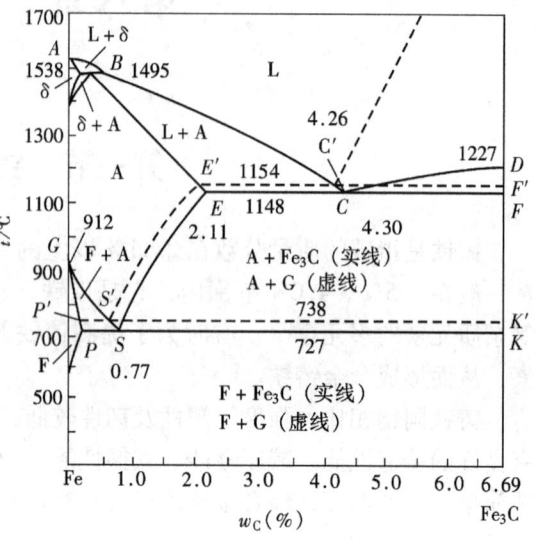

图 8-2 铁碳双重相图

固态中直接获得石墨；另一种是液态铁碳合金按 Fe-Fe₃C 相图进行结晶，随后 Fe₃C 在一定条件下发生分解而获得石墨。铸铁的石墨化过程可以分为高温、中温和低温三个阶段。高温石墨化阶段是指在共晶温度以上结晶出一次石墨 G_I 和共晶转变时结晶出共晶石墨 $G_{共晶}$ 的阶段；中温石墨化阶段是指在共晶温度至共析温度范围内，从奥氏体中析出二次石墨 G_{II} 的阶段；低温石墨化阶段是指在共析温度发生共析转变时析出共析石墨 $G_{共析}$ 的阶段。

三、影响石墨化的因素

1. 化学成分

化学成分是影响石墨化过程的主要因素之一，其中碳和硅是强烈促进石墨化的元素，铸铁中碳和硅的质量分数越大，石墨化过程越容易充分进行。但碳、硅的质量分数过大，会使石墨的数量增多并粗化，导致铸铁力学性能下降。为了综合考虑碳和硅的影响，通常将硅的质量分数折合成相当的碳的质量分数，并把这个碳的质量分数的总量称为碳当量，用符号 CE 表示。即

$$CE = w_C + \frac{1}{3}w_{Si}$$

调整铸铁的碳当量 CE，可以改变其组织和性能。由于共晶成分的铸铁具有最好的铸造性能，因此，在灰铸铁中一般将碳当量 CE 控制在 4% 左右。

硫是强烈阻止石墨化的元素，它不仅阻止石墨的形成，而且还会降低铁液的流动性和铸铁的力学性能，因此硫是有害元素，在铸铁中的质量分数越低越好。

锰是阻止石墨化的元素，但锰能消除硫的有害作用，间接促进石墨化，所以锰在铸铁中的质量分数要适当。

磷是弱的促进石墨化的元素，它能提高铁液的流动性，但会增加铸铁的脆性，使铸铁在冷却过程中容易产生开裂，一般磷的质量分数应严格控制。

2. 冷却速度

冷却速度是影响石墨化过程的工艺因素。若冷却速度快，碳原子来不及充分扩散，石墨化过程难以充分进行，容易产生白口铸铁组织；若冷却速度慢，碳原子有时间充分扩散，有利于石墨化过程充分进行，容易获得灰铸铁组织。例如，薄壁铸件在成形过程中冷却速度快，容易形成白口铸铁组织；厚壁铸件在成形过程中冷却速度慢，容易形成灰铸铁组织。

化学成分和铸件壁厚对石墨化过程的影响如图8-3所示。可以看出，当碳和硅的质量分数高时，薄壁铸件也能获得灰铸铁组织；当铸件的壁厚足够大时，碳和硅的质量分数低也能获得灰铸铁组织。

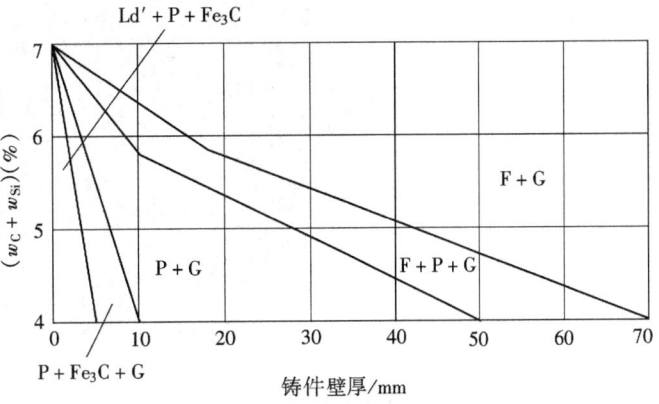

图8-3 成分和壁厚对石墨化的影响

第二节 灰 铸 铁

灰铸铁是应用最广、价格最便宜的一种结构材料，在各类铸铁的总产量中灰铸铁占80%以上。

一、灰铸铁的成分、组织和性能

1. 灰铸铁的化学成分

灰铸铁的化学成分范围一般是：$w_C = 2.6\% \sim 3.5\%$，$w_{Si} = 1.0\% \sim 2.2\%$，$w_{Mn} = 0.5\% \sim 1.3\%$，$w_S \leq 0.15\%$，$w_P \leq 0.3\%$。

2. 灰铸铁的显微组织

灰铸铁是在高温阶段和中温阶段石墨化能够充分进行的情况下形成的，它的显微组织特征是片状石墨分布在各种基体组织上，如图8-4所示。

灰铸铁的基体组织取决于低温阶段石墨化进行的程度。若低温阶段石墨化过程能充分进行，则最终获得的组织是铁素体基体上分布片状石墨，如图8-4a所示；若低温阶段石墨化过程部分进行，则最终获得的组织是铁素体+珠光体基体上分布片状石墨，如图8-4b所示；若低温阶段石墨化过程完全没有进行，则最终获得的组织是珠光体基体上分布片状石墨，如图8-4c所示；若低温阶段石墨化过程完全没有进行，中温阶段甚至高温阶段石墨化过程也仅部分进行，则最终获得的组织中除片状石墨外，还会有二次渗碳体甚至低温莱氏体存在，这种铸铁组织介于白口铸铁与灰铸铁之间，称为麻口铸铁；若各阶段石墨化过程都没有进行，铁液完全按 $Fe-Fe_3C$ 相图进行结晶，碳全部以渗碳体形式存在，这种铸铁称为白口铸铁。

3. 灰铸铁的性能

灰铸铁与钢相比含有较多的硅、锰等元素，这些元素可溶入铁素体中使基体强化，因此，灰铸铁基体的强度、硬度较高。但因片状石墨的强度、塑性、韧性几乎为零，故片状石

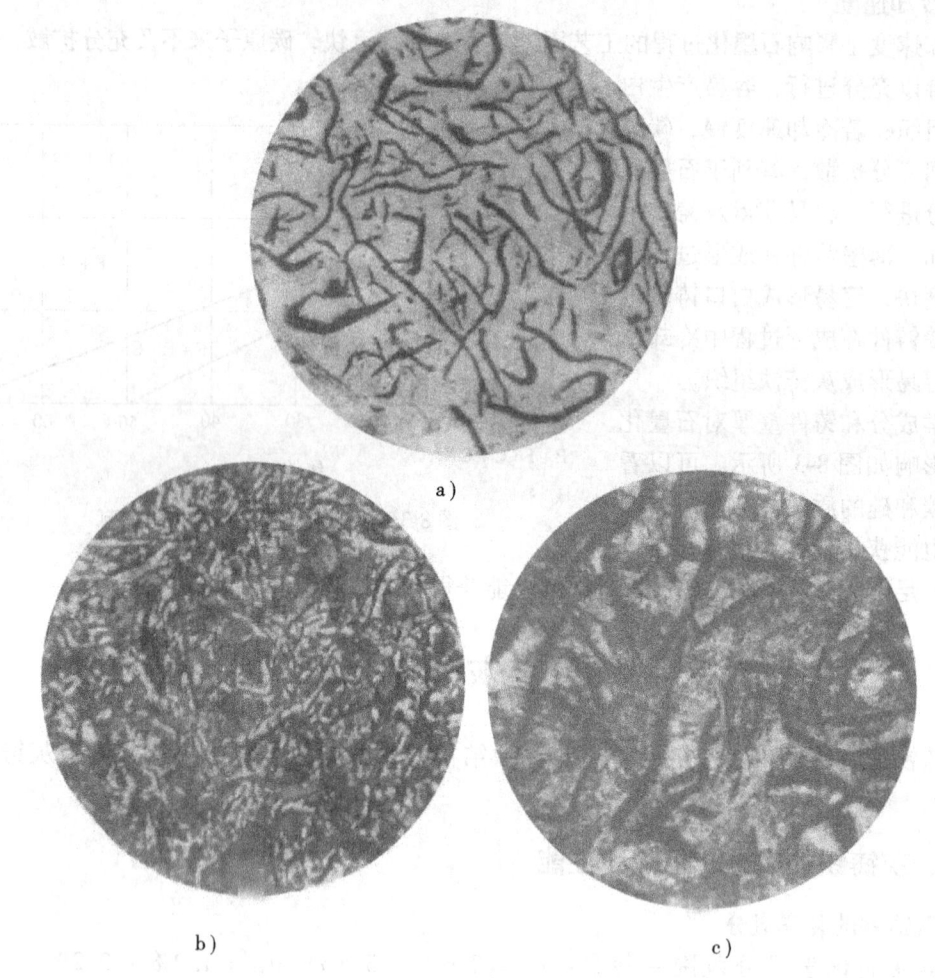

图 8-4 灰铸铁的显微组织
a) 铁素体灰铸铁　b) 铁素体-珠光体灰铸铁　c) 珠光体灰铸铁

墨存在的地方可近似看成是微裂纹或孔洞，它不仅割断了基体的连续性，减小了承载面积，而且在石墨片尖端处会形成应力集中，而使铸铁易形成脆性断裂，所以灰铸铁的强度、塑性和韧性比相应基体的钢低得多。片状石墨的数量越多，尺寸越粗大，分布越不均匀，对基体的割裂作用和应力集中现象越严重，灰铸铁的强度、塑性和韧性越低。

由于片状石墨对灰铸铁的硬度和抗压强度影响不大，所以灰铸铁广泛用于制造受压零件，如床身、机架、箱体等。

片状石墨对灰铸铁也会产生有益影响。例如，灰铸铁具有良好的减摩性能、减振性能、切削加工性能和较低的缺口敏感性。另外，灰铸铁具有良好的铸造性能，特别适于铸造成形。

二、灰铸铁的孕育处理

为了提高灰铸铁的力学性能，可以适当降低其碳、硅的质量分数，控制石墨化进行的程度，保证获得以珠光体为基体的组织。但这样会增加形成白口铸铁组织的倾向，为此，在浇注前向铁液中加入少量孕育剂进行孕育处理,以改善铁液的结晶条件,从而获得在细珠光体基体上分布均匀、细小片状石墨的组织。经孕育处理后的铸铁称为孕育铸铁。

生产上常用的孕育剂是硅的质量分数为75%的硅铁合金或硅钙合金,这些孕育剂或它们的氧化物在铁液中形成大量的、高度弥散的难熔质点,悬浮在铁液中成为石墨的结晶核心,使石墨细化并分布均匀,从而提高了铸铁的力学性能。

孕育铸铁不仅力学性能较高,而且断面敏感性较小,因此,孕育铸铁常用于制造力学性能要求较高,截面尺寸变化较大的大型铸件。

三、灰铸铁的牌号及应用

灰铸铁的牌号、力学性能及用途举例见表8-1。其中HT为"灰铁"二字汉语拼音的字首,后面三位数字为该铸铁的最小抗拉强度值。

表8-1 灰铸铁的牌号、力学性能及用途

牌　　号	铸铁类别	最小抗拉强度/MPa	用　途　举　例
HT100	铁素体灰铸铁	100	适用于低载荷及不重要的零件,如外罩、盖、手把、手轮、支架、外壳等
HT150	珠光体+铁素体灰铸铁	150	适用于承受中等载荷的零件,如底座、工作台、齿轮箱、机床支柱等
HT200	珠光体灰铸铁	200	适用于承受较大载荷及较重要的零件,如机床床身、气缸体、联轴器、齿轮、飞轮、活塞、液压缸等
HT250		250	
HT300	孕育铸铁	300	适用于承受大载荷的重要零件,如齿轮、凸轮、高压油缸、床身、泵体、大型发动机曲轴、车床卡盘等
HT350		350	

四、灰铸铁的热处理

热处理只能改变铸铁的基体组织,不能改变石墨的形状、大小和分布情况。与钢相比,铸铁的热处理存在以下特点:铸铁中的硅有提高共析转变温度和降低临界冷却速度的作用,因此,铸铁在淬火时,加热温度应适当提高,但淬火冷却速度可以相应减慢;铸铁在热处理时,当基体组织完全奥氏体化后,继续升高温度或延长保温时间,奥氏体中碳的质量分数将因石墨的溶入而不断提高,通过控制加热温度和保温时间,可调整奥氏体中碳的质量分数,以改变铸铁在热处理后的基体组织和性能;由于实际生产条件不同,铸铁在冷却过程中的结晶方式不同,石墨化程度不同,因此,成分相同的铸铁,其原始组织有很大差别,热处理方法也因此而各不相同,例如原始组织中珠光体量多时,奥氏体可在较低温度下形成,而铁素体量多时则需要在较高温度下形成;由于石墨的导热性差,铸铁在热处理时,其加热或冷却速度应缓慢。

灰铸铁的热处理一般用于消除铸件的残留应力和白口铸铁组织,稳定铸件尺寸,提高铸件工作表面的硬度及耐磨性。

1. 去应力退火

铸件在冷却过程中,由于各部位冷却速度不同,容易产生残留应力,可能导致铸件的变形或开裂。为保证尺寸稳定性,防止变形或开裂,对一些形状复杂的铸件,如机床床身、气缸体、机架等,应进行消除残留应力的退火处理,即将铸件缓慢加热到 500~600℃,保持一定时间,然后随炉缓慢冷却到 200℃ 以下出炉空冷。

2. 软化退火

在铸件的表面或薄壁处,由于冷却速度较快,容易产生白口铸铁组织,硬度高,切削加工困难,需进行软化退火处理,即将铸件缓慢加热到 800~950℃,保持一定时间(一般为 1~3h),使渗碳体分解,然后随炉冷却到 400~500℃ 出炉空冷。

3. 表面淬火

表面淬火的目的是提高铸件工作表面的硬度和耐磨性。常用的表面淬火方法有火焰加热表面淬火、高频和中频感应加热表面淬火、电接触加热表面淬火等,如对机床导轨进行中频感应加热表面淬火可显著提高其耐磨性。

第三节 可锻铸铁

可锻铸铁是由白口铸铁通过高温长时间的可锻化退火而获得的具有团絮状石墨的铸铁。由于可锻铸铁是在钢的基体上分布着团絮状石墨,故大大削弱了石墨对基体的割裂作用。与灰铸铁相比,可锻铸铁具有较高的力学性能,特别是塑性和韧性有明显的提高。但必须指出,可锻铸铁不能进行锻造。

一、可锻铸铁的生产

可锻铸铁的生产过程分两步:第一步获得白口铸铁,第二步经高温长时间可锻化退火,使渗碳体分解出团絮状石墨。

1. 化学成分

为保证获得白口铸铁,必须降低可锻铸铁中碳、硅的质量分数,否则,由于碳、硅的质量分数过高,强烈促进石墨化,结果在铸铁的铸态组织中将有片状石墨形成,并在可锻化退火时,从渗碳体中分解出的石墨会依附于已有的片状石墨上生成,得不到团絮状石墨,且石墨的数量增多,使铸铁的力学性能下降。若可锻铸铁中碳、硅的质量分数太低,则会造成可锻化退火困难,延长退火周期。目前,可锻铸铁的化学成分范围一般为 $w_C = 2.2\% \sim 2.8\%$,$w_{Si} = 1.2\% \sim 1.8\%$,$w_{Mn} = 0.4\% \sim 1.2\%$,$w_S \leq 0.2\%$,$w_P \leq 0.1\%$。

为了缩短可锻化退火周期,常在浇注前向铁液中加入少量多元复合孕育剂,进行孕育处理。孕育剂的作用是:在铁液结晶时阻止石墨化进行,保证获得白口铸铁;在进行可锻化退火时促进石墨化,缩短退火周期。

2. 可锻化退火

可锻铸铁的可锻化退火工艺曲线如图 8-5 所示。将白口铸铁加热到 900~980℃,经长时间保温,使渗碳体发生分解,完成高温阶段石墨化过程,组织由原来的 $A + Fe_3C$ 转变为 $A + G$,

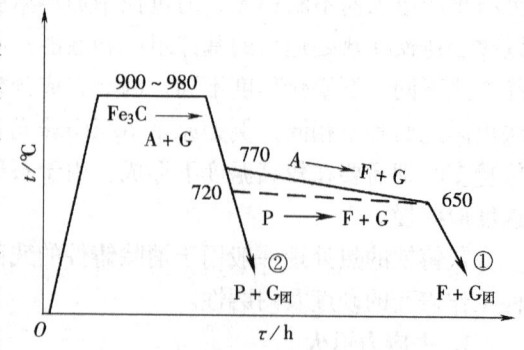

图 8-5 可锻铸铁的可锻化退火工艺

由于石墨化过程是在固态下进行的,石墨在各个方向上的长大速度相近,故呈团絮状。随后,温度缓慢下降,奥氏体的成分沿 Fe – G 相图中的 $E'S'$ 线变化,不断析出二次石墨,进行中温阶段石墨化过程。当冷却到共析转变温度区间时,以极缓慢的冷却速度冷却(图中实线)或在略低于共析转变温度作长时间保温(图中虚线),进行低温阶段石墨化过程,最终获得在铁素体基体上分布团絮状石墨的组织,称为铁素体可锻铸铁或黑心可锻铸铁,其显微组织如图 8-6a 所示。铁素体可锻铸铁的可锻化退火工艺曲线如图 8-5 中的曲线①所示。

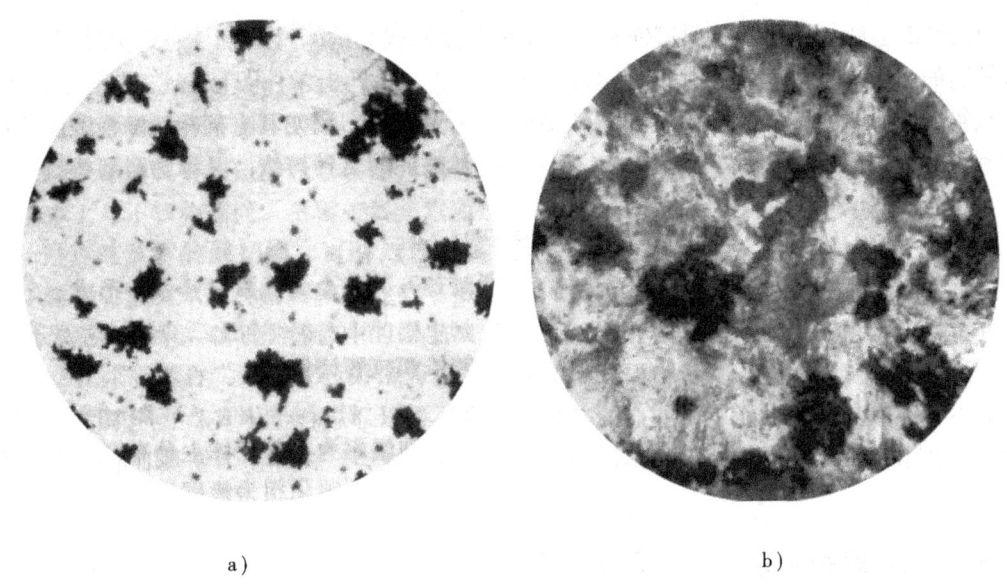

a)　　　　　　　　　　　　　　b)

图 8-6　可锻铸铁的显微组织
a) 铁素体可锻铸铁　b) 珠光体可锻铸铁

进行可锻化退火时,若在完成高温阶段石墨化过程后,随炉冷却到 820~880℃,出炉空冷,如图 8-5 中曲线②所示,则最终获得在珠光体基体上分布团絮状石墨的组织,称为珠光体可锻铸铁,其显微组织如图 8-6b 所示。

二、可锻铸铁的牌号、力学性能及应用

常用可锻铸铁的牌号、力学性能及用途举例见表 8-2。其牌号由 KTH 或 KTZ 与两组数字组成,KT 为"可铁"二字汉语拼音的字首;H 和 Z 分别代表黑心可锻铸铁和珠光体可锻铸铁;第一组数字表示最小抗拉强度值;第二组数字表示最小伸长率值。

表 8-2　常用可锻铸铁的牌号、力学性能及用途

牌　号	铸铁类别	最小抗拉强度/MPa	最小伸长率(%)	用　途　举　例
KTH300—06	黑心可锻铸铁	300	6	中低压阀门、管道配件等
KTH330—08		330	8	车轮壳、钢丝绳接头、犁刀等
KTH350—10		350	10	汽车差速器壳、前后轮壳、转向节壳、制动器、铁道零件等
KTH370—12		370	12	

(续)

牌 号	铸铁类别	最小抗拉强度/MPa	最小伸长率（%）	用 途 举 例
KTZ450—06	珠光体可锻铸铁	450	6	适用于承受较高载荷、耐磨损且要求有一定韧性的重要零件，如曲轴、凸轮轴、连杆、齿轮、活塞环、摇臂、棘轮、扳手等
KTZ550—04		550	4	
KTZ650—02		650	2	
KTZ700—02		700	2	

由表8-2可见，铁素体可锻铸铁具有一定的强度和较高的塑性与韧性；珠光体可锻铸铁具有较高的强度、硬度及耐磨性，但塑性与韧性较低。生产上常用可锻铸铁制造截面较薄、形状较复杂、工作时受振动而强度与韧性要求较高的零件，所以可锻铸铁在汽车、拖拉机等机械制造行业中应用广泛。

第四节　球 墨 铸 铁

球墨铸铁是指在浇注前向灰铸铁成分的铁液中加入少量的球化剂和孕育剂，进行球化处理和孕育处理，使石墨呈球状析出而获得的铸铁。由于球状石墨对基体的割裂作用最小，使铸铁的力学性能和工艺性能有了明显的提高，而且还可以通过合金化或热处理来改变球墨铸铁的成分和组织，从而进一步提高其使用性能，因此，在铸铁中球墨铸铁具有最高的力学性能。

一、球墨铸铁的成分、组织和性能

1. 球墨铸铁的化学成分

球墨铸铁的化学成分要求比较严格，其特点是碳、硅的质量分数高，而硫、磷的质量分数低。

由于球化剂有阻止石墨化的作用，并且使共晶点向右移动，所以球墨铸铁的碳当量一般控制在4.3% ~4.7%的范围内。碳的质量分数过高，容易使石墨聚集在铸件的上表面，产生石墨漂浮的现象，导致性能下降。一般地，球墨铸铁中碳、硅的质量分数分别为 w_C = 3.6% ~4.0%，w_{Si} =2.0% ~3.2%。

锰有去硫、脱氧的作用，并且可以稳定和细化珠光体，因此，要求珠光体基体时，w_{Mn} =0.6% ~0.9%，要求铁素体基体时，w_{Mn} <0.6%。

硫、磷都是有害元素，其质量分数越低越好，一般要求 w_S ≤0.07%，w_P ≤0.1%。

2. 球墨铸铁的显微组织

球墨铸铁的显微组织特征是球状石墨分布在各种基体上。在显微镜下观察时，所看到的是这种石墨球的某一截面，因此圆形石墨的直径大小不等。用纯镁作球化剂时，石墨的圆整度比用稀土镁合金作球化剂时好。

球墨铸铁在铸造状态下，其基体往往是有不同数量的铁素体、珠光体、甚至有渗碳体同时存在的混合组织。生产上需经不同的热处理来获得不同的基体组织，常见的有铁素体球墨铸铁、铁素体+珠光体球墨铸铁、珠光体球墨铸铁和下贝氏体球墨铸铁，其显微组织如图8-7所示。

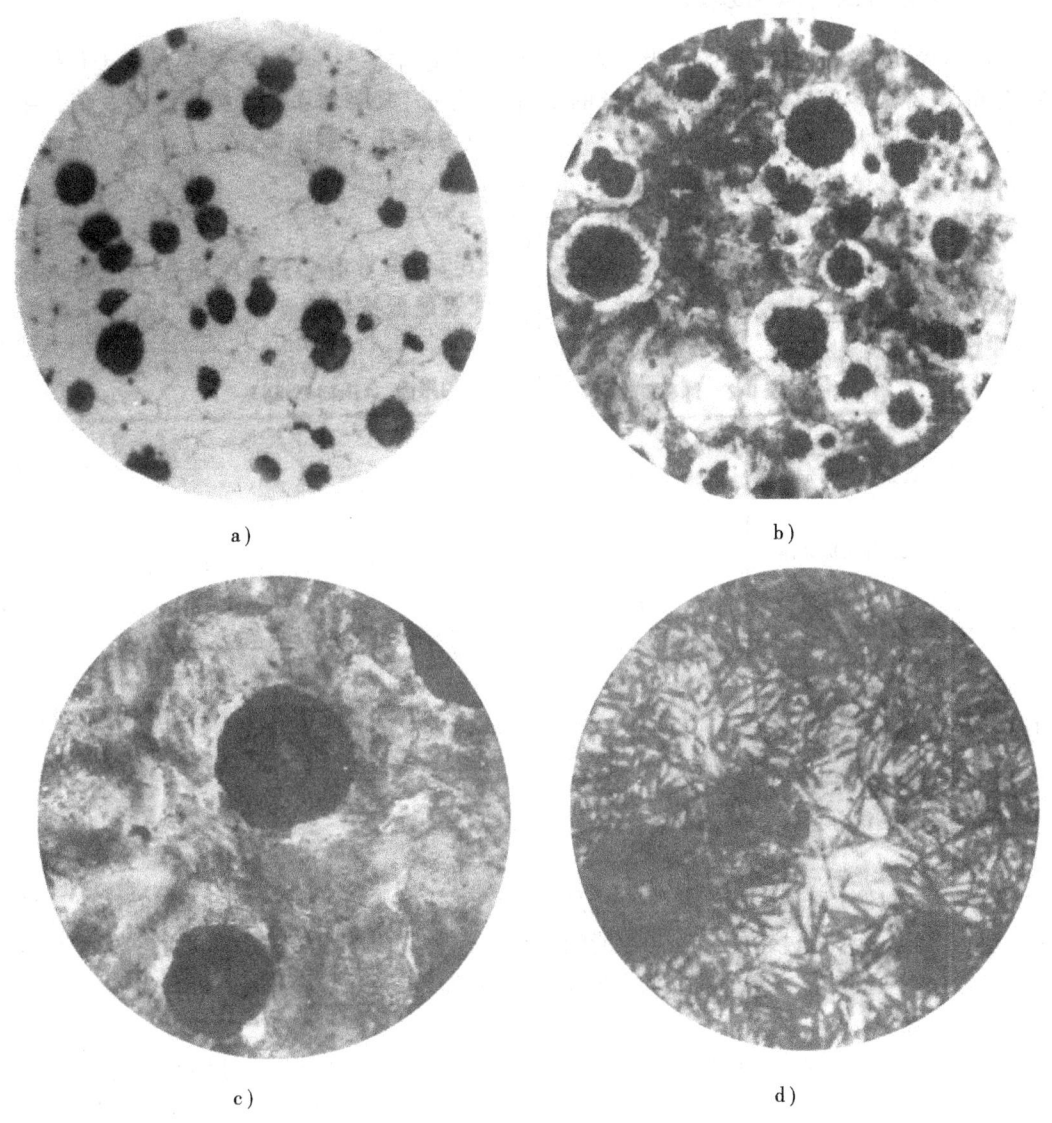

图 8-7 球墨铸铁的显微组织
a）铁素体球墨铸铁 b）铁素体-珠光体球墨铸铁
c）珠光体球墨铸铁 d）下贝氏体球墨铸铁

3. 球墨铸铁的性能

球状石墨不仅对基体的割裂作用最小，而且所造成的应力集中现象明显下降。因此，球墨铸铁的基体强度利用率从灰铸铁的 30%～50% 提高到 70%～90%，这就使球墨铸铁的抗拉强度、塑性、韧性、疲劳极限不仅高于其他铸铁，而且可与相应组织的铸钢相比。

球墨铸铁具有良好的铸造性能、减摩性能、减振性能、切削加工性能和热处理工艺性能，但球墨铸铁在生产过程中容易产生白口铸铁组织和某些铸造缺陷，所以球墨铸铁的熔炼工艺和铸造工艺要求较高。

二、球墨铸铁的牌号及应用

常用球墨铸铁的牌号、基体组织、力学性能及用途举例见表8-3。其牌号由QT和两组数字组成，QT为"球铁"二字汉语拼音的字首，第一组数字表示最小的抗拉强度值，第二组数字表示最小的伸长率值。

表8-3 球墨铸铁的牌号、基体组织、力学性能及用途

牌　号	基体组织	最小抗拉强度/MPa	最小伸长率（%）	用　途　举　例
QT400—18	铁素体	400	18	阀体、汽车及内燃机车零件、机床零件、差速器壳、农机具等
QT400—15	铁素体	400	15	
QT450—10	铁素体	450	10	
QT500—7	铁素体+珠光体	500	7	机油泵齿轮、铁路机车车辆轴瓦、传动轴、飞轮等
QT600—3	铁素体+珠光体	600	3	柴油机曲轴、凸轮轴、气缸体、气缸套、活塞环、部分磨床、铣床、车床的主轴、蜗轮及蜗杆、大齿轮等
QT700—2	珠光体	700	2	
QT800—2	珠光体或回火组织	800	2	
QT900—2	贝氏体或回火马氏体	900	2	汽车螺旋锥齿轮、拖拉机减速器齿轮、柴油机凸轮轴、内燃机曲轴等

三、球墨铸铁的热处理

球墨铸铁的热处理工艺性能较好，凡是对钢可以进行的热处理工艺，一般都适合于球墨铸铁，而且球墨铸铁通过热处理改善性能的效果比较明显。球墨铸铁常用的热处理工艺有：

（1）退火　退火的主要目的是为了得到铁素体球墨铸铁，提高其塑性和韧性，改善切削加工性能，消除残留应力。

（2）正火　正火的主要目的是为了得到珠光体球墨铸铁，提高其强度和耐磨性。

（3）调质　调质的目的是为了得到回火索氏体球墨铸铁，从而获得高的综合力学性能，以制造连杆、曲轴等综合力学性能要求较高的零件。

（4）等温淬火　等温淬火的目的是为了得到下贝氏体球墨铸铁，从而获得高强度、高硬度、高韧性的综合力学性能。一般用于制造综合力学性能要求高，形状复杂，热处理时容易产生变形或开裂的零件，如凸轮轴、齿轮、滚动轴承套等。

第五节　蠕墨铸铁

蠕墨铸铁是20世纪60年代发展起来的一种铸铁材料，它是用一定成分的铁液经蠕化处理和孕育处理后而获得的高强度铸铁。常用的蠕化剂有稀土镁钛合金、稀土镁钙合金等，其作用主要是促使石墨结晶成蠕虫状。常用的孕育剂主要是硅的质量分数为75%的硅铁合金。

一、蠕墨铸铁的成分、组织和性能

1. 蠕墨铸铁的化学成分

蠕墨铸铁的化学成分要求与球墨铸铁相似,即高碳、高硅、低硫和低磷。一般成分为 $w_C = 3.5\% \sim 3.9\%$,$w_{Si} = 2.1\% \sim 2.8\%$,$w_{Mn} = 0.4\% \sim 0.8\%$,$w_S < 0.1\%$,$w_P < 0.1\%$。

2. 蠕墨铸铁的显微组织

蠕墨铸铁的显微组织特征是蠕虫状石墨分布在各种基体上,石墨呈短小的蠕虫状,头部较圆,形状介于片状和球状之间,如图8-8所示。

蠕墨铸铁的显微组织有三种类型:铁素体蠕墨铸铁、铁素体 + 珠光体蠕墨铸铁和珠光体蠕墨铸铁。

3. 蠕墨铸铁的性能

蠕墨铸铁是一种综合性能良好的铸铁。其力学性能介于灰铸铁与球墨铸铁之间,抗拉强度、屈服点、伸长率、疲劳极限比灰铸铁高,接近于铁素体球墨铸铁。蠕墨铸铁的导热性能、切削加工性能、铸造性能、减振性能和耐磨性能比球墨铸铁高。

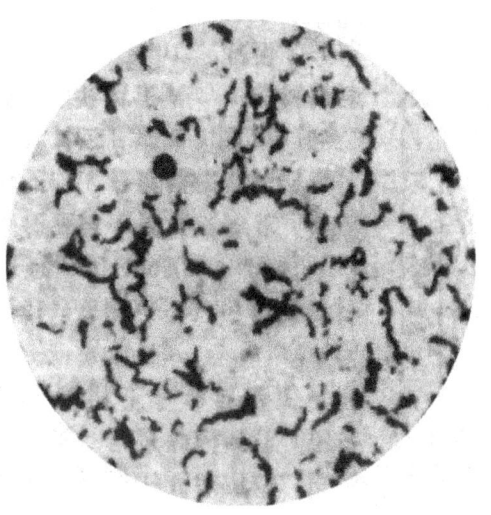

图 8-8 蠕墨铸铁中的石墨形态

二、蠕墨铸铁的牌号及应用

蠕墨铸铁的牌号由 RuT 和一组数字组成,RuT 为"蠕铁"二字汉语拼音的字首,后面三位数字表示其最小的抗拉强度值。常用蠕墨铸铁的牌号、力学性能及用途举例见表8-4。

表 8-4 蠕墨铸铁的牌号、力学性能及用途

牌 号	基体组织	最小抗拉强度/MPa	最小伸长率(%)	用 途 举 例
RuT260	铁素体	260	3.0	汽车底盘零件、增压器、废气进气壳体等
RuT300	铁素体 + 珠光体	300	1.5	排气管、气缸盖、液压件、钢锭模等
RuT340	铁素体 + 珠光体	340	1.0	飞轮、制动鼓、重型机床零件、起重机卷筒等
RuT380	珠光体	380	0.75	活塞环、制动盘、气缸套、玻璃模具等
RuT420	珠光体	420	0.75	

由于具有良好的力学性能和工艺性能,蠕墨铸铁开始在生产中广泛应用。主要用于制造受热循环载荷、组织要求致密、强度要求高、形状复杂的大型铸件,如机床的立柱、气缸盖、气缸套、排气管等。

三、蠕墨铸铁的热处理

蠕墨铸铁在铸造状态时,基体中有大量的铁素体。退火可以增加基体中铁素体的数量或消除铸件薄壁处的白口铸铁组织;正火可以增加基体中珠光体的数量,提高强度与耐磨性。

第六节 合金铸铁

常规元素硅、锰高于普通铸铁规定含量或含有其他合金元素，具有较高力学性能或某种特殊性能的铸铁，称为合金铸铁。常见的合金铸铁有耐磨铸铁、耐热铸铁、耐蚀铸铁等。

一、耐磨铸铁

不易磨损的铸铁称为耐磨铸铁。一般可通过加入某些合金元素在铸铁中形成一定数量的硬化相来提高其耐磨性。耐磨铸铁按其工作条件可分为减摩铸铁和抗磨铸铁两类。

减摩铸铁是指在润滑条件下工作的耐磨铸铁。它的组织为在软基体上分布硬质点，如珠光体灰铸铁，其中铁素体是软基体，渗碳体是硬质点，而片状石墨则起润滑作用。为了进一步提高珠光体灰铸铁的耐磨性，可将磷的质量分数提高到 0.4%～0.7%，形成高磷铸铁，主要用于制造机床导轨、气缸套、活塞环及轴承等零件。

抗磨铸铁是指在无润滑、干摩擦条件下工作的耐磨铸铁。它受到的磨损比较严重，承受的载荷比较大，因此应具有均匀的高硬度组织，如白口铸铁。但普通白口铸铁脆性较大，可通过加入铜、铬、钼、钒、硼等合金元素来提高其耐磨性，同时改善其韧性，这种铸铁称为抗磨白口铸铁，主要用于制造犁铧、轧辊及球磨机磨球等零件。

二、耐热铸铁

可以在高温下使用，其抗氧化或抗生长性能符合使用要求的铸铁称为耐热铸铁。铸铁在反复加热、冷却时产生体积增大的现象，称为铸铁的生长。铸铁在高温下产生的体积膨胀是不可逆的，这是由于铸铁内部发生氧化和石墨化引起的，热生长的结果使铸件失去尺寸精度和产生微裂纹。

为了提高铸铁的耐热性能，可向铸铁中加入硅、铝、铬等合金元素，使铸铁表面在高温下能形成一层致密的 SiO_2、Al_2O_3、Cr_2O_3 等氧化膜，阻止氧化性气体渗入铸铁内部引起内氧化；这些元素还能提高铸铁的相变点，使铸铁在工作温度范围内不致发生固态相变，阻止石墨化过程的进行，从而抑制铸铁的生长和微裂纹的产生。

耐热铸铁的基体大多采用单相组织，使其在高温下不存在渗碳体分解而析出石墨的可能。石墨的形态最好呈球状，因为球状石墨往往独立分布，不致形成氧化性气体渗入的通道。因此，铁素体球墨铸铁具有较好的耐热性能。

耐热铸铁主要用于制造工业加热炉附件，如炉底板、烟道挡板、传递链构件、渗碳坩埚等。

三、耐蚀铸铁

耐化学、电化学腐蚀的铸铁称为耐蚀铸铁。这类铸铁不仅具有一定的力学性能，而且在酸、碱条件下有抗腐蚀能力。提高铸铁耐腐蚀性的途径主要是加入硅、铝、铬、镍、铜等合金元素，使其在铸铁表面形成一层致密稳定的保护膜。另外，合金元素还能提高铁素体的电极电位，并使铸铁获得单相基体组织，从而进一步提高铸铁的耐腐蚀能力。

常用的耐蚀铸铁有高硅耐蚀铸铁、高铝耐蚀铸铁和高铬耐蚀铸铁等。目前，我国使用最广的是高硅耐蚀铸铁，这种铸铁在含氧酸类（如硝酸、硫酸）中具有良好的耐腐蚀性，因此，广泛用于化工机械中，如制造阀门、管件、耐酸泵等。

第七节　常见铸铁组织观察实验

一、实验目的

观察和分析常见铸铁的显微组织特征；进一步认识石墨在各种铸铁组织中的存在形式，从而了解铸铁的力学性能与组织的关系。

二、实验设备及材料

XJB—4X 金相显微镜及铸铁的金相试样一套。

三、铸铁的显微组织特征

根据石墨形态的不同，铸铁可分为灰铸铁、可锻铸铁和球墨铸铁等。

1. 灰铸铁

灰铸铁断口呈暗灰色，其显微组织为片状石墨分布在各种基体上，由于形成条件不同，灰铸铁的基体有铁素体、铁素体 + 珠光体、珠光体三种。

2. 可锻铸铁

可锻铸铁中的石墨呈团絮状，它是由白口铸铁通过可锻化退火处理而得到的。由于可锻化退火的工艺方法不同，常用可锻铸铁的基体有铁素体和珠光体两种。

3. 球墨铸铁

球墨铸铁的显微组织为球状石墨分布在各种基体上。在铸造状态下，球墨铸铁的基体中往往有不同数量的铁素体、珠光体和渗碳体，是一种混合基体组织。通过热处理，可以使球墨铸铁获得铁素体、铁素体 + 珠光体、珠光体、下贝氏体等不同的基体组织。

四、实验报告

1）写出实验目的。

2）画出所观察显微组织的示意图，并说明材料名称、状态、侵蚀剂和放大倍数。显微组织画在直径为 35mm 的圆内，并注明组织组分名称。

3）根据观察结果，分析石墨形态对铸铁力学性能的影响。

思 考 题

1. 什么是铸铁？它与钢相比有什么优缺点？
2. 根据碳在铸铁中的存在形式及石墨的形态，铸铁可分为哪几类？
3. 什么是石墨化？影响石墨化的因素有哪些？
4. 比较 Fe - G 相图和 Fe - Fe_3C 相图的异同之处，并说明铸铁中的石墨是如何形成的？
5. 灰铸铁的组织有几种类型？为什么灰铸铁的力学性能比钢低？
6. 什么是孕育处理？经孕育处理后铸铁的性能有什么变化？

7. 简述可锻铸铁的生产过程。
8. 为什么球墨铸铁的力学性能比其他铸铁的高?
9. 球墨铸铁能够采用的热处理工艺有哪些?目的是什么?
10. 简述灰铸铁、可锻铸铁、球墨铸铁的牌号表示方法,并举例说明。

练 习 题

1. 在石墨化过程中,石墨化进行的程度与铸铁组织有什么关系?
2. 在普通灰铸铁中,为什么碳、硅的质量分数越高,其抗拉强度和硬度越低?
3. 为什么可锻铸铁适于制造薄壁铸件,而球墨铸铁却不宜制造薄壁铸件?
4. 铸铁的抗拉强度和硬度各主要取决于什么因素?如何提高铸铁的抗拉强度和硬度?
5. 为什么机床的床身、各种机器的底座、箱体等构件都采用灰铸铁制造?若采用钢材制造,有什么缺点?
6. 力学性能要求较高的曲轴为什么常用球墨铸铁制造?若曲轴的基体要求为珠光体组织,轴颈表层的硬度要求为 50~55HRC,试确定其热处理的工艺方法。
7. 铸铁的热处理特点有哪些?
8. 已知机床床身、机床导轨、汽车后桥外壳、柴油机曲轴等零件均采用铸铁制造,根据零件的工作条件和性能要求,试选择铸铁类型及相应的热处理工艺方法。

第九章 非铁金属及硬质合金

通常把铁或以铁为主而形成的合金称为铁金属，除铁金属以外的其他金属称为非铁金属。非铁金属的种类很多，按其特点可分为轻金属（铝、镁等）、重金属（铜、铅等）、稀有金属（钨、钼等）、贵金属（金、银、铂）和放射性金属（镭、铀等）。由于非铁金属具有某些特殊的物理、化学性能，因此已经成为现代工业中不可缺少的重要工程材料，广泛地用于机械制造、航空、航海、化工、电器等部门。但非铁金属的冶炼比较困难，成本比较高，所以其产量和使用量不如铁金属多。

生产上常用的非铁金属有：铝及铝合金、铜及铜合金、滑动轴承合金等。

第一节 铝及铝合金

铝及铝合金是非铁金属中应用最广的一类金属材料，其产量仅次于钢铁材料，广泛用于电气、车辆、化工、航空等部门。

根据新国家标准《变形铝及铝合金牌号表示方法》中的规定，我国铝及变形铝合金牌号采用国际四位数字体系牌号和四位字符体系牌号两种命名方法。化学成分已在国际牌号注册组织中注册命名的铝及铝合金，直接采用四位数字体系牌号；国际牌号注册组织中未命名的，则按四位字符体系牌号命名。两种牌号命名方法的区别仅在第二位。牌号第一位数字表示铝及变形铝合金的组别，见表9-1；牌号第二位数字（国际四位数字体系）或字母（四位字符体系，除字母 C、I、L、N、Q、P、Z 外）表示原始纯铝或铝合金的改型情况，数字 0 或字母 A 表示原始合金，如果是 1~9 或 B~Y 中的一个，则表示对原始合金的改型情况；最后两位数字用以标识同一组中不同的铝合金，对于纯铝则表示铝的最低质量分数中小数点后面的两位数。

表9-1 铝及变形铝合金的组别表示方法

牌 号	组 别
1×××	纯铝（铝含量大于99.00%）
2×××	以铜为主要合金元素的铝合金
3×××	以锰为主要合金元素的铝合金
4×××	以硅为主要合金元素的铝合金
5×××	以镁为主要合金元素的铝合金
6×××	以镁和硅为主要合金元素的铝合金
7×××	以锌为主要合金元素的铝合金
8×××	以其他元素为主要合金元素的铝合金
9×××	备用合金组

我国非铁金属产品的牌号或代号表示方法比较复杂，目前正逐步向国际标准化组织规定的方法靠拢。在新旧牌号命名方法的过渡时期，国内原国家标准中使用的牌号仍可继续使用。

一、铝

铝的质量分数不低于 99.00% 时为纯铝。纯铝是一种银白色金属，具有面心立方晶格，无同素异构转变，塑性好（$\delta = 50\%$，$\psi = 80\%$），强度低（$\sigma_b = 80 \sim 100 \text{MPa}$），适于压力加工。纯铝的熔点为 660℃，密度为 2.7g/cm^3。

铝和氧的亲和力较强，容易在其表面形成一层致密的 Al_2O_3 薄膜，能有效地防止金属的继续氧化，所以纯铝在大气中具有良好的耐腐蚀性。

纯铝的导电性、导热性好，仅次于银、铜、金。室温下铝的导电能力约为铜的 62%，但按单位质量的导电能力计算，则为铜的 200%。

纯铝不能用热处理的方法予以强化，冷变形是提高其强度的唯一手段。经冷变形强化后，纯铝的强度可以提高到 150~200MPa，而断面收缩率则下降到 50%~60%。

根据纯铝的特点，纯铝主要用于配制各种铝合金，代替铜制作电线或电缆，以及制作要求质轻、导热、耐大气腐蚀而强度不高的器具。

工业纯铝中的杂质为铁和硅，杂质的质量分数越多，铝的导电性、耐腐蚀性和塑性越低。常用工业纯铝的牌号、化学成分及用途举例见表 9-2。

表 9-2 工业纯铝的牌号、化学成分及用途

牌 号	化学成分 w_i(%)		用 途 举 例	旧牌号
	铝	杂质总量		
1070	99.70	0.30	电容、电子管隔离罩、电缆、导电体、装饰品等	L1
1060	99.60	0.40		L2
1050	99.50	0.50		L3
1035	99.35	0.65		L4
1200	99.00	1.00	电缆保护套管、仪表零件、垫片、装饰品等	L5

二、铝合金的分类及热处理

1. 铝合金的分类

二元铝合金相图一般为共晶相图，如图 9-1 所示。其中 D 点是合金元素在铝中的最大溶解度，DF 线是合金元素在铝中的溶解度随温度变化曲线。根据铝合金的化学成分和工艺性能，可将铝合金分为变形铝合金和铸造铝合金两类。合金元素的质量分数低于 D 点成分的铝合金，当加热到 DF 线温度以上时，能形成单相 α 固溶体组织，具有较高的塑性，适于压力加工，因此称为变形铝合金。合金元素的质量分数超过 D 点成分的铝合金，在室温下具有共晶组织，适于铸造成形，因此称为铸造铝合金。F 点成分左边的变形铝合金，由于其固溶体的成分不随温度变化，不能进行热处理强化，故又称为不能热处理强化的铝合金。F 点成分右边的变形铝合金，由于其固溶体的成分可以随温度改变而变化，能用热处理的

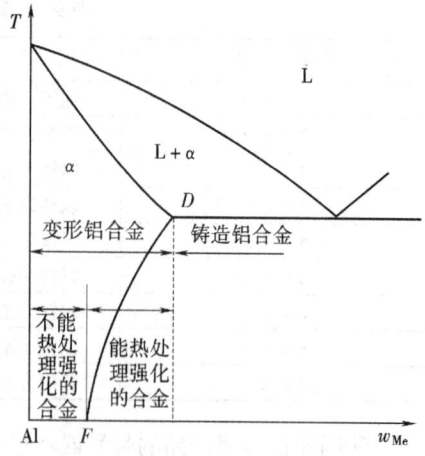

图 9-1 铝合金相图

方法予以强化，故又称为能热处理强化的铝合金。

2. 铝合金的热处理

铝合金的热处理机理与钢不同，当铝合金加热到 α 相区，经保温获得单相 α 固溶体后，在水中快速冷却，其强度和硬度并没有明显升高，而塑性却有所改善，这种热处理称为固溶处理。由于固溶处理后获得的过饱和 α 固溶体是不稳定的，如果在室温下放置一定的时间，这种过饱和 α 固溶体将逐渐向稳定状态转变，使强度和硬度明显升高，塑性下降。例如，$w_{Cu}=4\%$ 的铝合金，在退火状态下，$\sigma_b = 180 \sim 220 \mathrm{MPa}$，$\delta = 18\%$。经固溶处理后，$\sigma_b = 240 \sim 250 \mathrm{MPa}$，$\delta = 20\% \sim 22\%$。室温下经 4～5 天的放置，$\sigma_b = 420 \mathrm{MPa}$，$\delta = 18\%$。

固溶处理后铝合金的力学性能随时间而发生显著变化的现象，称为时效或时效强化。在室温下进行的时效称为自然时效；在加热条件下进行的时效称为人工时效。图 9-2 为 $w_{Cu}=4\%$ 的铝合金经固溶处理后，其强度随时间变化的自然时效曲线，可见，时效强化的过程是逐渐进行的。在自然时效的最初一段时间内，强度变化不大，这段时间称为孕育期。在孕育期内对固溶处理后的铝合金可进行冷加工。

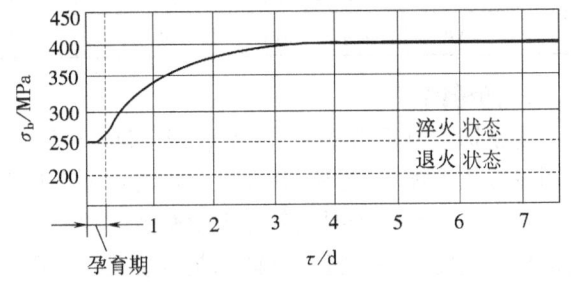

图 9-2　$w_{Cu}=4\%$ 的铝合金自然时效曲线

铝合金的时效强化过程，实质上是固溶处理后所获得的过饱和固溶体分解并形成强化相的过程，这一过程必须通过原子扩散才能进行，因此，铝合金的时效强化效果与时间及温度有密切关系。$w_{Cu}=4\%$ 的铝合金在不同温度下的人工时效曲线如图 9-3 所示。人工时效时的温度越高，时效的强化过程越快，强化效果减弱。如果时效温度在室温以下（图中 -50℃），原子扩散不易进行，则时效过程的进

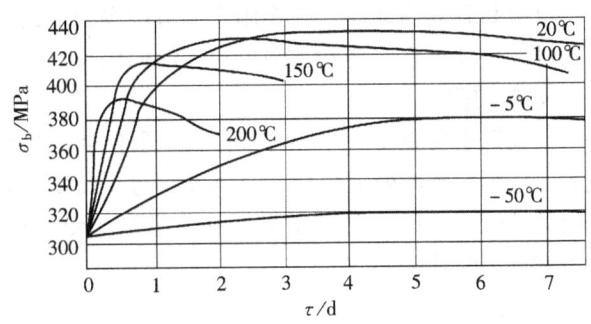

图 9-3　$w_{Cu}=4\%$ 的铝合金在不同温度下的时效曲线

行极为缓慢，铝合金的力学性能几乎没有变化。如果人工时效时的时间过长（或温度过高），反而会使合金软化，这种现象称为过时效。

三、常用变形铝合金

变形铝合金按其主要性能特点可分为防锈铝、硬铝、超硬铝和锻铝。一般都由冶金厂加工成各种规格的型材（板、带、管、线等）供应给用户。

在原国家标准中规定，变形铝合金的代号用"L + 代号 + 数字"表示，L 是"铝"字汉语拼音的字首；代号表示变形铝合金的类别，F 代表防锈铝，Y 代表硬铝，C 代表超硬铝，D 代表锻铝；数字表示合金的顺序号。例如，LF21 表示 21 号防锈铝。

常用变形铝合金的牌号、力学性能及用途举例见表 9-3。

表 9-3 常用变形铝合金的牌号、力学性能及用途

类别	牌号	状态	抗拉强度/MPa	伸长率（%）	用途举例	旧牌号
防锈铝	5A02	退火	≤245	12	油箱、油管、液压容器、饮料罐、焊接件、冷冲压件、防锈蒙皮等	LF2
	3A21	退火	≤185	16		LF21
硬铝	2A11	退火	≤245	12	螺栓、铆钉、空气螺旋桨叶片等	LY11
	2A12	淬火+自然时效	390~440	10	飞机上骨架零件、翼梁、铆钉、蒙皮等	LY12
超硬铝	7A04	退火	≤245	10	飞机大梁、桁条、加强框、起落架等	LC4
锻铝	2A50	淬火+人工时效	353	12	压气机叶轮及叶片、内燃机活塞、在高温下工作的复杂锻件等	LD5
	2A70	淬火+人工时效	353	8		LD7

1. 防锈铝

防锈铝主要是指 Al-Mn 系、Al-Mg 系合金。属于不能热处理强化的变形铝合金，只能通过冷压力加工来提高其强度。这类铝合金具有良好的耐腐蚀性，并具有一定的强度和良好的塑性，主要用于制造各种高耐腐蚀性的薄板容器、防锈蒙皮及受力小、质轻、耐腐蚀的结构件。因此，在飞机、车辆、制冷装置及日用器具中应用很广。

2. 硬铝

硬铝主要是指 Al-Cu-Mg 系合金。这类铝合金经固溶和时效处理后能获得很高的强度，但硬铝的耐腐蚀性比纯铝差，更不耐海水的腐蚀，所以硬铝板材的表面常包覆一层纯铝，以提高其耐腐蚀性。主要用于制造中等强度的结构零件，如铆钉、螺栓及航空工业中的结构件。另外，在仪器制造中也有广泛的应用。

3. 超硬铝

超硬铝主要是指 Al-Cu-Mg-Zn 系合金。这类铝合金是在硬铝的基础上再加入锌而形成的，经固溶和时效处理后，其强度超过了硬铝，是室温条件下强度最高的一类铝合金，但耐腐蚀性较差。超硬铝主要用于制造飞机上受力较大的结构件，如飞机大梁、桁架、起落架、螺旋桨叶片等。

4. 锻铝

锻铝主要是指 Al-Cu-Mg-Si 系合金。这类铝合金的力学性能与硬铝相近。由于其热塑性较好，适于采用压力加工方法成形，所以可用于制造航空及仪表工业中形状复杂的零件。

四、铸造铝合金

铸造铝合金同变形铝合金相比，合金元素的质量分数较高，具有良好的铸造性能，可进行各种成形铸造，生产形状复杂的零件。但塑性和韧性较差，不宜进行压力加工。按铸造铝合金中所加合金元素的不同，可分为 Al-Si 系、Al-Cu 系、Al-Mg 系、Al-Zn 系等四类铸造铝合金。

铸造铝合金的代号用"铸铝"二字汉语拼音的字首 ZL 与三位数字表示，第一位数字表示铸造铝合金的类别，1 代表 Al-Si 系，2 代表 Al-Cu 系，3 代表 Al-Mg 系，4 代表 Al-Zn 系；第二位与第三位数字表示合金的顺序号。例如，ZL102 表示 2 号 Al-Si 系铸造铝合金。铸造铝合金的牌号由铝和主要合金元素符号及其表示平均质量分数的数字组成，并在牌

号的前面冠以"铸"字汉语拼音的字首Z。例如,ZAlSi12 表示 $w_{Si}=12\%$ 的铸造铝合金。

1. 铝硅合金

ZAlSi12 是典型的铸造用铝硅合金,在 Al–Si 二元合金相图上,ZAlSi12 位于共晶点成分附近,所以其铸态组织为共晶体,如图 9-4 所示。粗大的针状硅晶体分布在 α 固溶体基体上,力学性能较差 ($\sigma_b = 130 \sim 140 MPa$,$\delta = 1\% \sim 2\%$)。为此,可在浇注前向合金液中加入 2%~3% 的变质剂,进行变质处理。常用的变质剂为钠盐,可改善硅晶体的结晶条件,使之成为细小的颗粒状组织,同时,变质剂还能使相图中的共晶点向右下方移动,如图 9-5 所示。变质处理后的组织为亚共晶组织,如图 9-6 所示。其中白亮色组织为先晶 α 固溶体,暗黑色基体为细粒状共晶体。变质处理后力学性能得到了改善 ($\sigma_b = 180 MPa$,$\delta = 8\%$)。

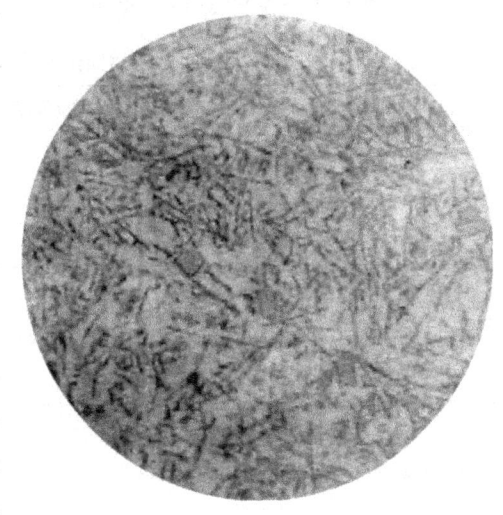

图 9-4 ZAlSi12 合金变质前的显微组织

铝硅系铸造铝合金可用于制造质轻、耐腐蚀、形状复杂及有一定力学性能要求的零件,如气缸体、活塞、风扇叶片、仪表外壳等。

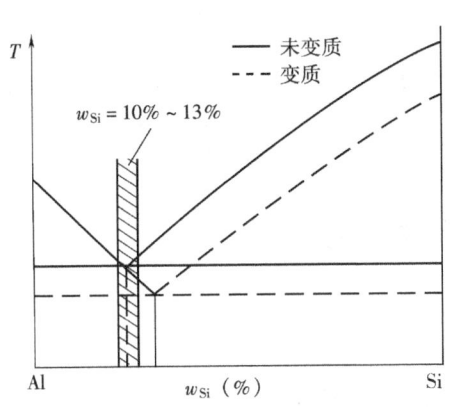

图 9-5 变质剂对 Al–Si 合金相图的影响

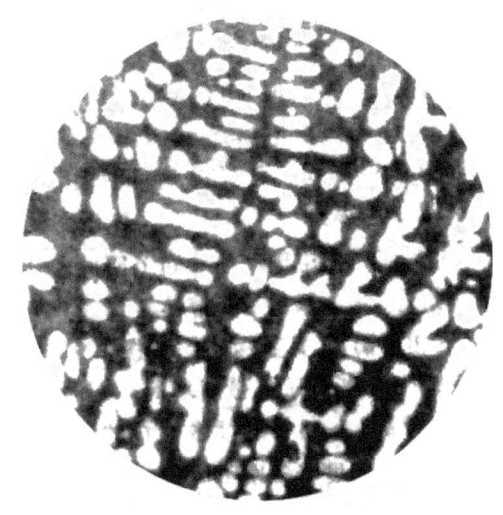

图 9-6 ZAlSi12 合金变质后的显微组织

2. 铝铜合金

铝铜系铸造铝合金强度较高,加入镍、锰可提高其耐热性能,用于制造高强度或高温条件下工作的零件,如内燃机气缸、活塞等。ZAlCu5Mn 是典型的铸造用铝铜合金。

3. 铝镁合金

铝镁系铸造铝合金具有良好的耐腐蚀性,适于制造在腐蚀介质条件下工作的零件,如泵体、船舰配件或在海水中工作的构件等。ZAlMg10 是典型的铸造用铝镁合金。

4. 铝锌合金

铝锌系铸造铝合金具有较高的强度,价格便宜,适于制造医疗器械、仪表零件、飞机零件和日用品等。ZAlZn11Si7 是典型的铸造用铝锌合金。

常用铸造铝合金的牌号、代号、力学性能及用途举例见表9-4。

表9-4 常用铸造铝合金的牌号、代号、力学性能及用途

牌号	代号	状态	抗拉强度/MPa	伸长率（%）	硬度 HBW	用途举例
ZAlSi7Mg	ZL101	金属型铸造、固溶+不完全人工时效	205	2	60	形状复杂的零件，如飞机及仪表零件、抽水机壳体等
ZAlSi12	ZL102	金属型铸造、铸态	155	2	50	工作温度在200℃以下的高气密性和低载荷零件，仪表、水泵壳体等
ZAlSi12Cu2Mg1	ZL108	金属型铸造、固溶+完全人工时效	255	—	90	要求高温强度及低膨胀系数的内燃机活塞、耐热件等
ZAlCu5Mn	ZL201	砂型铸造、固溶+自然时效	295	8	70	175~300℃以下工作的零件，如内燃机气缸头、活塞等
ZAlMg10	ZL301	砂型铸造、固溶+自然时效	280	10	60	在大气或海水中工作的零件，承受大振动载荷、工作温度低于200℃的零件，如氨用泵体、船用配件等
ZAlZn11Si7	ZL401	金属型铸造、人工时效	245	1.5	90	工作温度低于200℃，形状复杂的汽车、飞机零件，仪器零件及日用品等

第二节　铜及铜合金

一、纯铜

纯铜呈玫瑰红色，表面氧化后呈紫色，故俗称紫铜。纯铜具有面心立方晶格，无同素异构转变，强度不高（σ_b = 200~250MPa），硬度较低（40~50HBW），但塑性很好（δ = 45%~50%），适于压力加工。纯铜的熔点为1083℃，密度为8.9g/cm^3。

纯铜的化学稳定性好，在大气、海水中具有良好的耐腐蚀性。纯铜无磁性转变，有很好的导电性和导热性。

纯铜不能用热处理的方法予以强化，只能借助于冷塑性变形来提高其强度，经冷变形强化后纯铜的强度提高到400~500 MPa，但会使其塑性显著降低（δ = 5%）。

工业纯铜中的杂质主要是铅、铋、氧、硫、砷等，它们对铜的力学性能和工艺性能有很大的影响。工业纯铜很少用于制造机械零件，一般作为导电、导热、耐腐蚀材料使用。表9-5为纯铜（加工产品）的牌号、化学成分及用途举例。

表 9-5　纯铜的牌号、化学成分及用途

类别	代号	化学成分 w_i（%）		用 途 举 例
		铜	杂质总量	
纯铜	T1	99.95	0.05	导电、导热、耐腐蚀器具材料，如电线、蒸发器、雷管、储藏器等
	T2	99.90	0.10	
	T3	99.70	0.30	
无氧铜	TU1	99.97	0.03	电真空器件、高导电性导线等
	TU2	99.95	0.05	

二、黄铜

黄铜是指以锌为主要合金元素的铜合金。黄铜既可按化学成分分为普通黄铜和特殊黄铜两类，又可按加工方法分为加工黄铜和铸造黄铜两类。

1. 普通黄铜

普通黄铜是指由铜和锌组成的二元合金。它又可分为单相黄铜和双相黄铜两类：当锌的质量分数小于 39% 时，锌能全部溶于铜中形成单相 α 固溶体，称为单相黄铜。单相黄铜具有良好的塑性，可进行冷、热压力加工，其显微组织如图 9-7 所示；当锌的质量分数超过 39% 时，组织中除 α 固溶体外，还出现了以电子化合物 CuZn 为基的 β′ 固溶体，称为双相黄铜。双相黄铜只适于热压力加工，其显微组织如图 9-8 所示。

图 9-7　单相黄铜的显微组织

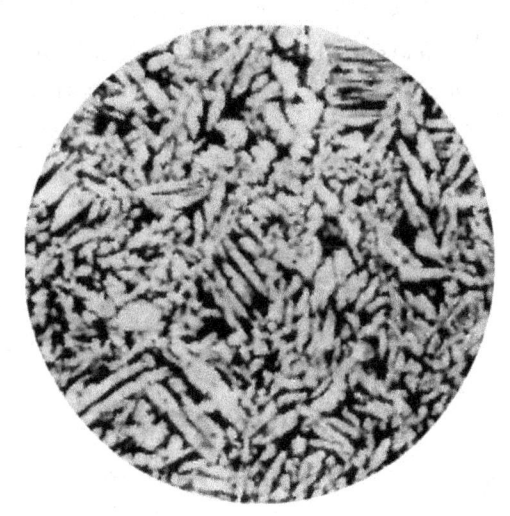

图 9-8　双相黄铜的显微组织

锌的质量分数对黄铜力学性能的影响如图 9-9 所示。当锌的质量分数在 32% 以下时，随锌的质量分数增加，黄铜的强度和塑性不断提高；当锌的质量分数达到 32% 以后，由于实际生产条件下，黄铜组织中已经出现了 β′ 相，所以塑性开始下降，但一定数量的 β′ 相可以起强化作用，因此强度继续升高；当锌的质量分数超过 45% 以后，黄铜组织全部由 β′ 相构成，β′ 固溶体在室温下硬脆性较大，所以黄铜的强度也开始急剧下降，这时的黄铜在生产中已无实用价值。

普通黄铜具有良好的耐腐蚀性,但锌的质量分数大于7%(特别是大于20%)并经冷加工后的黄铜,在大气中,特别是在含有氨气的气氛中,容易产生应力腐蚀破裂的现象,称为自裂。

普通黄铜的代号用"黄"字汉语拼音的字首H与一组数字表示,数字为铜的质量分数的百分数。例如,H70表示$w_{Cu}=70\%$,余量为Zn的普通黄铜。

2. 特殊黄铜

在普通黄铜的基础上再加入其他合金元素所组成的多元合金称为特殊黄铜。加入的合金元素一般有铅、锡、铝、锰、硅等,相应地称这些特殊黄铜为铅黄铜、锡黄铜、铝黄铜、锰黄铜、硅黄铜。

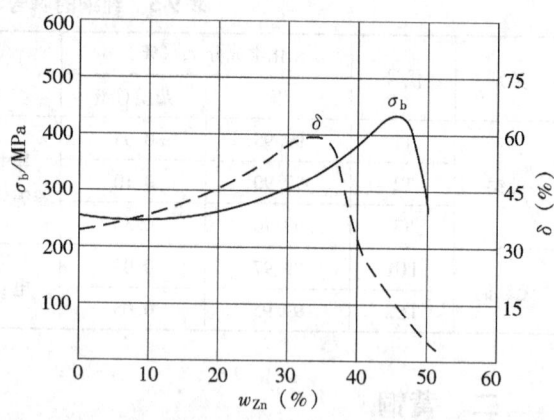

图 9-9 锌的质量分数对黄铜力学性能的影响

合金元素加入后,都能不同程度地提高黄铜的强度。加入锡、铝、锰、硅还可以提高黄铜的耐腐蚀性,减少自裂倾向。另外,硅可以改善铸造性能,铅可以改善切削加工性能。

特殊黄铜的代号是在H之后标以除锌外的主要合金元素符号,并在其后标明铜及合金元素质量分数的百分数。例如,HPb59—1 表示$w_{Cu}=59\%$,$w_{Pb}=1\%$,余量为Zn的铅黄铜。

铸造黄铜具有良好的铸造性能,其熔点较低,结晶温度范围较小,金属液的流动性好,铸件的偏析倾向小,组织致密。铸造黄铜的牌号由铜和主要合金元素的化学符号及表示主要合金元素质量分数的数字组成,并在牌号的前面冠以"铸"字汉语拼音的字首Z。例如,ZCuZn38 表示$w_{Zn}=38\%$,余量为Cu的铸造黄铜。

常用黄铜的代号(牌号)、力学性能及用途举例见表9-6。

表9-6 黄铜的代号(牌号)、力学性能及用途

类别	代号(牌号)	状态	抗拉强度/MPa	伸长率(%)	硬度 HBW	用 途 举 例
普通黄铜	H90	退火	260	45	53	双金属片、冷凝管、散热管、艺术品、证章等
	H68		320	55	—	弹壳、波纹管、散热器外壳、冲压件等
	H62		330	49	56	螺钉、螺母、垫圈、弹簧、铆钉等
特殊黄铜	HPb59—1		400	45	44	螺钉、螺母、轴套等冲压件或加工件
	HSn90—1		280	45		弹性套管、船舶用零件等
	HAl59—3—2		380	50	75	船舶、电动机及其他在常温下工作的高强度、化学性能稳定的零件
	HMn58—2		400	40	85	船舶及弱电流用零件

(续)

类别	代号（牌号）	状态	抗拉强度/MPa	伸长率（%）	硬度/HBW	用 途 举 例
铸造黄铜	（ZCuZn38）	砂型铸造	295	30	60	螺母、法兰、手柄、阀体等
	（ZCuZn33Pb2）		180	12	50	仪器、仪表的壳体及构件等
	（ZCuZn40Mn2）		345	20	80	阀体、管道接头等在淡水、海水及蒸汽中工作的零件
	（ZCuZn25Al6Fe3Mn3）		600	18	160	蜗轮、滑块、螺栓等

三、青铜

青铜是人类历史上使用最早的合金材料，因铜与锡的合金呈青黑色而得名。在现代工业中，青铜是指除黄铜、白铜（以镍为主要合金元素的铜合金）以外的铜合金。其中以锡为主要合金元素的铜合金称为锡青铜，其他青铜称为特殊青铜或无锡青铜。

青铜的代号用"Q + 主要元素符号 + 数字"表示，Q 为"青"字汉语拼音的字首，数字依次表示主要元素和其他元素质量分数的百分数。例如，QSn4—3 表示 $w_{Sn} = 4\%$，$w_{Zn} = 3\%$，余量为Cu的锡青铜。QAl5 表示 $w_{Al} = 5\%$，余量为 Cu 的铝青铜。铸造青铜的牌号表示方法与铸造黄铜的牌号表示方法相同。

1. 锡青铜

锡青铜是以锡为主要合金元素的铜合金，具有较高的强度、硬度和良好的耐腐蚀性。锡的质量分数对锡青铜组织和力学性能的影响如图 9-10 所示。当锡的质量分数在 5% ~6% 以下时，锡溶于铜中形成单相α固溶体，锡青铜的强度随锡的质量分数增加而升高，塑性改善；当锡的质量分数超过 5% ~6% 时，合金组织中出现了硬而脆的以电子化合物 $Cu_{31}Sn_8$ 为基的 δ 固溶体，使锡青铜的强度继续升高而塑性急剧下降；当锡的质量分数超过 20% 时，由于 δ 固溶体数量太多，使合金脆性增大，锡青铜的强度也迅速下降。因此，工业用锡青铜中锡的质量分数一般在 3% ~14% 范围内。

锡青铜具有良好的减摩性、抗磁性和低温韧性，在大气、淡水、海水及高压过热蒸汽中的耐腐蚀性比纯铜和黄铜好，但在酸性介质中的耐腐蚀性较差。

为进一步提高锡青铜的性能，可在锡青铜的基础上再加入磷、锌、铅等合金元素，以改善其耐磨性能、铸造性能及切削加工性能。

锡青铜在铸造时，由于结晶温度范围较大，液态合金的流动性较差，偏析倾向较大，易形成分散缩孔，使锡青铜铸件的组织不致密。但冷却凝固后体积收缩小，有利于获得尺寸极接近铸型的铸件。

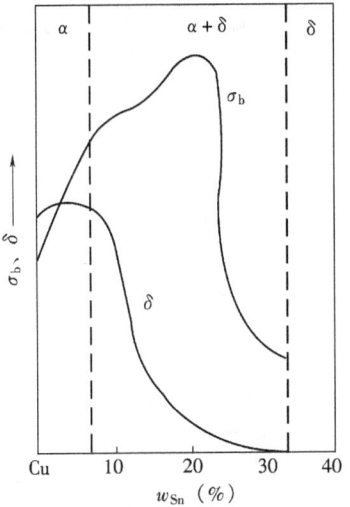

图 9-10 锡的质量分数对锡青铜组织和力学性能的影响

锡的质量分数在8%以下的锡青铜，具有良好的塑性和一定的强度，适于压力加工，可用于制造仪表上要求耐腐蚀及耐磨的零件、弹性零件、抗磁零件、机器中的轴承和轴套等。锡的质量分数较高的锡青铜，具有良好的铸造性能，适于铸造形状复杂但致密性要求不高的铸件，如机床中的滑动轴承、蜗轮、齿轮、水管附件等。

2. 铝青铜

铝青铜是以铝为主要合金元素的铜合金，其特点是价格便宜、色泽美观，具有比锡青铜和黄铜更高的强度、耐磨性能、耐腐蚀性能及铸造性能。主要用于制造强度及耐磨性要求较高的摩擦零件，如齿轮、蜗轮、轴套等。

3. 铍青铜

铍青铜是以铍为主要合金元素的铜合金，其铍的质量分数约为1.6%~2.5%。铍青铜不仅具有高的强度、硬度、弹性、耐磨性、耐腐蚀性和耐疲劳性，而且还具有高的导电性、导热性、耐寒性。铍青铜不具有铁磁性，受冲击时不产生火花。通过淬火和时效处理，铍青铜的抗拉强度可达1400MPa，硬度可达350~400HBW。

铍青铜主要用于制造精密仪器、仪表中各种重要用途的弹性元件、耐腐蚀及耐磨零件、航海罗盘零件、防爆工具等。由于铍青铜价格昂贵，工艺复杂，因而在使用上受到了限制。

4. 硅青铜

硅青铜是以硅为主要合金元素的铜合金。硅青铜具有较高的力学性能和耐腐蚀性能，适于冷、热压力加工，主要用于制造耐腐蚀、耐磨零件或电线、电话线等。

常用青铜的代号（牌号）、力学性能及用途举例见表9-7。

表9-7 青铜的代号（牌号）、力学性能及用途

代号（牌号）	状态	抗拉强度/MPa	伸长率（%）	硬度HBW	用途举例
QSn4—3	退火	350	40	60	弹性元件、管道配件、化工机械中的耐磨零件及抗磁零件等
QSn6.5—0.1	退火	350~450	60~70	70~90	弹簧、接触片、振动片、精密仪器中的耐磨零件等
QAl7	退火	470	3	70	重要用途的弹簧及其他弹性元件等
QAl9—4	退火	550	4	110	轴承、蜗轮、螺母及在蒸汽、海水中工作的高强度、耐蚀零件等
QBe2	退火	500	3	84	重要的弹性元件、耐磨零件及在高速、高压和高温下工作的轴承等
(ZCuSn10Pb1)	砂型铸造	200	3	80	重载荷、高速度的耐磨零件，如轴承、轴套、蜗轮等
(ZCuPb30)	砂型铸造	—	—	—	高速双金属轴瓦等

第三节 钛及钛合金

钛及钛合金是20世纪50年代出现的一种新型结构材料，由于钛具有密度小、强度高、

耐高温、耐腐蚀、资源丰富等特点，因此钛已成为航空、航天、化工、医疗卫生和国防等部门广泛使用的材料。

一、钛

纯钛是银白色的金属，熔点为1677℃，密度为4.508g/cm³，热膨胀系数小。纯钛塑性好，强度低，容易加工成形，可制成细丝或薄片。

钛与氧、氮的亲和力较大，容易与氧、氮结合而形成一层致密的氧化物、氮化物薄膜，其稳定性很高。因此，钛具有良好的耐腐蚀性，在海水和水蒸气中的耐腐蚀能力比铝合金、不锈钢及镍合金还高。

钛具有同素异构转变现象，在882℃以下为密排六方晶格，称为α-Ti，在882℃以上为体心立方晶格，称为β-Ti。

工业纯钛的牌号用"TA+顺序号"表示，如TA2表示2号工业纯钛。一般顺序号越大，杂质的质量分数越多。工业纯钛的牌号、力学性能及用途举例见表9-8。

表9-8 工业纯钛的牌号、力学性能及用途

牌号	抗拉强度/MPa	伸长率（%）	断面收缩率（%）	用途举例
TA1	343	25	50	在350℃以下工作的受力较小的零件、冲压件、气阀、飞机骨架、发动机部件、柴油机活塞及连杆、耐海水腐蚀的阀门及管道、化工用热交换器及搅拌器等
TA2	441	20	40	
TA3	539	15	35	

二、钛合金

为了提高钛的强度和耐热性能，常加入铝、锆、钼、钒、锰、铬、铁等合金元素，以得到不同类型的钛合金。钛合金按其使用时组织状态的不同，可分为α型钛合金、β型钛合金和（α+β）型钛合金三种。其中，α型钛合金的相变点较高，因而在室温或较高温度下均为单相α固溶体组织，组织较稳定，不能热处理强化，硬度较低，焊接性能良好，在高温（500~600℃）下有很高的强度；β型钛合金有良好的塑性，在540℃以下具有较高的强度，但合金密度大，生产工艺复杂；（α+β）型钛合金的强度、塑性和耐热性能较好，可以热处理强化，应用范围较广。

钛合金的牌号用"T+合金类别代号+顺序号"表示，T是"钛"字汉语拼音的字首，合金类别代号分别用A、B、C来表示α型、β型、（α+β）型钛合金。例如，TA5表示5号α型钛合金；TC10表示10号（α+β）型钛合金。常用钛合金的牌号、力学性能及用途举例见表9-9。

表9-9 钛合金的牌号、力学性能及用途

牌号	状态	抗拉强度/MPa	伸长率（%）	用途举例
TA5	退火	686	15	用途与工业纯钛相近
TA6		686	10	工作温度低于500℃的零件，如飞机骨架及蒙皮、压气机壳体、叶片、焊接件和模锻件等
TA7		785	10	

(续)

牌号	状态	抗拉强度/MPa	伸长率（%）	用途举例
TB2	淬火+时效	1373	7	工作温度低于350℃的零件，如飞机构件、压气机叶片及轮盘等
TC1	退火	588	15	工作温度低于400℃的冲压件和焊接件等
TC2		686	12	工作温度低于500℃的焊接件和模锻件等
TC4		902	10	工作温度低于400℃的零件，如容器、泵、坦克履带、舰艇耐压壳体、低温部件及锻件等
TC10		1059	12	工作温度低于450℃的零件，如飞机零件及起落架、武器构件、导弹发动机外壳等

第四节 轴承合金

用于制造滑动轴承中的轴瓦及内衬的合金称为轴承合金。滑动轴承承载面积大，运转平稳、无噪声，制造、维修及更换方便，所以是机床、汽车、拖拉机等机械中的重要零件之一。

一、对轴承合金性能的要求

滑动轴承由轴承体和轴瓦组成，轴瓦与轴颈直接接触，支承着轴工作。当轴转动时，轴瓦和轴颈之间会产生剧烈的摩擦，因为轴是重要零件，制造工艺复杂，成本比较高，更换比较困难，所以在磨损不可避免的情况下，应确保轴受到最小的磨损，必要时可更换轴瓦而继续使用轴。为此，轴承合金应满足下列性能要求：

1）摩擦系数低，并能贮存润滑油，减少磨损。
2）适当的硬度，既保证有良好的磨合性，又保证轴瓦本身有一定的耐磨性。
3）足够的抗压强度和疲劳强度，以承受较大周期性载荷的作用。
4）足够的塑性和韧性，以抵抗冲击和振动。
5）良好的导热性，以利于热量散失并防止发生咬合现象。
6）良好的耐腐蚀性，以抵抗润滑油的腐蚀。
7）良好的铸造性能。

二、轴承合金的组织特征

为了满足上述性能要求，轴承合金的组织应软硬兼备。目前，轴承合金有两种类型组织。

1. 在软基体上均匀分布着硬质点

轴承在工作时，软基体很快被磨损，下凹区域可以贮存润滑油，以保证良好的润滑条件和低的摩擦系数，减少轴颈的磨损。同时，偶然进入的外来硬物也被压入软基体内，避免轴颈擦伤。而硬质点则凸出表面以支承轴颈，使轴承具有一定的耐

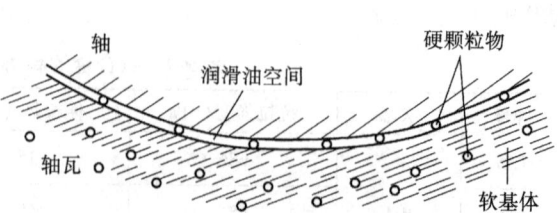

图 9-11 轴承合金理想组织示意图

磨性和承载能力,如图9-11所示。软基体组织有良好的磨合性及抵抗冲击、振动的能力,但承载能力较低。属于这类组织的轴承合金有锡基和铅基轴承合金。

2. 在硬基体上均匀分布着软质点

在硬基体(其硬度低于轴颈硬度)上均匀分布软质点的组织,能承受较高的载荷及转速,但磨合性较差,属于这类组织的轴承合金有铜基、铝基轴承合金以及铸铁。

三、常用轴承合金

铸造轴承合金的牌号由"铸"字汉语拼音的字首Z、基体元素的化学符号、主要合金元素的化学符号及代表各主要合金元素的质量分数的数字组成。如果合金元素的质量分数不小于1%,则该数字用整数表示;如果合金元素的质量分数小于1%,则一般不标数字。例如,ZSnSb11Cu6表示平均锑的质量分数为11%,平均铜的质量分数为6%,余量为锡的铸造锡基轴承合金。

1. 锡基轴承合金(锡基巴氏合金)

锡基轴承合金是以锡为基础,加入锑、铜等元素组成的合金。锑能溶于锡中形成α固溶体,又能形成化合物SnSb,铜与锡也能形成化合物Cu_6Sn_5。图9-12为锡基轴承合金的显微组织,暗黑色基体为α固溶体,作为软基体(硬度30HBW);白色方块状组织是以化合物SnSb为基的β固溶体,白色针状或星状组织为化合物Cu_6Sn_5,作为硬质点(硬度110HBW);化合物在结晶时起防止密度偏析的作用。

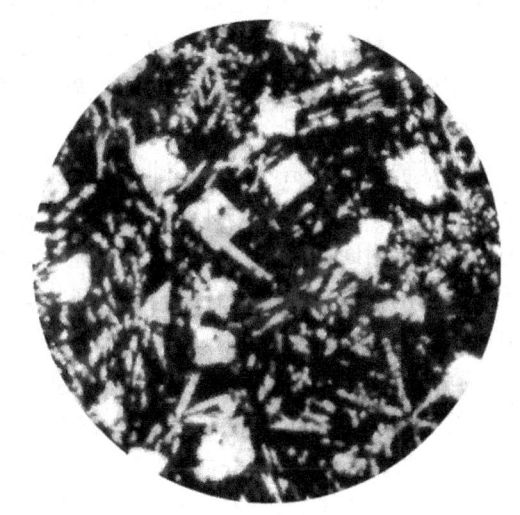

图9-12 ZSnSb11Cu6的显微组织

锡基轴承合金具有良好的减摩性、塑性和韧性,良好的导热性和耐腐蚀性,但疲劳强度较低,价格昂贵。一般用于制造重要的滑动轴承,如发动机、汽轮机、压缩机中的高速轴承。

2. 铅基轴承合金(铅基巴氏合金)

铅基轴承合金是以铅、锑为基础,加入锡、铜等元素组成的合金。显微组织与锡基轴承合金的相似,但软基体是(α+β)共晶体(硬度7~8HBW),其中α相是锑溶于铅中所形成的固溶体,β相是以化合物SnSb为基的含铅固溶体。硬质点是白色方块状的先晶β相(硬度30HBW)和白色针状或星状的化合物Cu_2Sb。

铅基轴承合金的强度、硬度、韧性都比锡基轴承合金低,而且摩擦系数大,但价格便宜,一般只适于制造承受中等载荷作用的中速轴承,如汽车、拖拉机中的曲轴轴承及电动机轴承等。常用锡基与铅基轴承合金的牌号、力学性能及用途举例见表9-10。

无论是锡基还是铅基轴承合金,强度都比较低,不能承受很大的压力。因此,需将其镶铸在08钢制作的轴瓦上,形成一层薄而均匀的内衬,来发挥轴承合金的作用。这种工艺方法称为"挂衬",挂衬后形成双金属轴承。

表9-10 常用锡基与铅基轴承合金的牌号、力学性能及用途

类别	牌号	铸造方法	硬度HBW	用途举例
锡基轴承合金	ZSnSb8Cu4	金属型铸造	24	大型机器轴承、汽车发动机轴承等
	ZSnSb11Cu6		27	蒸汽机、涡轮机、涡轮泵及内燃机中的高速轴承等
铅基轴承合金	ZPbSb15Sn5		20	低速、轻压力机械轴承
	ZPbSb16Sn16Cu2		30	工作温度低于120℃、无明显冲击载荷作用的高速轴承，如汽车和拖拉机曲轴轴承、电动机轴承、起重机轴承、重载荷推力轴承等

3. 铜基轴承合金

常用的铜基轴承合金是铅青铜，如 ZCuPb30，其显微组织由硬基体（铜）和软质点（铅颗粒）组成。铅青铜具有高的疲劳强度和承载能力，有高的导热性和低的摩擦系数，可在250℃下工作。铅青铜适宜制造高速、重载荷下工作的轴承，如航空发动机、高速柴油机及其他高速机器中的主轴承等。铅青铜也需挂衬处理，制成双金属轴承后使用。

另外，锡青铜也是常用的轴承合金，如 ZCuSn10P1，可用于制造中等速度及受较大固定载荷作用的轴承，如电动机、水泵、金属切削机床中的轴承。

4. 铝基轴承合金

铝基轴承合金是以铝为基础，加入锡、锑、铜等元素组成的合金。它是20世纪60年代发展起来的一种新型减摩材料，其特点是原料丰富，价格便宜，导热性好，疲劳强度与高温硬度较高，耐腐蚀性好，能承受较大压力与速度。但它的线膨胀系数较大，抗咬合性较低。常用的铝基轴承合金主要有铝锑镁轴承合金和铝锡轴承合金两种，其中高锡铝基轴承合金应用最广。

高锡铝基轴承合金是以铝为基础，加入约20%的锡和1%的铜所组成的合金。其显微组织为硬基体（铝）上分布着软质点（球状锡晶粒）。这种轴承合金适宜制造重载荷作用下的高速发动机轴承。目前已在汽车、拖拉机、内燃机车上推广使用。

铝基轴承合金也需要在08钢制作的轴瓦上挂衬，由于它与钢的粘结性较差，须先将其与纯铝箔轧制成双金属板，然后再与08钢一起轧制，形成由钢、铝、高锡铝基轴承合金组成的三金属轴承。

5. 珠光体灰铸铁

珠光体灰铸铁也是常用的滑动轴承制作材料，它的显微组织是由硬基体（珠光体）和软质点（石墨）组成，石墨还可以起润滑的作用。铸铁轴承可以承受较大的压力，价格便宜，但摩擦系数较大，导热性较低，故只适于制造低速的不重要轴承。

第五节 硬质合金

随着现代工业的飞速发展，切削速度不断提高，机械加工对工具材料提出了更高的要求。例如，用于高速切削的切削刃具，高速工具钢已不能满足使用要求，而需要采用硬质合金。

一、粉末冶金工艺简介

硬质合金是以一种或几种难熔金属的碳化物,如碳化钨(WC)、碳化钛(TiC)等粉末为主要成分,加入起粘结作用的金属(Co)粉末,经粉末冶金工艺方法处理后所获得的合金材料。

粉末冶金是指用金属粉末或金属与非金属粉末的混合物作原料,经压制成形后烧结,以获得金属零件和金属材料的一种工艺方法。它是一种不需熔炼的特殊冶金工艺方法,也是一种精密的无切屑或少切屑的成形加工方法。粉末冶金的工艺过程一般包括以下几个工序:

1. 制粉

粉末的制备可采用机械破碎法、电解法、氧化物还原法、熔融金属气流粉碎法等,如用球磨机粉碎金属原料、压缩空气流粉碎熔融金属等。

2. 筛分与混合

目的是使粉末原料中各组元的粗细、混合均匀化。在硬质合金的生产中,常在粉末原料中加入液体以进行湿混。同时,为了改善粉末原料的可塑性和成形性,可在粉末原料中加入增塑剂,如石蜡等。

3. 压制成形

将混合均匀的松散粉末原料装入模具中,在压力机上压制成形。

4. 烧结

将压制成形后的压坯放入真空炉或保护性气氛的高温炉中进行烧结,使粉末中的间隙消除,密度增大,成为具有一定力学性能和物理性能的整体。

5. 后处理

烧结后的粉末冶金制品可直接使用。当使用要求较高时,还可进行精压、切削加工、浸渍或热处理等。

二、硬质合金的性能特点

硬质合金具有高硬度(86~93HRA)、高热硬性(900~1000℃)、高耐磨性的特点。硬质合金刀具的切削速度比高速工具钢高4~10倍,使用寿命可提高5~8倍。硬质合金的抗压强度高(6000MPa),但抗弯强度低,韧性较差。另外,硬质合金具有良好的耐腐蚀性、抗氧化性,热膨胀系数低,导热性差,切削加工困难。因此,在机械制造业中,硬质合金主要用于制造刀具、冷作模具、量具及耐磨零件等。

三、常用硬质合金

按化学成分和性能特点不同,硬质合金可分为钨钴类、钨钴钛类和通用硬质合金三类。

1. 钨钴类硬质合金

它的主要成分为碳化钨和钴。其牌号用"硬"、"钴"二字汉语拼音的字首Y、G加数字表示,数字表示钴的质量分数。例如,YG8表示钴的质量分数为8%,余量为碳化钨的钨钴类硬质合金。

2. 钨钴钛类硬质合金

它的主要成分为碳化钨、碳化钛和钴。其牌号用"硬"、"钛"二字汉语拼音的字首Y、

T 加数字表示，数字表示碳化钛的质量分数。例如，YT5 表示碳化钛的质量分数为 5%，余量为碳化钨和钴的钨钴钛类硬质合金。

在上述两种硬质合金中，碳化物的质量分数越多，合金的硬度、热硬性及耐磨性越高，强度和韧性越低。钴的质量分数相同时，钨钴钛类硬质合金中由于碳化钛的加入，而具有较高的硬度和耐磨性，但强度和韧性比钨钴类硬质合金低。因此，钨钴类硬质合金刀具适合加工脆性材料（如铸铁等），而钨钴钛类硬质合金刀具适合加工韧性材料（如低碳钢等）。

3. 通用硬质合金

它是以碳化钽或碳化铌取代钨钴钛类硬质合金中的一部分碳化钛制成的。其特点是抗弯强度高，常用来加工不锈钢、耐热钢、高锰钢等难加工的金属材料。通用硬质合金又称"万能硬质合金"，其牌号用"硬"、"万"二字汉语拼音的字首 Y、W 加顺序号表示。例如，YW1 表示 1 号通用硬质合金。

常用硬质合金的牌号、化学成分及力学性能见表 9-11。

表 9-11 常用硬质合金的牌号、化学成分及力学性能

类 别	牌 号	化学成分 w_i（%）				硬度 HRA	抗弯强度/MPa
		WC	TiC	TaC	Co		
钨钴类合金	YG3	97	—	—	3	91	1100
	YG6	94	—	—	6	89.5	1422
	YG8	92	—	—	8	89	1500
	YG15	85	—	—	15	87	2060
	YG20	80	—	—	20	85	2600
钨钴钛类合金	YT5	85	5	—	10	89.5	1373
	YT15	79	15	—	6	91	1150
	YT30	66	30	—	4	92.5	883
通用合金	YW1	84~85	6	3~4	6	92	1230
	YW2	82~83	6	3~4	8	91.5	1470

硬质合金除用于刀具外，还可用于制造冷作模具、量具及某些耐磨零件等。近年来，又出现了一种钢结硬质合金，其粘结剂为合金钢（不锈钢或高速钢），从而使这种硬质合金可以进行锻造、焊接、切削及热处理，用于制造各种形状复杂的刀具、模具和耐磨零件等。

思 考 题

1. 铝及变形铝合金的牌号如何表示？
2. 铝合金是如何进行分类的？其热处理特点是什么？
3. 什么是黄铜？其力学性能与化学成分有什么关系？
4. 什么是特殊黄铜？合金元素对其性能有什么影响？
5. 什么是锡青铜？其力学性能与化学成分有什么关系？
6. 钛及钛合金的主要性能特点是什么？
7. 轴承合金的性能要求有哪些？各类轴承合金的特点是什么？
8. 什么是硬质合金？硬质合金的性能特点有哪些？
9. 举例说明各类硬质合金的牌号及用途。

10. 说明下列牌号（代号）的含义：
1070，LF21，ZL301，T2，H62，HPb59—1，QSn4—3，TC10，ZSnSb8Cu4，ZPbSb15Sn5，YG8，YW2

练 习 题

1. 试比较铝合金的固溶、时效处理与钢的淬火、回火处理有何异同之处。
2. 举例说明细晶粒强化、固溶强化、冷变形强化、时效强化产生的原因及它们之间的区别。
3. 试比较碳素工具钢、合金刃具钢、高速工具钢、硬质合金的性能特点及用途。
4. 试比较铸造铝合金与铸铁的组织、性能特点及用途。
5. 金属材料的减摩性与耐磨性有什么区别？它们与金属的组织和性能有什么关系？
6. 什么样的金属材料才能进行时效强化？简述时间和温度对时效强化效果的影响。

第十章　非金属材料*

长期以来，金属材料以其良好的使用性能和工艺性能，在机械制造业中占主导地位。随着科学技术的不断进步，生产的不断发展，非金属材料在各个领域的应用迅速增加。非金属材料不但具有优良的使用性能和工艺性能，而且成本低廉，外表美观，甚至具有某些特殊性能，如耐腐蚀好、电绝缘性好、密度小等。

非金属材料主要包括高分子材料、陶瓷材料和复合材料。

第一节　高分子材料

一、高分子材料的基本概念

高分子材料分为天然和人工合成两大类。天然高分子材料有羊毛、蚕丝、淀粉、橡胶等。工程上使用的高分子材料主要是人工合成的，如塑料、合成纤维、合成橡胶等。

高分子材料是指以高分子化合物为主要组成成分的材料。高分子化合物是指相对分子质量很大的化合物。一般相对分子质量小于 500 的称为低分子化合物，相对分子质量大于 500 的称为高分子化合物。表 10-1 列出了常见物质的相对分子量。通常低分子化合物没有强度和弹性，而高分子化合物则具有一定的强度、弹性和塑性。

表 10-1　常见物质的相对分子量

类别	低分子物质				高分子物质				
					天然高分子物质			人工合成高分子物质	
名称	水	石英	乙烯	单糖	橡胶	淀粉	纤维素	聚苯乙烯	聚氯乙烯
	H_2O	SiO_2	$CH_2=CH_2$	$C_6H_{12}O_6$					
分子量	18	60	28	180	200000~500000	>200000	570000	>50000	50000~160000

高分子化合物的化学组成一般并不复杂，都是由一种或几种比较简单的低分子化合物重复连接而成。这类能组成高分子化合物的低分子化合物，称为单体。将单体转变为高分子化合物的过程，称为聚合。因此，高分子化合物也称为高聚物。例如，聚乙烯塑料就是由乙烯经聚合反应制成的，即

$$n(CH_2=CH_2) \xrightarrow{聚合反应} \{CH_2-CH_2\}_n$$

高分子化合物的合成方法很多，但按最基本的化学反应分类，可分为加聚反应和缩聚反应两大类。

1. 加聚反应

加聚反应是指一种或多种单体经光照、加热或化学药品（称为引发剂）的作用后相互

结合而连接成大分子链的过程。加聚反应进行得较快,反应过程中不停留,没有中间产物生成。目前产量较大的高分子化合物品种,如聚乙烯、聚丙烯、聚苯乙烯及合成橡胶等,都是加聚反应的产品。

2. 缩聚反应

缩聚反应是指具有官能团(如—OH、—COOH、—NH$_2$等)的单体,互相反应结合成大分子链的过程。缩聚反应是分步进行的,可以在反应过程中的某个阶段停留而得到中间产物,在生成聚合物的同时有小分子物质(如H$_2$O、HCl、NH$_3$等)产生。缩聚反应有很大实用价值,如涤纶、尼龙、酚醛树脂、环氧树脂等重要的高分子化合物都是由缩聚反应合成的。

二、常用的高分子材料

高分子材料品种繁多,性质各异,为了合理使用高分子材料,必须对其进行适当的分类。常见的分类方法见表10-2。

表10-2 高分子材料常见的分类方法

分类原则	类 别	举 例
按高分子材料的用途	塑料	ABS、尼龙等
	橡胶	丁苯橡胶、氯丁橡胶等
	纤维	玻璃纤维、石棉纤维等
	胶粘剂	骨胶、环氧通用胶等
	涂料	环氧树脂漆等
按高分子材料的来源	天然高分子材料	淀粉、天然橡胶、纤维素等
	人造及合成高分子材料	合成纤维、合成橡胶等
按聚合反应的类型	加聚高分子材料	聚乙烯、聚氯乙烯等
	缩聚高分子材料	酚醛树脂、环氧树脂等
按高分子材料的结构	线型高分子材料	聚甲醛、聚苯乙烯等
	体型高分子材料	酚醛树脂、环氧树脂等
按高分子材料的热性能及成形工艺特点	热固性高分子材料	酚醛树脂、环氧树脂等
	热塑性高分子材料	聚酰胺、有机玻璃等

高分子材料的命名方法也有很多种。一般地,天然高分子材料按其来源和性质以专用名称命名,如纤维素、蛋白质、虫胶、淀粉等;加聚类高分子材料通常在原料低分子物质前加一个"聚"字,如聚乙烯、聚氯乙烯等;缩聚类和共聚类高分子材料是在原料低分子化合物后加"树脂"或"橡胶",如酚醛树脂、丁苯橡胶等;有些结构复杂的高分子材料可直接称其商品名称,如有机玻璃、涤纶树脂、锦纶、尼龙等。另外,有些高分子材料是用英文名称的第一个字母来命名的,如PVC、PS等。下面介绍一些常用的高分子材料。

1. 塑料

(1)塑料的组成 塑料是一种高分子物质合成材料。它是以树脂为基础,加入添加剂制成的。

树脂是塑料的主要成分,用以粘结塑料中的其他成分,并使其具有成形性能。树脂的种类、性质和加入量对塑料的性能有很大的影响，目前主要采用合成树脂。

添加剂是指增塑剂、稳定剂、填充剂、固化剂、着色剂等。根据塑料的使用要求，在塑料中添加一些其他物质，以改善塑料的性能。如加入增塑剂可提高塑料的可塑性和柔软性，改善塑料的成形能力；加入稳定剂可以提高塑料在光和热作用下的稳定性；加入铝可以提高塑料对光的反射能力并防止老化；加入 Al_2O_3、TiO_2、SiO_2 可以提高塑料的硬度和耐磨性等。

（2）塑料的分类 按塑料的热性能可分为热塑性塑料和热固性塑料，按塑料的使用范围可分为通用塑料、工程塑料和耐热塑料。

热塑性塑料加热时软化，可塑造成形，冷却后变硬，这种变化是一种物理变化，可以重复多次，化学结构基本不变。而热固性塑料加热时软化，塑造成形并冷却后，既不溶于溶剂，也不再受热软化，只能塑造一次。热塑性塑料加工成形简单，力学性能较好，但耐热性及刚性较差。热固性塑料耐热性能好，受压不易变形，但力学性能较差。

通用塑料是指生产量大、用途广泛、价格低廉的塑料制品，一般在工农业生产及日常生活中使用较多。工程塑料是指力学性能较高，并具有某些特殊性能的塑料，可以取代金属材料用以制造某些机械零件或工程结构。耐热塑料是指在较高温度下工作的塑料。

（3）塑料的成形加工 塑料的成形加工是指将各种塑料的原料（粉状料、粒状料、液态料、碎料等）制成一定形状和尺寸制品的过程。塑料的成形工艺简单，形式多样，有注射成形、压制成形、挤出成形、吹塑成形等几种方法。图 10-1 为吹塑成形制取小口径中空制品过程的示意图。

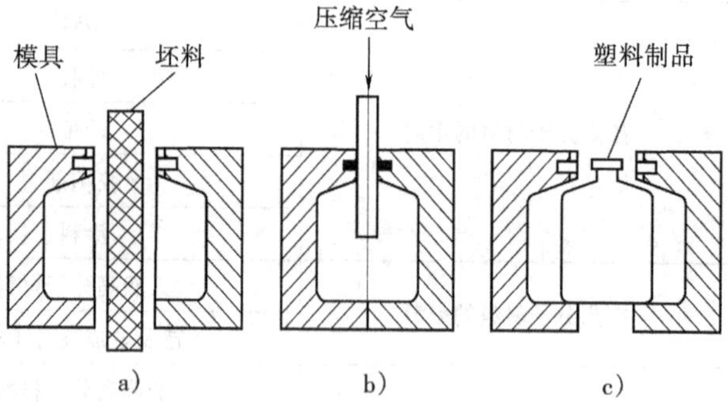

成形之后的塑料制品，还可以进行焊接、粘接或切削加工。也可以通过喷涂、浸渍、粘贴等工艺方法将塑料覆盖于其他材料的表面，塑料制品的表面也可以镀覆金属层。

图 10-1 吹塑成形示意图

（4）塑料的种类及应用 塑料在生产和生活中的应用越来越广泛。常用塑料的种类、特点及用途举例见表 10-3。

2. 橡胶

（1）橡胶的组成 橡胶是在使用温度范围内处于高弹性状态的高分子材料。在较小的载荷作用下能产生很大的变形，载荷卸除后又能很快恢复原来的状态。另外，橡胶还具有优良的耐磨性、隔音性和绝缘性。是常用的弹性材料、密封材料、减振材料和传动材料。

橡胶的原料是生胶（生橡胶），性能较差，加入配合剂硫化后才能得到所需的各种产品。

生胶是橡胶制品的主要成分，它决定了橡胶制品的性能，也是把各种配合剂和骨架材料结合成一体的粘结剂。按原料来源不同，生胶可分为天然橡胶和合成橡胶两类。天然橡胶是以热带橡胶树中流出的胶乳为原料，经凝固、干燥、加压等工序制成的片状固体。合成橡胶是用化学合成方法制成的与天然橡胶性质相似的高分子材料，如丁苯橡胶、氯丁橡胶等。

表 10-3 常用塑料的种类、特点及用途

类别	名称	代号	主 要 特 点	用 途 举 例
热塑性塑料	聚乙烯	PE	具有良好的耐腐蚀性和电绝缘性	薄膜、塑料瓶、电线电缆的绝缘材料及管道、中空制品等
	聚酰胺（尼龙）	PA	具有较高的强度和韧性，耐磨、耐疲劳、耐油、耐水，但吸湿性大，日光下曝晒易老化	用于制造一般机械零件，如轴承、齿轮、凸轮轴、蜗轮、泵及阀门零件等
	聚甲醛	POM	具有优良的综合力学性能，吸湿性较小，尺寸稳定性高，但遇火易燃，曝晒易老化	用于制造减摩、耐磨零件，如齿轮、轴承、叶轮、仪表外壳、阀、汽化器、线圈骨架等
	聚碳酸脂	PC	具有良好的力学性能、耐热性、耐寒性及电性能，尺寸稳定性高，但耐候性不够，长期曝晒易开裂	用于制造机械传动零件、高绝缘性零件及飞机构件，如轴承、齿轮、蜗轮、蜗杆、垫圈、电容器、飞机挡风罩及座舱盖等
	聚四氟乙烯	F-4	具有优良的耐低温、耐腐蚀、耐候性和电绝缘性能，不受任何化学药品的腐蚀，但强度和刚度较低，250℃以上分解并放出毒性气体	用于制造特殊性能要求的零件，如化工机械中的过滤板、反应罐、贮藏液态气体的低温设备、自润滑轴承、密封环等
	ABS塑料	ABS	具有良好的综合性能，尺寸稳定性好，易于成形加工	用途广泛，如转向盘、手柄、仪表盘、化工容器、电器设备外壳等
	聚砜	PSU	具有良好的电绝缘性和化学稳定性，尺寸稳定性好，蠕变值极低，可在-100~150℃下长期工作	用于制造耐腐蚀、耐磨及绝缘零件，如汽车零件、齿轮、凸轮、仪表精密零件、管道、涂层等
	有机玻璃	PMMA	强度高、透光性好、耐老化、易于成形加工	用于制造航空、仪器仪表及无线电工业中的透明件，如飞机座舱、汽车风挡、屏幕、光学镜片等
热固性塑料	酚醛塑料	PF	具有良好的耐热性、绝缘性、化学稳定性和尺寸稳定性，蠕变值低，强度、硬度高，脆性大，价格便宜	用于制造磨损零件，如轴承、齿轮、刹车片、离合器片等，在电器工业中的应用也很广泛
	环氧塑料	EP	强度和韧性高，电绝缘性、化学稳定性及耐有机溶剂性好	用于制造塑料模具、量具、电子元件等，也是一种封装材料

为了改善橡胶制品的某些性能而加入的物质称为配合剂。配合剂主要有硫化剂、软化剂、防老化剂、填充剂等。使橡胶分子交联起来，形成立体网状结构，这一过程称为硫化。起硫化作用的物质称为硫化剂。天然橡胶常以硫磺作硫化剂，并加入氧化锌和硫化促进剂加速硫化，以缩短硫化时间，降低硫化温度，减少硫化剂用量，改善橡胶性能。加入硬脂酸、石蜡及油类物质作为软化剂，可以提高橡胶的塑性，改善其黏附力。加入石蜡、蜂蜡或其他比橡胶更易氧化的物质作为防老化剂，在橡胶表面形成稳定的氧化膜，防止和延缓橡胶制品的老化。用炭黑、陶土、滑石粉等作填充剂，可以增加橡胶制品的强度，降低成本。

（2）橡胶的种类及应用 橡胶在氧化、光照的环境下，容易发生老化、破裂、发黏、变脆等现象,因此,在使用或贮存过程中要特别注意保护。常用橡胶的种类、特点及用途举例见表10-4。

表10-4 常用橡胶的种类、特点及用途

类别	代号	主要特点	用途举例
天然橡胶	NR	具有良好的耐磨性、抗撕裂性和加工性能,但耐高温、耐油、耐溶剂性、耐臭氧性及耐老化性差	用于制造轮胎、胶带、胶管、铁路用防振垫、通用橡胶制品等
丁苯橡胶	SBR	具有较好的耐磨性、耐热性和耐老化性能,质地均匀,价格便宜,但耐寒性和加工性能较差	
顺丁橡胶	BR	具有良好的弹性、耐磨性和耐低温性能,但抗拉强度、抗撕裂性和加工性能较差	主要用于制造轮胎、胶带、胶管、胶鞋等
氯丁橡胶	CR	具有良好的耐油、耐溶剂、耐氧化、耐老化、耐酸、耐碱、耐热、耐燃烧等性能,但密度大、电绝缘性和加工性能较差	用于制造胶管、传送带、垫圈、油罐衬里、各种模型制品、门窗嵌条等
硅橡胶	—	具有良好的耐候性、耐臭氧性和电绝缘性,可在-100~300℃下工作,但强度低、耐油性差	用于制造航空航天工业中的密封制品、食品工业中的运输带及罐头密封圈、医药卫生行业中的橡胶制品,也可用于电子设备和电线电缆的外皮等
氟橡胶	FPM	具有优良的耐腐蚀性,可在315℃下工作,耐油、耐高真空及抗辐射能力良好,但加工性能较差,价格较贵	用于特殊用途,如化工设备的衬里、垫圈、高级密封件、高真空橡胶件等

3. 胶粘剂

胶粘剂是以黏性很强的物质为基础,加入各种添加剂制成的。它能将各种物质胶粘在一起,并形成一定的胶接强度。

胶接在某些情况下可以代替铆接、焊接或机械连接,如胶接无法焊接的金属材料、胶接金属与非金属材料等。

常用的胶粘剂有天然胶粘剂和人工合成树脂胶粘剂两类。天然胶粘剂有骨胶、虫胶、桃胶等。使用最多的还是人工合成树脂胶粘剂,由粘结剂(酚醛树脂、聚苯乙烯等)、固化剂、填料及各种附加剂组成,使用要求不同,其各组分的比例不同。

用胶粘剂进行胶接时,接头可以在一定温度和时间条件下经固化后形成,也可以经加热、冷却固化后形成,或先将胶粘剂溶入易挥发的溶液中,胶接后,溶剂挥发而形成。常用胶粘剂的种类、特点和用途举例见表10-5。

表10-5 常用胶粘剂的种类、特点及用途

类别	名称	代号	主要特点	用途举例
环氧胶粘剂	环氧-丁腈胶	E—7	具有良好的密封性和耐热性,可在150℃下使用	用于胶接金属、玻璃钢等多种材料
	环氧通用胶	914	具有良好的耐水、耐油性能,固化迅速,使用方便,价格便宜	用于胶接、修补或固定各种材料

(续)

类别	名称	代号	主要特点	用途举例
聚氨脂胶粘剂	—	101	具有良好的电绝缘性、耐老化性、耐油性及低温性能，胶膜柔软	用于胶接金属、塑料、橡胶、陶瓷、木材、皮革等多种材料
酚醛胶粘剂	酚醛-缩醛胶	JSF—2 FSC—2	具有较高的胶接强度和良好的抗冲击、抗疲劳及耐老化性能	用于胶接金属、塑料、玻璃、木材、皮革等多种材料
酚醛胶粘剂	酚醛-丁腈胶	J—03 J—29	具有高的胶接强度和良好的弹性与韧性，耐冲击，耐振动，可在 -50~80℃下长期工作	用于胶接金属、玻璃钢、陶瓷等多种材料，也可用于胶接蜂窝结构
厌氧胶	—	Y—150	具有良好的流动性、密封性、耐腐蚀性、耐热性、耐寒性和工艺性，固化迅速，使用方便	用于各种机械零件的固定、各种接头的防漏及填堵缝隙
瞬干胶	α-氰基丙烯酸脂胶	502	具有良好的流动性、室温下固化迅速，可在 -40~70℃下工作，但胶膜较脆，耐水性差	用于胶接金属、塑料、橡胶、陶瓷、玻璃等多种材料，特别适于小面积的胶接和固化

第二节 陶瓷材料

一、陶瓷材料的基本概念

陶瓷材料是无机非金属材料的统称，包括陶器、瓷器、玻璃、搪瓷、耐火材料等。陶瓷是由金属和非金属元素的化合物组成的多晶固体材料，其结构和显微组织比金属复杂得多。陶瓷材料的刚度最好，硬度最高，是工程上常用的耐高温材料和绝缘材料。陶瓷材料的组织稳定，对酸、碱、盐有很强的抗蚀能力。但陶瓷的塑性很差，没有延展性，受冲击时容易断裂。

随着科学技术的进步，出现了许多新型陶瓷材料，其性能也有了很大的发展，如磁性陶瓷材料、高温绝热陶瓷材料、光学陶瓷材料、半导体陶瓷材料等。陶瓷材料在工业各个部门的广泛应用，使得陶瓷材料与高分子材料、金属材料一起被称为三大固体工程材料。

二、陶瓷制品的生产过程

陶瓷制品的种类繁多，生产工艺过程各不相同，但一般都要经过原料制备、成形和烧结三个阶段。

陶瓷原料的加工直接影响陶瓷的成形工艺和陶瓷制品的使用性能。首先对原料要进行精选，去除杂质。再将原料粉碎，磨细到一定粒度。然后按一定比例配料，根据成形工艺的要求，制备成粉料、浆料或可塑泥团。

陶瓷制品的成形有很多方法，一般采用可塑成形、压制成形和注浆成形三种方法。可塑成形法是通过手工或机械对可塑泥团进行挤压、车削，使之成形的一种方法；压制成形是将含有一定水分和添加剂的粉料放入模具中，在较高压力下使之成形的一种方法；注浆成形是指将浆料注入模具中，经过一定时间后，坯料在模具内固定下来的一种成形方法，如图10-2

所示。这种成形方法主要用于制造形状复杂、精度要求不高的陶瓷制品。

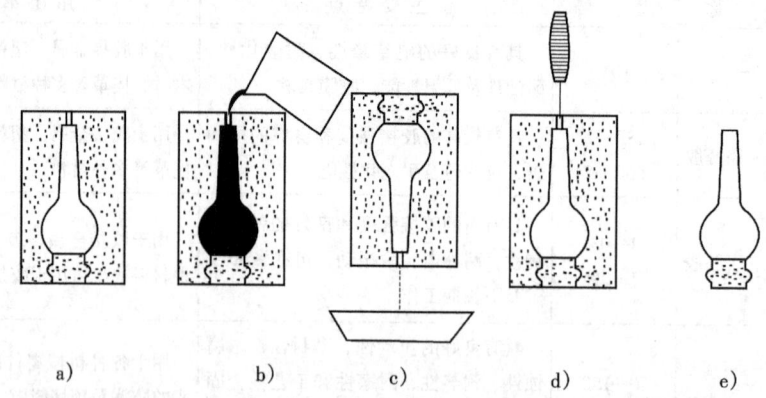

图 10-2　注浆成形示意图
a）石膏模　b）注浆　c）倒出余料　d）修坯　e）坯体

没有经过烧结的陶瓷制品，不具有使用性能。因此，成形后的陶瓷制品经干燥、涂釉，然后进行烧结。

三、陶瓷材料的分类

陶瓷一般可分为普通陶瓷和特种陶瓷两大类。

普通陶瓷又称传统陶瓷，它是以天然的硅酸盐矿物（如黏土、长石、钠长石、硅砂等）为原料，经粉碎、成形、烧结后制成的。主要用于日用、建筑等部门。

特种陶瓷是指具有某种独特性能的陶瓷，是采用人工合成材料（如氧化物、氮化物、硅化物等）经粉碎、成形、烧结后制成的。主要用于机械、冶金、化工、电气等部门。

常用陶瓷的种类、特点和用途举例见表 10-6。

表 10-6　常用陶瓷的种类、特点及用途

类别	名称	主要特点	用途举例
普通陶瓷	日用陶瓷 化工陶瓷 绝缘用陶瓷	质地坚硬、耐腐蚀、不导电，加工成形性好，价格便宜，但强度较低，耐高温性能较差	用于化工、电气、纺织、建筑等行业，如容器、反应塔、管道、绝缘子等
氧化铝陶瓷	刚玉瓷 莫来石瓷 刚玉-莫来石瓷	强度、硬度高，具有良好的电绝缘性和耐腐蚀性，可在 1500℃ 下工作，但脆性大，耐急冷急热性能差	用于制作高温容器、坩埚、热电偶绝缘套管、内燃机火花塞、切削刀具等
氮化硅陶瓷	反应烧结氮化硅瓷	具有良好的化学稳定性、电绝缘性和耐急冷急热性能，硬度高、耐磨性好	用于制造耐磨、耐腐蚀、耐高温、绝缘的零件，如高温轴承、阀门、燃气轮机叶片、各种泵的配件等
氮化硼陶瓷	立方氮化硼陶瓷	具有良好的化学稳定性、电绝缘性、耐热性及耐急冷急热性能，热稳定性和热导率较高，可进行切削加工	用于制作刀具或磨料
	六方氮化硼陶瓷		用于制造高温轴承、玻璃制品的成形模具等

第三节 复合材料

由两种或两种以上物理、化学性质不同的物质，经人工合成而得到的多相固体材料称为复合材料。复合材料保留了单一材料的优点，克服了单一材料的缺点，实现了对材料的综合性要求。人类在生产和生活中创造了许多人工复合材料，如钢筋混凝土、轮胎、玻璃钢等。

一、复合材料的分类

复合材料常见的分类方法有以下三种：

1. 按基体类型分类

可分为金属基体和非金属基体两类。目前使用最多的是以高聚物材料为基体的复合材料。

2. 按增强剂的性质和形态分类

可分为纤维增强复合材料、细粒复合材料、层叠复合材料。纤维增强复合材料是以玻璃纤维、碳纤维、硼纤维等陶瓷材料作为复合材料的增强剂，与塑料、树脂、橡胶或金属等材料复合而成，如橡胶轮胎、玻璃钢、纤维增强陶瓷等。而硬质合金属于细粒复合材料，三合板、五合板、双金属轴承等则属于层叠复合材料。

3. 按材料的用途分类

可分为结构复合材料和功能复合材料。结构复合材料是利用其力学性能，如强度、硬度、韧性等，用以制造各种结构件和机械零件。功能复合材料是利用其物理性能，如光、电、声、热、磁等，用以制造各种结构件。

二、复合材料的性能特点

复合材料同金属或其他固体材料相比，具有比强度和比模量高、疲劳极限高、减振性能好、耐高温能力强、工作安全性高等特点。表10-7为常用材料的性能比较。

表10-7 常用材料性能比较

材 料	密度/(g·cm^{-3})	抗拉强度/MPa	弹性模量/MPa	比强度/m
钢	7.8	1030	210000	13000
铝	2.8	470	75000	17000
钛	4.5	960	114000	21000
玻璃钢	2.0	1060	40000	53000
碳纤维/环氧树脂	1.45	1500	140000	103000
硼纤维/环氧树脂	2.1	1380	210000	66000

三、常用复合材料简介

1. 玻璃纤维增强复合材料

玻璃纤维增强复合材料是以玻璃纤维为增强剂，以合成树脂为粘结剂制成的，俗称玻璃钢。玻璃钢是目前机械工业中应用最广的一类复合材料，其增强效果因使用的树脂不同而有所差异。

以尼龙、聚苯乙烯类等热塑性树脂为粘结剂制成的热塑性玻璃钢，具有较高的力学性能，耐热性能和抗老化性能强，工艺性能较好。可用于轴承、齿轮、壳体等零件的制造。

以环氧树脂、酚醛树脂、有机硅树脂等热固性树脂为粘结剂制成的热固性玻璃钢，具有密度小、强度高、化学稳定性好、工艺性能好的特点。可用于车身、船体等构件的制造。

2. 碳纤维增强复合材料

玻璃钢有许多优点，但刚度较低。碳纤维增强复合材料是以碳纤维和环氧树脂、酚醛树脂、聚四氟乙烯等组成的复合材料。它克服了玻璃钢的缺点，具有较高的强度和弹性模量，密度小，冲击韧度和疲劳极限较高。另外，还具有良好的减摩性、导热性、耐腐蚀性和耐热性能。

碳纤维增强复合材料可用于制造耐磨零件，如轴承、齿轮等，制造化工设备中的耐蚀零件及飞行器中的结构件。

3. 细粒复合材料

细粒复合材料是由一种或几种细小颗粒均匀分布在基体材料中制成的。颗粒起增强剂的作用，其粒度有一定的要求，否则会使增强效果下降。常用的细粒复合材料有两类，一类是由金属细粒与塑料复合制成的，导热、导电性能好，线膨胀系数低，可用于制造轴承、防射线的屏罩及隔音设备；另一类是由陶瓷细粒与金属复合制成的，硬度高，耐磨性和耐热性能好，可用于制造切削刀具及耐高温零件。

4. 层叠复合材料

层叠增强复合材料是由两层或多层不同性质的材料组合而成的。这类材料具有密度小、刚度和抗压稳定性高、抗弯强度好的特点，常用于航空、船舶及化工等行业。

思 考 题

1. 什么是高分子材料？在性能上与金属材料有何不同？
2. 什么是加聚反应和缩聚反应？
3. 什么是陶瓷？主要类型有哪些？
4. 陶瓷的性能特点是什么？
5. 什么是复合材料？有哪些特点？

练 习 题

1. 简述塑料的组成、分类方法、特点及用途。
2. 简述常用橡胶的性能和用途。
3. 简述胶粘剂的种类、特点及用途。
4. 简述陶瓷的生产过程及用途。
5. 简述复合材料的分类方法。
6. 试分析比较金属材料、高分子材料、陶瓷材料和复合材料的构成、性能及应用。

第十一章　现代新型材料

　　能源、信息和材料是现代文明的三大支柱，而材料又是一切技术发展的物质基础。人类对材料的认识、制造与应用，经历了从天然材料到合成材料、设计材料的发展过程。一种新材料的出现，往往会引起生产力大发展，推动社会进步。新材料是指新发展或正在发展的，具有优异性能和特定功能的，对科技进步和国民经济发展以及提高综合国力有重要作用的一类材料。新材料发展的重点已经从结构材料转向功能材料，功能材料是指具有特殊电、磁、声、光、热、力、化学及生物功能的新型材料，对高技术的发展起着重要的推动和支撑作用，同时对改造某些传统产业，如农业、化工、建材等起着重要作用。在全球新材料研究领域中，功能材料约占85%。随着信息社会的到来，功能材料已经成为信息、生物、能源、环保、空间等技术领域的关键材料，是世界各国新材料领域研究发展的重点，也是世界各国高技术发展中战略竞争的热点。1989年美国200多位科学家撰写了《90年代的材料科学与材料工程》报告，建议政府支持的6类材料中有5类属于功能材料。每两年更新一次的《美国国家关键技术》报告中，特种功能材料和制品技术占了很大的比例。2001年日本文部省科学技术政策研究所发布的《第七次技术预测研究报告》中，列出了影响未来的100项重要课题，有一半以上是新材料或依赖于新材料发展的课题。欧盟的第六框架计划和韩国的国家计划中，都把功能材料技术列为关键技术之一加以重点支持。世界各国都非常强调功能材料对发展本国国民经济、保卫国家安全、增进人民健康和提高人民生活质量等方面的突出作用。

　　我国非常重视功能材料的发展，在国家攻关、"863"、"973"、国家自然科学基金等计划中，功能材料都占有很大的比例，在"九五"、"十五"国防计划中还将特种功能材料列为国防尖端材料。这些科技行动的实施，使我国在功能材料领域取得了丰硕的成果，超导材料、平板显示材料、稀土功能材料、生物医用材料、储氢材料、金刚石薄膜、高性能固体推进剂、红外隐身材料、材料设计与性能预测等领域已经接近或达到国际先进水平，在某些成分配方和相关技术上还取得了自主知识产权。

　　功能材料种类繁多，用途广泛，正在形成一个规模宏大的高技术产业群，有着十分广阔的市场前景和极为重要的战略意义。功能材料按使用性能可分为微电子材料、光电子材料、传感材料、信息材料、生物医用材料、生态环境材料、能源材料和智能材料等。

第一节　磁性材料

一、概述

　　磁性材料是指具有强磁性的材料。磁性材料具有能量转换、存储能量状态及改变能量状态的功能，是一种重要的功能材料。

材料的磁性来源于材料中原子的磁矩。磁性材料磁性的强弱可用磁化强度来表示，磁化强度是指单位体积中磁矩的矢量和。物质磁化的难易程度一般用磁化率来表示。根据磁化率的大小，可将物质分为抗磁性物质、顺磁性物质、反磁性物质、铁磁性物质、亚磁性物质等，其中顺磁性物质的磁性最弱；铁磁性物质的磁性最强，称为强磁性物质。实际应用的磁性材料均为强磁性物质。磁性材料广泛地应用于计算机、通信、自动化、音像、仪器仪表、机械、航空航天、生物医疗、农业等人类生活的各个领域。

磁性材料的特点是自发磁化。理论与实验证明，在居里温度以下，没有外磁场作用时，磁性材料内部会分成若干个小区域，称为磁畴。每一个小区域内的原子磁矩自发地磁化饱和，即原子磁矩彼此同向平行排列，使磁性材料处于一种自发磁化的状态，具有自发磁化强度。在外磁场作用下，材料会显示出强磁性。磁性材料的自发磁化与温度有关，当达到一定温度时，材料的原子磁矩排列不再有序，自发磁化消失，使材料显示顺磁性，这一温度称为该磁性材料的居里温度。

由于各个磁畴内部自发磁化矢量的取向是随机的，因此，未经外磁场磁化的磁性材料不会显示宏观的磁性。利用外磁场对磁性材料进行磁化时，有方向性，从易磁化的方向进行，可以用较小的磁场得到较高的磁化强度。

二、磁性材料的分类与应用

常用磁性材料有很多种。按矫顽力大小可分为软磁材料、半硬磁材料和硬磁材料三种，一般矫顽力低于 100kA/m 的是软磁材料，矫顽力高于 1000kA/m 的是硬磁材料；按磁性材料的功能可分为磁芯材料、永磁材料、磁记录材料、磁光记录材料、磁性流体、磁致电阻材料、磁致伸缩材料等。

1. 永磁材料

永磁材料也称硬磁材料。永磁材料经外磁场磁化并去掉磁场后，仍保留较强的磁性，具有很高的饱和磁化强度、矫顽力和磁能积。永磁材料的应用主要是利用永磁体产生足够强的磁场、磁极与磁极的相互作用、磁场对带电物体或粒子或载电流导体的相互作用来做功，或实现能量转换及信息转换。常用永磁材料主要有马氏体磁钢、铁基永磁材料、铁镍铝和铝镍钴系铸造永磁合金、铁铬钴系可加工永磁合金、锰基和铂基永磁合金、钴基稀土永磁合金、铁基稀土永磁合金、稀土金属间化合物永磁材料等。

2. 软磁材料

矫顽力低、磁导率高的磁性材料称为软磁材料。软磁材料主要用于制造发电机或电动机的转子和定子、变压器或继电器或镇流器的铁心、计算机的磁心、导磁体、磁记录的磁介质等。软磁材料制造的器件或设备，一般在交变磁场条件下工作，要求具有体积小、重量轻、灵敏度高、稳定性好、功率大、发热量少、使用寿命长的特点，因此，软磁材料应具备磁导率和饱和磁感应强度高、矫顽力和剩余磁通密度低、铁心耗损小、电阻率高、磁致伸缩系数小、磁各向异性系数低、居里温度较高等特性。常用软磁材料主要有电工纯铁和低碳电工钢、铁硅软磁合金、镍铁系软磁合金、铁铝系和铁钴系软磁合金等。

3. 磁记录和磁光记录材料

磁记录是一项综合技术，包括磁记录材料、磁头、记录与重放系统、记录编码方式等。

磁记录材料受到外磁场的磁化，当外磁场去掉后仍能保持其剩余磁化状态。在磁记录的过程中，来自外部的电信号或数据，通过电子线路的调制和整理，进入磁头，使磁头缝隙处的磁场随着记录电流的方向和振幅的大小发生变化。当磁记录介质紧贴磁头表面匀速通过时，就会被磁头缝隙处的磁场所磁化，磁记录介质离开后，便保留了剩余磁化强度，因此，磁记录介质剩余磁化强度的变化记录下了外部电信号或数据的变化。

磁记录材料的原料主要有磁粉、粘合剂、带基等。目前，我国磁粉行业的生产技术还不发达，只有录音带用磁粉的质量较高，录像带用磁粉的质量还不过关，磁盘和磁卡用磁粉尚未生产。

自1973年人们发现了非晶磁光记录材料以来，磁光记录技术得到了迅速发展和大量应用。磁光记录的特点是容量大、可靠性高、可反复读写。磁光记录的介质是垂直磁化膜，其易磁化方向垂直于膜面，磁矩垂直于膜面向上或向下排列。记录信息时，对磁光记录介质施加一个记录磁场和一个表示信息的脉冲激光，受到脉冲激光照射的区域由于吸收光能使温度升高，矫顽力随之下降，该区域的磁矩会发生翻转而沿外加记录磁场方向排列。这样，就可以将光的强弱信号转变为不同方向排列的磁矩而记录下来。

4. 磁性流体

磁性流体是指吸附表面活性剂的磁性微粒在基载液中高度弥散分布所形成的胶体体系。磁性流体具有强磁性和流动性，在重力和电磁力作用下能够长期保持稳定。

磁性流体由磁性微粒、表面活性剂和基载液组成。磁性微粒是指铁氧体、金属或铁的氮化物的粉末，粒度很小，只有纳米级，具有单畴结构和较高的饱和磁化强度。表面活性剂是一种长链分子，其一端吸附于磁性微粒，另一端在基载液中自由摆动。表面活性剂的作用是防止磁性微粒发生聚集而沉淀，因此，应具有较强的亲水性或亲油性。常用的表面活性剂有硅烷偶联剂、苯氧基十一烷酸、油酸等；基载液是磁性流体的基体。常用的基载液有水、脂、硅酸盐酯、碳氢化合物、聚苯基醚、水银等。磁性流体的作用不同，基载液和表面活性剂的选择也不同。

磁性流体主要用于制造光传感器、温度传感器、磁强计、惯性阻尼器、压力信号变压器、电流计、密度计、加速度表、流量计、控制器、能量交换机、液体金属发电机、磁密封装置、药物吸收剂、造影剂等。

5. 磁致伸缩材料

磁致伸缩材料是指具有较大线磁致伸缩系数，即在磁场中被磁化时长度能发生较大变化的材料。磁致伸缩材料主要分为传统磁致伸缩材料和稀土超磁致伸缩材料两类。传统磁致伸缩材料有铁基合金、镍基合金、钴基合金及铁氧体材料，其饱和磁致伸缩系数较小，没有得到广泛的应用。20世纪50年代压电陶瓷材料的出现，很快取代了传统磁致伸缩材料，压电陶瓷材料的饱和磁致伸缩系数和能量转换效率都比传统磁致伸缩材料的高，广泛用于水声与电声换能器的制造。20世纪70年代以后又出现了稀土超磁致伸缩材料，其饱和磁致伸缩系数和能量转换效率高，能量密度和应变时产生的推力大，响应速度快，弹性模量与声速随磁场变化，无疲劳和过热失效问题。

磁致伸缩材料可用于制造机械动力源的大功率输出器件、高功率线性马达、微波器件、海洋声纳、机器人等。

第二节 超导材料

一、概述

1911年，荷兰的物理学家卡末林·昂纳斯在研究金属低温电阻时，首次观察到了超导电性。20世纪30年代，迈斯纳效应的发现使人类认识到超导电性是一种宏观量子现象。1957年，美国物理学家巴丁、库柏和施里弗基于电子与声子相互作用的微观理论，解释了超导电性的起源，对物理学的发展产生了巨大影响。20世纪50~60年代，第二类超导体和约瑟夫森效应的出现，使超导电性开始得到实际应用，并形成一门新技术。

超导电性是指某些材料被冷却到一定温度时，出现电阻为零，即电阻消失的现象。具有超导电性的材料称为超导材料。超导材料在电阻消失后的状态称为超导状态。超导材料具有以下两个基本物理特性：

1. 完全导电性

完全导电性又称零电阻效应，是指当超导材料的温度下降至某一数值时，其电阻突然变为零的现象。超导材料的零电阻是指直流电阻，与常导体的零电阻有本质区别。常导体的零电阻是对理想晶体中自由电子可以不受限制的运动而言的。

超导材料组成的闭合回路中一旦有电流产生，便会有永久的电流存在。

2. 完全抗磁性

完全抗磁性又称迈斯纳效应，是指超导材料进入超导状态后，其体内的磁力线将全部被排出，磁感应强度恒等于零的现象。超导材料的完全抗磁性证明了超导体不是理想导体，超导状态是一个热力学平衡状态，与超导材料怎样进入超导状态的途径无关。完全抗磁性与完全导电性是超导状态的两个独立基本属性，一种材料是否具有超导电性要看其是否同时具有完全导电性和完全抗磁性。

超导材料有三个临界条件：临界转变温度、临界磁场强度和临界电流。临界转变温度是指超导材料从常导状态转变为超导状态，即电阻突然消失的温度；临界磁场强度是指超导材料从超导状态转变为常导状态，即破坏超导状态的最小磁场强度；临界电流是指超导状态允许流动的最大电流，或者说破坏超导电性所需的最小极限电流。要使超导材料处于超导状态，必须同时满足这三个临界参数的要求，否则，超导状态会立即消失。

超导材料的出现给人类带来了一个新的技术领域，促进了交通和能源的发展，对科技、经济、军事及社会发展产生了深远的影响。

二、超导材料的分类与应用

根据磁化特征，超导材料可分为第一类超导体和第二类超导体两种类型。第一类超导体只有一个临界磁场强度。在临界转变温度以下，当所加磁场强度比临界磁场强度弱时，显示完全的导电性和可逆的完全抗磁性。如果所加磁场强度比临界磁场强度强时，这种超导特性就消失了，超导体转变为常导体。第一类超导体的临界磁场强度和临界电流很小，因此，实用价值不大；第二类超导体有两个临界磁场强度，即上临界磁场强度和下临界磁场强度。当外加磁场强度低于下临界磁场强度时，第二类超导体处于纯粹的超导状态。当外加磁场强度达到或超过上临界磁场强度时，第二类超导体处于常导状态。当外加磁场强度介于上、下临界磁场强度之间时，第二类超导体内部既有超导状态部分，又有常导状态部分，处于混合状态，又称涡旋状态。第二类超导体包括钒、铌、锝、合金超导体、化合物超导体等。

根据临界转变温度，超导材料可分为低温超导体、高温超导体和其他超导体三种类型。低温超导体又称常规超导体，是指临界转变温度较低的超导材料，主要包括元素超导体、合金超导体和化合物超导体。目前，超导元素约有50多种，其中有27种超导元素在常压下具有超导电性，例如铌是一种常温下可实用的超导元素，临界转变温度较高，制造工艺简单，一般加工成薄膜使用。有些超导元素在高压下可显示超导电性。还有些超导元素在经过特殊工艺处理后显示超导电性；合金超导体具有较高的临界转变温度、临界磁场强度和临界电流，良好的塑性，成本较低，容易生产。常见的合金超导体主要有铌锆合金、铌钛合金、铌锆钛合金等，其中铌钛合金应用最广。铌钛合金力学性能稳定，制造技术成熟，生产成本低；化合物超导体的超导临界条件较高，在强磁场中性能良好，但不易加工。常见的化合物超导体主要有 Nb_3Sn、V_3Ga 等。

高温超导体是指临界转变温度较高的超导材料，主要包括氧化物超导体和非氧化物超导体两类。高温超导体使用温度较高，应用广泛。

其他类型的超导体主要有非晶超导体、复合超导体、金属间化合物超导体、有机超导体、重费米子超导体等。

超导材料主要有以下三个方面的应用：

1. 强电应用

强电应用又称大电流应用，有超导输电、超导发电、超导贮能、核磁共振成像等。用超导材料制成输电线路，由于导线电阻消失，输电线路的能量损耗可降为零，输电成本显著降低，达到节约能源、保护环境的目的；用超导材料代替发电机或电动机中的铜材，可使发电机或电动机的体积减小、重量减轻、能量损耗降低、输出功率提高，对大规模电力工程、航海以及航空有非常重要的作用；超导材料具有零电阻和高载流能力的特性，在以超导材料制成的贮能系统中输入电流，可以长时间无损耗地保存电能，贮能效率高；在医疗方面，利用超导磁体产生的强磁场，穿透人体软组织，经过计算机的数据处理，可以判断人体有无异常，而且，只有超导磁体才能提供核磁共振仪所需的大空间、高均匀度和高稳定性的磁场。

2. 弱电应用

弱电应用又称电子学应用，有超导探测器、超导器件、超导计算机等。利用超导材料制成探测器，可对磁场或电磁辐射进行测量，即使是微弱的电磁信号也能被采集和传递，灵敏度非常高，频带范围较宽；超导微波器件应用在移动通信系统中，可提高基站接收机的抗干扰能力，减少输入信号的损耗，扩大覆盖面积，改善通话质量；利用超导材料制造计算机中超大规模集成电路元件间的连线，可使器件的开关速度加快，功率降低，散热问题容易解决，信号检测方便、准确、无干扰，体积小，成本低。

3. 抗磁性应用

超导材料具有抗磁性，将超导材料放在永磁体的上方，超导体与永磁体之间产生排斥力，使超导体悬浮在永磁体的上方。利用这种磁悬浮效应可以制造超导磁悬浮列车，这种列车运行速度快、平稳、噪声小、无污染，是一种新型的陆上交通工具。

利用超导体产生的强磁场，将热核反应堆中的超高温等离子体约束起来，再缓慢地释放,从而达到控制核聚变反应的目的。

第三节　形状记忆合金

一、概述

形状记忆合金是一种特殊的功能材料,能随环境的变化而发生形状的改变。由于其功能特异,可以制造体积小、自动化程度高、性能可靠的器件而引起人类的高度重视。

20世纪50年代,美国科学家在Au-Cd合金中首次发现了形状记忆现象。1963年,美国海军军械实验室在Ni-Ti合金中再次发现形状记忆现象。1965年,Ni-Ti形状记忆合金作为商品进入市场。1970年,美国将Ni-Ti形状记忆合金用于宇宙飞船的天线。随后,Ni-Ti形状记忆合金又被用于F-14战斗机的液压管路的连接。20世纪70年代以后,大量的形状记忆合金被开发出来。

随着研究的逐步深入,人类对形状记忆效应的物理本质及其影响因素有了比较清晰的认识。目前,形状记忆合金的应用已非常广泛,包括电子、机械、航空、能源、建筑、运输、化工、医疗及日常生活等方面。我国自20世纪70年代后期开始对形状记忆合金进行研究与制造,Ni-Ti等形状记忆合金的生产已达到国际先进水平。

二、形状记忆效应

形状记忆效应是指合金材料能够"记忆"住原始形状的功能。具有形状记忆效应的合金材料称为形状记忆合金,简称SMA。一般金属材料在受外力作用时,首先发生弹性变形,当应力超过屈服点后,产生塑性变形,应力去除后,塑性变形将永久保留下来,不可能通过加热的方式来消除。而形状记忆合金在产生塑性变形后,经加热至某一温度以上时,将完全恢复到变形前的形状。

形状记忆效应与马氏体相变有密切关系,是热弹性马氏体相变的一种特殊表现。马氏体相变具有可逆性,当冷却时,由高温母相变为马氏体相,相变的开始温度和终了温度分别用M_s和M_f表示。加热时马氏体相逆变为母相,逆相变的开始温度和终了温度分别用A_s和A_f表示。一般材料的M_s与A_s相差非常大,马氏体相几乎在瞬间达到最终尺寸,不会随温度降低而再长大。形状记忆合金的M_s与A_s相差很小,当冷却到M_s点以下时,马氏体相的晶核随温度下降而逐渐长大,温度上升时,马氏体相的晶核又随温度升高而逐渐减小。这种马氏体称为热弹性马氏体。

形状记忆合金的母相通过淬火处理得到马氏体,然后使其产生塑性变形。对变形后的合金加热,当温度升高至A_s点时,马氏体开始发生逆转变,合金的形状开始向母相的初始形状变化,当温度超过A_f点时,马氏体完全转变为母相,合金完全恢复到初始形状,宏观上表现为形状记忆现象。

根据形状恢复的情况,形状记忆效应可分为单程形状记忆、双程形状记忆和全程形状记忆三类。单程形状记忆效应是指母相经冷却转变为马氏体相,变形后加热,合金恢复母相形状,重新冷却时不能恢复马氏体相形状的现象;双程形状记忆效应是指加热时恢复母相形状,冷却时恢复马氏体相形状的现象;全程形状记忆效应是指加热时恢复母相形状,冷却时恢复马氏体相形状但取向相反的现象。

为了获得形状记忆效应，可将合金在室温加工成所需的形状并固定，在 400~500℃ 保温一定时间后空冷，进行定形处理，可获得单程记忆功能；双程记忆功能是通过记忆训练获得的，首先使合金获得单程记忆功能，然后在低于 M_s 温度对合金进行加工以获得另一形状，加热至 A_f 温度以上，合金恢复初始形状，降温至 M_s 温度以下，再对合金进行加工，如此反复多次，可获得双程记忆功能。

三、形状记忆合金的分类与应用

形状记忆合金的种类很多，可分为镍钛形状记忆合金、铜基形状记忆合金和铁基形状记忆合金三个系列。其中镍钛形状记忆合金是应用最早的一种形状记忆材料，其强度高，塑性和耐腐蚀性好，稳定性强，特别是具有良好的生物相容性，应用广泛，在医学和生物方面的应用是其他形状记忆材料所不能替代的；铁基形状记忆合金加工性能好，强度高，价格便宜，使用方便，有着良好的应用前景。

形状记忆合金主要用于制造管件接头、紧固件、定位器、铆钉、特殊弹簧、机械手、螺母、温度自动调节器、电路连接器、热发电机、卫星天线、玩具、装饰品、保健品、牙齿矫形丝、骨连接器、血凝过滤器、智能装置等。

第四节　非晶态合金

一、概述

自然界中，各种物质按其物理状态可分为有序结构和无序结构两大类。晶体属于有序结构，气体、液体和非晶态固体属于无序结构。

非晶态材料学是一门古老而又新颖的学科。非晶态是介于气态和固态之间的一种状态，处于热力学亚稳定状态，其内部原子的排列缺少长程有序，但在几个原子间距的范围内保持短程有序。通常，非晶态可以看成是过冷的液态，又称无定形态或玻璃态。

传统的氧化物玻璃是人们熟悉的典型非晶态材料。随着人类认识的发展和技术进步，20世纪 50 年代以后出现了许多新型非晶态材料，如金属玻璃、非晶态半导体、非晶态超导体、非晶态合金等。凝聚态物理学是非晶态材料发展的理论基础，近年来，非晶态材料已经成为科技界和产业界重点研究和开发的对象之一。

二、非晶态合金的性能特点

1. 力学性能

非晶态合金具有很高的屈服点和抗拉强度，有良好的塑性。例如，铁基和钴基非晶态合金的屈服点可以达到 2000~3000MPa，抗拉强度可以达到 4000MPa；非晶态合金的弹性模量在一定温度范围内，随温度变化很小。

2. 物理性能

非晶态合金的密度比相应的晶态合金低，与成分之间存在着线性关系。

3. 热学性能

非晶态合金处于亚稳定状态，是温度敏感材料；在一定温度范围内，非晶态合金的热膨胀系数很小；低温时对非晶态合金加压不会导致向晶态合金的转化。

4. 化学性能

由于原子排列无长程有序，因此非晶态合金中没有晶界，具有优异的耐腐蚀性，能够抑制局部腐蚀和特殊条件下的点蚀与缝隙腐蚀。

5. 电学性能

非晶态合金具有较高的电阻率和低的电阻温度系数，电阻率随温度而变化。

6. 磁学性能

非晶态合金具有磁致伸缩现象和磁各向异性，经适当退火处理，磁各向异性可以变得很小。非晶态合金具有高的磁导率、低的矫顽力和磁损耗。

三、非晶态合金的制备与应用

非晶态合金的制备必须解决原子排列状态和在一定温度范围内保存亚稳定状态的问题。目前制备非晶态合金的方法主要有熔融合金急冷法、气相沉积法、固态反应法等。熔融合金急冷法是实现工业化大规模生产的方法，采用单辊旋轮法，将熔融合金以 $10^5 \sim 10^8 ℃/s$ 的冷却速度固化为非晶态合金，可生产非晶态合金带或丝。通过高速气体冲击金属液流实现快速凝固，可生产非晶态合金粉末。气相沉积法是制备非晶态合金薄膜的一种重要方法，有真空蒸镀法和溅射法两种，冷却速度快，形成非晶态合金的成分范围宽，特别适于难熔合金及组元互不相溶的合金。固态反应法包括离子注入法、扩散退火法、吸氢法和机械合金化法等，扩大了非晶态合金的制备与应用范围。另外，非晶态合金通常以带、丝、薄膜及粉末的形式存在，使其优异的特性受到了一定的限制，因此，三维块状非晶态合金的制备具有重要的实用意义。

非晶态合金广泛用于磁性元器件的制造，如电力变压器铁心、开关型电源、电磁传感器、应变传感器、漏电保护开关互感器、高导磁器件、油过滤器、扬声器用振动板等。随着非晶态理论研究的发展和生产工艺的改进，非晶态合金的应用范围将不断扩大，特别是在精密机械、化工、电工等方面会获得越来越多的应用。

第五节　纳米材料

一、概述

纳米是一个几何尺寸的度量单位，简写为 nm。纳米是一个极小的尺寸，从微米进入到纳米，使人类在认识上提高了一个层次。纳米材料是指尺寸在 1~100nm 之间的超细微粒，微粒可以是晶体，也可以是非晶体。纳米材料可分为纳米粉末、纳米纤维、纳米薄膜、纳米块体、纳米复合材料、纳米结构等六类。

1000多年前，我国古代就出现了人工制备的纳米材料，例如利用燃烧蜡烛产生的烟雾制成炭黑，作为墨汁和染料的原料；铜镜表面的氧化锡防锈层等，这是使用最早的纳米颗粒材料和纳米薄膜材料。

1959 年，诺贝尔奖获得者理查德·费曼在一次讲演中首次提出了纳米的概念。20 世纪 60 年代初，日本科学家在实验室成功制备出了人工纳米微粒。1984 年，德国科学家格莱特利用惰性气体蒸发和原位加压法，制备出具有清洁界面的纳米晶体钯、铜、铁等。1987 年，美国阿贡实验室的西格尔利用气相冷凝法，制备出纳米陶瓷材料。1990 年 7 月，在美国召开了国际第一届纳米学术会议，纳米材料学作为一个相对独立的学科从此诞生。1994 年，在美国召开的 MRS 会议上提出了纳米材料工程，使纳米材料研究成为一个新的领域。

我国在纳米材料学方面的研究起步较晚，但在纳米材料应用研究领域已基本赶上世界工业发达国家的水平。

纳米材料的微粒尺寸小到纳米量级时，性质上的改变不是一种渐变，而是一种质变。纳米材料的出现将给材料科学和凝聚态物理学带来新的发展。由于纳米材料在结构和性能上具有独特性，因此实际应用的前景非常广阔。有人将纳米材料学、纳米生物学、纳米电子学、纳米机械学等统称为纳米科技。

二、纳米材料的性能特点

1. 热学性能

由于组织结构不同，纳米晶体的热容与普通多晶体或非晶体的差别很大。另外，纳米晶体中微孔隙及杂质对材料的性能有显著的影响。

2. 磁学性能

纳米颗粒一般为单畴颗粒，其磁化过程取决于晶粒的磁各向异性和晶粒间的磁相互作用。纳米晶粒的磁各向异性与纳米颗粒的形状、晶体结构、内应力及晶粒表面的原子状态有关，同粗晶粒材料有显著的差别，表现出小尺寸效应。纳米晶体的饱和磁化强度与其界面的状态有关，界面中孔隙、杂质对磁性有重要的影响。

当晶粒的尺寸减小到纳米级时，晶粒之间的磁相互作用开始对材料的宏观磁性产生影响，使纳米颗粒表现出超顺磁性和超铁磁性。

3. 力学性能

由于晶粒尺寸小、界面数量多及晶界原子的特殊结构，纳米材料与一般多晶体和非晶体不同，具有独特的力学性能。例如，纳米陶瓷具有超塑性。

三、纳米材料的制备与应用

纳米材料的制备是纳米材料学领域内的一个重要研究课题。常用的纳米材料制备方法主要有气相法、液相法和固相法三种类型。其中气相冷凝法是最早采用的纳米材料制备方法，由纳米颗粒的制备、压制成形、烧结三个环节组成；非晶晶化法制备纳米材料，是将原料用急冷技术制成非晶态薄膜，然后进行退火处理，使材料全部或部分晶化，形成纳米级晶粒；机械球磨法是 20 世纪 70 年代出现的纳米材料制备方法，其工艺简单，能制备常规方法难以获得的纳米材料；溶胶 - 凝胶法是一种化学制备方法，将易于水解的金属化合物在某种溶剂中与水发生反应，经水解、缩聚而逐渐凝胶，然后干燥、烧结，从而获得所需的纳米材料。

纳米材料可用于热电转换、功能涂层、电子封装、大屏幕平板显示、环境保护、生态建筑等方面。还可用于制造固体燃料的添加剂、汽车尾气的净化剂、化学反应的催化剂。

在医学生物领域用于制造人造牙齿、人造骨、人造器官、骨水泥、药物载体、生物陶瓷、纳米机器人等。运用纳米技术可以进行医学检测，如细胞分离、细胞内部染色等，还可以对传统产业进行改造，提高传统产品的质量、促使传统产品更新换代或赋予传统产品新的功能。

第六节　能　源　材　料

一、概述

人类社会的生存与发展离不开能源，世界性能源危机和环境保护等问题，促使人们展开新能源的探索和开发。为了实现可持续发展，保护人类赖以生存的自然环境和自然资源，科学工作者提出了资源与能源最充分利用技术和环境最小负担技术，新能源及其材料是这两大技术的重要组成部分。

未来能源中的一次能源是指以原子能、太阳能、生物质能、风能、地热能、海洋能等为主的能源系统，获得的能量主要是热能和转换成的电能。为了使这些能源得到充分的利用，应有最佳形式的二次能源，如氢能等。新能源和再生清洁能源技术是 21 世纪世界经济发展中最具有决定性影响的一个技术领域。发展新能源的核心和物质基础是新能源材料。新能源材料能实现新能源的转化与利用，主要包括镍氢电池材料、锂离子电池材料、燃料电池材料、太阳能电池材料及反应堆核能材料等。

2003 年，我国新能源材料的研究取得了重大成果，新型质子交换膜与超薄固体电解质膜的研制成功，为我国开发甲醇燃料电池和中温固体氧化物燃料电池创造了技术条件，并形成了自主知识产权。

新能源材料能够将原来使用的能源转变成新能源，如利用半导体材料将太阳能直接转变为电能、利用燃料电池中电解质和触媒使氢与氧发生反应直接产生电能等；新能源材料能够提高储存能源的能力和进行能量转化，如金属氢化物镍电池等。

二、新能源材料的分类

1. 储氢合金材料

氢是一种洁净、无污染、发热值高、资源丰富的二次能源，能长期储存，运输过程中无能量损耗。氢能的利用包括储存、运输和使用三个环节，最大的难题是储存。自 20 世纪 60 年代发现某些金属化合物具有逆储氢的作用以后，储氢合金及其应用的研究得到了迅速发展。储氢合金是指在一定温度和氢气压力下，能多次吸收、储存和释放氢气的材料。储氢合金是以金属氢化物形式吸收氢，加热后释放氢的，是一种安全、经济、有效的储氢方法。

储氢合金材料主要有镧镍类储氢合金、钛铁类储氢合金、镁镍类储氢合金、混合稀土类储氢合金、非晶态类储氢合金等。储氢合金材料可用于制造电池、低温制冷装置、氢燃料发动机、热压传感器与热液激励器、核动力装置中的部件、氢化物热泵等。

2. 新型二次电池材料

有一类电池的充电、放电反应是可逆的。放电时，通过化学反应产生电能；充电时，通过反向电流使系统恢复原来状态，将电能以化学能的形式储存起来，这种电池称为二次电池。新型二次电池性能优良，可循环使用，对环境污染小。

新型二次电池材料可用于制造镍氢电池、锂离子电池、高性能超薄聚合物电池等。

3. 燃料电池材料

燃料电池是一种发电装置，能在恒温下直接将燃料和氧化剂中的化学能转变为电能。燃料电池的发电原理与化学电源相同，阳极进行燃料的氧化，阴极进行氧化剂的还原，导电离子在电解质内迁移。燃料电池的工作方式与化学电源不同，其燃料和氧化剂在电池外储存，工作时需要连续不断地向电池内输送。燃料电池是一种不经过燃烧直接将化学能转变为电能的发电装置，效率高，无污染。

20世纪50年代，我国开始对燃料电池进行研究。20世纪70年代我国燃料电池开始应用于航天工业，90年代列为重点科研项目并取得了一定的成就。2003年，由全球环境基金、联合国开发计划署和中国政府共同支持的"中国燃料电池公共汽车商业化示范项目"正式启动。

燃料电池材料可用于制造碱性氢氧燃料电池、磷酸型燃料电池、质子交换膜型燃料电池、熔融碳酸盐型燃料电池、固体氧化物燃料电池等。

4. 太阳能电池材料

太阳能是人类取之不尽的可再生能源，清洁且无污染。为了有效地利用太阳能，人类开发出了许多种太阳能材料，如光热转换材料、光电转换材料、光化学能转换材料、光能调控变色材料等。

太阳能电池是指利用太阳光与材料相互作用直接产生电能的装置。根据用途，可分为空间太阳能电池和地面太阳能电池两类。

太阳能电池是利用光伏效应进行发电的，通过太阳光的光量子与半导体材料的相互作用来产生电动势。制造太阳能电池的材料主要有元素半导体、化合物半导体、固溶体等，如单晶硅、多晶硅、非晶硅薄膜、砷化镓薄膜、碲化镉薄膜等。

5. 核能材料

核能材料是指构成各类核能系统所用的材料。核能系统主要是指发电用的各类裂变和聚变反应堆。

第七节　生物医用材料

一、概述

生物医用材料又称生物材料，是指用于与生命系统接触和发生相互作用的，能对其细胞、组织和器官进行诊断、治疗、替换、修复或诱导再生的一类天然或人工合成的特殊功能材料。生物医用材料是材料科学领域中正在发展的一门学科，其内容与材料学、生命学、生物学、解剖学、病理学、临床医学、药物学、化学等多种学科相互交叉与渗透。

人类利用天然物质和材料对人体进行治疗与修复的历史很长。公元前5000年，古代人利用黄金修复牙齿；公元前3500年，古埃及人利用棉花纤维、马鬃等缝合伤口，墨西哥印第安人利用木片修补受伤的颅骨；公元前2500年，在中国、埃及的古代墓葬中发现了假手、假耳等人工假体；中国在隋末唐初发明了补牙用的银膏；1829年，通过实验得出了金属铂对机体组织刺激性最小的结论；1851年，开始利用天然高分子硬橡木制造人工牙托和腭骨；1892年，利用硫酸钙填充骨缺损；20世纪20年代，随着工业的兴起，不锈钢和钴基合金开始用于临床治疗与修复，随后又出现了钛及钛合金、钽、铌、锆、形状记忆合金等医用金属材料；50年代，医用高分子材料开始广泛应用，出现了人造器官、心脏起博器、手术缝合线等一些重要的医疗器械与器材；60年代，生物陶瓷开始临床应用；70年代，开始研究和开发医用复合材料；90年代以后，借助于生物技术和基因工程的发展，出现了具有生物学功能的医用材料，使无生命材料生命化，通过组织工程实现人体组织与器官的再生和重建。

当今世界已进入改造和创建新生命形态的时代，现代医学的进步与生物医用材料的发展是密不可分的，生物医用材料的研究与开发具有明显的社会效益和经济效益。

二、生物医用材料的分类

生物医用材料的分类方法很多。按材料的基本性质可分为生物医用金属材料、生物医用高分子材料、生物陶瓷、生物医用复合材料等。按材料的用途可分为牙齿、骨骼、关节等硬组织修复与替换材料；皮肤、肌肉、心、肺、肝、胃、肾、膀胱等软组织修复与替换材料；血液净化、体内气体与液体分离、物质选择性交换、角膜接触镜等医用膜材料；组织粘合剂和手术缝合线材料；药物载体与释放材料；临床诊断与生物传感器材料；口腔科医用材料等。按生物化学反应水平可分为近于惰性生物医用材料、生物活性材料、可生物降解和吸收的生物材料等。

三、生物医用材料的应用

1. 医用金属材料

医用金属材料种类很多，包括医用不锈钢、医用钴基合金、医用纯钛及钛合金、医用贵金属、医用形状记忆合金、医用磁性合金等。医用不锈钢主要用于制造各种人工关节和骨折内固定器、截骨连接器、齿科用各种器件、心血管系统用器件等；医用钴基合金主要用于制造各种人工关节、截骨连接器、人工心瓣膜、血管内支架、齿科用器件等；医用纯钛及钛合金主要用于制造各种人工关节、义齿、牙床、牙冠、人工心瓣膜等；医用贵金属主要用于制造牙套、龋齿充填剂、神经系统检测装置、心脏起博器、放射性同位素源外壳等；医用形状记忆合金主要用于制造整形外科用器件、牙齿矫形用器件、血栓过滤器、血管扩张支架、介入性治疗用支架、节育环、人工脏器用微泵等。

2. 生物陶瓷

生物陶瓷主要用于人体骨骼与肌肉系统、心血管系统的修复、替换和药物运达与释放的载体，包括近于惰性生物陶瓷、表面生物活性陶瓷、可吸收生物陶瓷等。近于惰性生物陶瓷主要用于制造人工骨、关节修复体、骨折内固定器、药物缓释载体、整形用器件、人工肌腱、人工韧带、人工食道、透析装置用吸附材料等；表面生物活性陶瓷主要用于制造牙种植体、经皮器件、人工血管、血管与喉管支架、整形材料、人工关节表面涂层等；可吸收生物陶瓷主要用于骨缺损修复、耳听骨替换、药物缓释载体等。

3. 医用高分子材料

医用高分子材料可分为天然高分子材料和人工合成高分子材料，种类很多，应用范围很广，主要用于制造人体组织的修复体、人工器官、人工血管、接触镜、各种医疗材料等。

随着现代生物技术与基因工程的发展,生物医用材料科学会有一些重大突破。在不远的将来,除大脑外,人体所有的组织和器官均可实现人工再生与重建。世界各国对生物医用材料的研究与开发都非常重视,我国是一个拥有12亿人口和6000万残疾人的大国,发展生物医用材料对于解除患者痛苦、提高人民健康水平、延长寿命、降低医疗费用具有特殊的意义。

第八节 生态环境材料

一、概述

生态环境材料是指具有先进的使用性能、较好的环境协调性、人们乐于接受的一类新型功能材料。这类材料对能源和资源的消耗最少,对生态环境的影响最小,再生循环利用率最高或可降解使用。

20世纪以来,材料作为人类生产和生活的物质基础,对推动人类文明社会的进步起了重要的作用,但开发和生产新材料消耗了大量的能源和资源,给环境带来了严重的污染;人口的爆炸性增长,进一步导致全球性的资源短缺、生态环境的破坏。因此,人口膨胀、资源短缺和环境恶化是当今社会可持续发展所面临的三大问题,对社会经济的发展和人类自身的生存构成了新的威胁。面对日益恶化的生态环境,人类开始认真回顾自己的发展经历,重新认识自己的社会行为和经济行为,可持续发展成为全世界的共识。20世纪90年代,国际上提出了环境材料的概念,标志着材料科学与材料工程的发展进入了一个新的历史阶段。

生态环境材料的研究包括理论研究和应用研究两个方面。理论研究主要是对材料的环境性能评价、资源的有效平衡利用和材料的生态设计进行探讨;应用研究主要是对环境协调性材料、环境降解材料和环境工程材料进行开发,如开发天然材料、仿生物材料、绿色包装材料、绿色建筑材料、生物降解塑料、可降解无机磷酸盐材料、环境净化材料、环境修复材料、固体隔离材料等。对生态环境材料的研究,首先是解决过去积累下来的污染问题,利用各种科学技术手段进行末端治理,恢复环境的净化功能;其次是将材料学技术用于环境保护,开展始端治理,实现清洁生产;最后使材料及其产品具有环境协调性、环境兼容性和环境降解性,使人类社会真正回归大自然。

二、生态环境材料的发展趋势

21世纪,面对人口、资源和环境的压力,人类急需寻找一种既不浪费资源又能保护环境的材料。开发空间材料和材料的重复利用是未来材料科学发展的主要方向,因此,绿色产品的设计与生产成为必须解决的问题。例如,使用轻质化的合金材料来降低汽车的燃料消耗;使用比强度值高的非铁金属材料制造航空航天飞行器中的部件、深海结构和高层建筑结构;使用纺织品无水染色、薄膜分离的绿色生产技术等。

我国已经确定了"在发展中解决保护,在保护环境的基础上实现持续发展"的原则,建立了有关环境保护的法律和法规,为生态环境材料的发展创造了有利的条件。

思 考 题

1. 什么是功能材料?功能材料分哪些类别?

2. 新型功能材料在社会和经济发展中的作用是什么？
3. 新型材料与科学发展的关系是什么？
4. 试总结我国功能材料的发展历史。
5. 试总结各种新型功能材料的应用。
6. 试指出各种新型功能材料的发展趋势。

附 录

附录 A 压痕直径与布氏硬度对照表

压痕直径 d/mm	HBW $D=10$mm $F=29.42$kN	压痕直径 d/mm	HBW $D=10$mm $F=29.42$kN	压痕直径 d/mm	HBW $D=10$mm $F=29.42$kN
2.40	653	3.46	309	4.16	211
2.45	627	3.48	306	4.18	209
2.50	601	3.50	302	4.20	207
2.55	578	3.52	298	4.22	204
2.60	555	3.54	295	4.24	202
2.65	534	3.56	292	4.26	200
2.70	514	3.58	288	4.28	198
2.75	495	3.60	285	4.30	197
2.80	477	3.62	282	4.32	195
2.85	461	3.64	278	4.34	193
2.90	444	3.66	275	4.36	191
2.95	429	3.68	272	4.38	189
3.00	415	3.70	269	4.40	187
3.02	409	3.72	266	4.42	185
3.04	404	3.74	263	4.44	184
3.06	398	3.76	260	4.46	182
3.08	393	3.78	257	4.48	180
3.10	388	3.80	255	4.50	179
3.12	383	3.82	252	4.52	177
3.14	378	3.84	249	4.54	175
3.16	373	3.86	246	4.56	174
3.18	368	3.88	244	4.58	172
3.20	363	3.90	241	4.60	170
3.22	359	3.92	239	4.62	169
3.24	354	3.94	236	4.64	167
3.26	350	3.96	234	4.66	166
3.28	345	3.98	231	4.68	164
3.30	341	4.00	229	4.70	163
3.32	337	4.02	226	4.72	161
3.34	333	4.04	224	4.74	160
3.36	329	4.06	222	4.76	158
3.38	325	4.08	219	4.78	157
3.40	321	4.10	217	4.80	156
3.42	317	4.12	215	4.82	154
3.44	313	4.14	213	4.84	153

(续)

压痕直径 d/mm	HBW $D=10\text{mm}$ $F=29.42\text{kN}$	压痕直径 d/mm	HBW $D=10\text{mm}$ $F=29.42\text{kN}$	压痕直径 d/mm	HBW $D=10\text{mm}$ $F=29.42\text{kN}$
4.86	152	5.15	134	5.65	109
4.88	150	5.20	131	5.70	107
4.90	149	5.25	128	5.75	105
4.92	148	5.30	126	5.80	103
4.94	146	5.35	123	5.85	101
4.96	145	5.40	121	5.90	98.2
4.98	144	5.45	118	5.95	97.3
5.00	143	5.50	116	6.00	95.5
5.05	140	5.55	114		
5.10	137	5.60	111		

附录 B 钢铁材料硬度及强度换算表

洛氏硬度		维氏硬度	布氏硬度	抗拉强度	洛氏硬度		维氏硬度	布氏硬度	抗拉强度
HRC	HRA	HV	HBW	σ_b/MPa	HRC	HRA	HV	HBW	σ_b/MPa
67.0	85.0	879			43.0	72.1	416	401	1378
66.0	84.4	850			42.0	71.6	404	391	1340
65.0	83.9	822			41.0	71.1	393	380	1305
64.0	83.3	795			40.0	70.5	381	370	1271
63.0	82.8	770			39.0	70.0	371	360	1238
62.0	82.2	745			38.0	69.5	360	350	1207
61.0	81.7	721			37.0	69.0	350	341	1177
60.0	81.2	698			36.0	68.4	340	332	1147
59.0	80.6	676			35.0	67.9	331	323	1119
58.0	80.1	655			34.0	67.4	321	314	1092
57.0	79.5	635			33.0	66.9	313	306	1065
56.0	79.0	615			32.0	66.4	304	298	1039
55.0	78.5	596			31.0	65.8	296	291	1014
54.0	77.9	578			30.0	65.3	288	283	989
53.0	77.4	561			29.0	64.8	280	276	965
52.0	76.9	544			28.0	64.3	273	269	942
51.0	76.3	527			27.0	63.8	266	263	919
50.0	75.8	512		1710	26.0	63.3	259	257	897
49.0	75.3	497		1653	25.0	62.8	253	251	875
48.0	74.7	482		1600	24.0	62.2	247	245	854
47.0	74.2	468	449	1550	23.0	61.7	241	240	833
46.0	73.7	454	436	1503	22.0	61.2	235	234	813
45.0	73.2	441	424	1459	21.0	60.7	230	229	793
44.0	72.6	428	413	1417	20.0	60.2	226	225	774

附 录

(续)

洛氏硬度 HRB	维氏硬度 HV	布氏硬度 HBW	抗拉强度 σ_b/MPa	洛氏硬度 HRB	维氏硬度 HV	布氏硬度 HBW	抗拉强度 σ_b/MPa
100.0	233		788	79.0	143	130	489
99.0	227		768	78.0	140	128	480
98.0	222		749	77.0	138	126	471
97.0	216		730	76.0	135	124	463
96.0	211		712	75.0	132	122	455
95.0	206		695	74.0	130	120	447
94.0	201		678	73.0	128	118	440
93.0	196		662	72.0	125	116	433
92.0	191		646	71.0	123	115	427
91.0	187		631	70.0	121	113	421
90.0	183		617	69.0	119	112	415
89.0	178		603	68.0	117	110	409
88.0	174		589	67.0	115	109	404
87.0	170		576	66.0	114	108	399
86.0	166		563	65.0	112	107	395
85.0	163		551	64.0	110	106	390
84.0	159		540	63.0	109	105	386
83.0	156		529	62.0	108	104	382
82.0	152	138	518	61.0	106	103	379
81.0	149	136	508	60.0	105	102	375
80.0	146	133	498				

附录 C 常用钢的相变点

钢 号	相变点/℃			
	Ac_1	Ac_3 (Ac_{cm})	Ar_1	M_s
15	735	865	685	450
20	735	855	680	410
35	724	802	680	350
45	724	780	682	345
65	727	752	696	285
65Mn	726	765	689	254
T8	730	—	700	220
T10	730	800	700	200
20Cr	766	838	702	390
20CrMnTi	740	825	650	360
40Cr	743	782	693	325
40MnB	730	780	650	—
38CrMoAlA	800	940	730	380
60Si2Mn	755	810	700	305
GCr15	745	900	700	240
9SiCr	770	870	730	170
CrWMn	750	940	710	200
9Mn2V	736	765	652	160
W18Cr4V	820	1330	760	180
Cr12MoV	810	1200	760	150
5CrMnMo	710	760	650	220
3Cr2W8V	820	1100	790	380

注：相变点因试验条件不同而有差异，故表中数据仅供参考。

附录 D 常用钢回火温度与硬度对照表

钢 号	淬火硬度 HRC	回火温度/℃									
		180	240	280	320	360	380	420	480	540	580
35	50	51	47	45	43	40	38	35	33	28	
45	50	56	53	51	48	45	43	38	34	30	250HBW
65Mn	60	58	56	54	52	50	47	44	40	34	32
T8	62	62	58	56	54	51	49	45	39	34	29
T10	62	63	59	57	55	52	50	46	41	36	30
40Cr	55	54	53	52	50	49	47	44	41	36	31
60Si2Mn	60	60	58	56	55	54	52	50	44	35	30
GCr15	62	61	59	58	55	53	52	50		41	
9SiCr	62	62	60	58	57	56	55	52	51	45	
CrWMn	62	61	58	57	55	54	52	50	46	44	
9Mn2V	62	60	58	56	54	51	49	41			
Cr12MoV	62	62	62	60		57				53	
5CrMnMo	52	55	53	52	48	45	44	44	43	38	36
3Cr2W8V	48								46	48	48

注：回火硬度因试验条件不同而有差异，故表中数据仅供参考。

参考文献

[1] 李炜新. 金属材料与热处理 [M]. 北京：机械工业出版社，2005.
[2] 张至丰. 金属工艺学（机械工程材料）[M]. 2版. 北京：机械工业出版社，1999.
[3] 王雅然. 金属工艺学 [M]. 2版. 北京：机械工业出版社，1999.
[4] 王英杰. 金属工艺学 [M]. 北京：高等教育出版社，2001.
[5] 王运炎. 机械工程材料 [M]. 北京：机械工业出版社，1996.
[6] 单小君. 金属材料与热处理 [M]. 4版. 北京：中国劳动和社会保障出版社，2001.
[7] 机械工业职业技能鉴定指导中心. 金属材料及热处理 [M]. 北京：机械工业出版社，1999.
[8] 机械工业职业技能鉴定指导中心. 初级热处理工技术 [M]. 北京：机械工业出版社，1999.
[9] 中国机械工程学会热处理分会. 热处理工程师手册 [M]. 北京：机械工业出版社，1999.
[10] 成大先. 机械设计手册. 单行本：常用工程材料 [M]. 北京：化学工业出版社，2004.
[11] 成大先. 机械设计手册. 单行本：常用设计资料 [M]. 北京：化学工业出版社，2004.
[12] 《合金钢》编写组. 合金钢 [M]. 北京：机械工业出版社，1978.
[13] 崔崑. 钢铁材料及有色金属材料 [M]. 北京：机械工业出版社，1981.
[14] 潘楚琛. 金属工艺学实验指导书（工科机械制造类专业用）[M]. 北京：高等教育出版社，1983.
[15] 曾光廷. 现代新型材料 [M]. 北京：中国轻工业出版社，2006.
[16] 马如璋，蒋民华，徐祖雄. 功能材料学概论 [M]. 北京：冶金工业出版社，1999.